エレガントなSciPy
―Pythonによる科学技術計算―

Juan Nunez-Iglesias
Stéfan van der Walt　著
Harriet Dashnow

山崎 邦子
山崎 康宏　訳

本文中の製品名は、一般に各社の登録商標、商標、または商品名です。
本文中では ™、®、© マークは省略しています。

Elegant SciPy
The Art of Scientific Python

*Juan Nunez-Iglesias, Stéfan van der Walt,
and Harriet Dashnow*

Beijing · Boston · Farnham · Sebastopol · Tokyo

© 2018 O'Reilly Japan, Inc. Authorized Japanese translation of the English edition of Elegant SciPy ©2017 Juan Nunez-Iglesias, Stéfan van der Walt, and Harriet Dashnow. This translation is published and sold by permission of O'Reilly Media, Inc., the owner of all rights to publish and sell the same.

本書は、株式会社オライリー・ジャパンが O'Reilly Media, Inc. の許諾に基づき翻訳したものです。日本語版についての権利は、株式会社オライリー・ジャパンが保有します。

日本語版の内容について、株式会社オライリー・ジャパンは最大限の努力をもって正確を期していますが、本書の内容に基づく運用結果については責任を負いかねますので、ご了承ください。

まえがき

> そのウェディングドレスは他のドレスと一線を画し、まさに業界用語でいう、
> エレガントであった。まるで、たった数行のコードで見事な成果を出す
> コンピュータアルゴリズムのように。
> ——グラム・シムシオン『The Rosie Effect』

『エレガントな SciPy』へようこそ。本書では「SciPy」の部分にじっくりと取り組むので、まず少し「エレガント」の部分を考察してみましょう。SciPy ライブラリを解説したマニュアルやチュートリアル、ウェブ文書などは世の中にたくさんありますが、『エレガントな SciPy』はさらに踏み込んでいます。本書は、正しく動くコードの書き方を教えるに留まらず、最高のコードを書こうという気にさせるのです！

『The Rosie Effect』（とてもおもしろい本です。『エレガントな SciPy』を読み終えたらまず前編の『The Rosie Project』（https://en.wikipedia.org/wiki/The_Rosie_Project、邦題『ワイフ・プロジェクト』、講談社、2014）を読むことをお勧めします）という小説の中で、著者のグラム・シムシオンは「エレガント」という言葉を歪曲しています。エレガントは通常、すっきりした見た目や品格、優美さなどを表し、例えば初代 iPhone の形容に使われたりします。一方シムシオンの本の主人公のドン・ティルマンは、コンピュータアルゴリズムを「エレガントさ」の**定義**にしているのです。本書を読めば、ティルマンの言うことに納得していただけると思います。さらに、エレガントなコードを読み書きするたびに、優美なその輝きに安らぎを覚えるようになることでしょう（注：著者の表現はノリすぎなことがあります）。

優れた コードを読むと、しっくりくるものです。意図が**一目瞭然**で、往々にして**簡潔**で（でも簡潔すぎて不明瞭なこともなく）、意図した作業が**効率的**に遂行されます。著者はエレガントなコードの解析に喜びを感じますが、それは内に秘められた学びを得たり、新しいコーディングの問題への**創造的**なアプローチ手法に刺激を受けるからです。

しかし、皮肉なことに、創造性を追求しすぎて、コードの読み手を犠牲にしてまでも自分の利口さを見せびらかしたいという誘惑に負け、理解しにくいまわりくどいコードを書いてしまうことがあります。PEP 8 （https://www.python.org/dev/peps/pep-0008/、Python style guide：Python コードのスタイルガイド）や PEP 20 （https://www.python.org/dev/peps/pep-0020/）（Zen of Python：Python の禅）は「コードは書くよりも読まれることが多い」こと、それゆえ「読みやす

さが重要」であると注意を促してくれます。

エレガントなコードが簡潔な理由は、抽象化と関数の賢い使われ方によるもので、ネストされた関数呼び出しをたくさん詰め込めばよいわけでは**ありません**。エレガントなコードは、直観的に理解するのに少し時間がかかるかもしれませんが、最終的に「そうか！」という明快な悟りの瞬間が訪れるものです。コード全体の構成部分を知れば、コードの正しさは明白になります。理解の助けになるのは、わかりやすい変数名と関数名、そしてコードの単なる**記述**ではなく機能を**説明**する、注意深く書かれた巧妙なコメント文です。

最近、ニューヨーク・タイムズ紙上で、ソフトウェア技術者の J. Bradford Hipps 氏は「よりよいコードを書くにはバージニア・ウルフを読むべき」と論じています（http://nyti.ms/2sEOOwC）。

> ソフトウェア開発という活動は、アルゴリズム的というよりもはるかに創造的である。開発者は、文筆家がまっさらなページに向き合うように自分のソースコードエディタに向き合う。（中略）また両者とも、物事が「ずっとそういうふうにされてきた」やり方に対して健全な苛立ちを覚え、慣習を破りたいという願望に苛まされる。完成したモジュールや仕上がった原稿の質は、多くの両者共通の基準で評価される。エレガントさ、簡潔さ、結束性、そしてこれまでに見られなかった美しい調和が樹立されたか。もちろん、美しいかどうかまでも。

これこそが本書における我々の立ち位置です。

書名の「エレガント」の部分はご理解いただけたかと思いますので、話を「SciPy」に戻しましょう。

「SciPy」が意味するものは、文脈によって異なり、ソフトウェア・ライブラリ、エコシステム、もしくはコミュニティを指します。SciPy が強力なのは、すばらしいオンラインドキュメント（https://docs.scipy.org）とチュートリアル（http://www.scipy-lectures.org）が揃っているからでもあるので、今更ありきたりの参考書をお届けしても存在意義がないでしょう。代わりに『エレガントな SciPy』では、SciPy を使って構築できる最高のコードを紹介したいと思います。

本書のために選んだコードは、NumPy や SciPy および関連ライブラリの高度な機能を巧みにかつエレガントに活用したものばかりです。初心者の読者は、これらのライブラリを実際の問題に適用する方法を、研ぎ澄まされたコードで学びます。しかも、本書の例題は、本物の科学データ処理から着想を得ています。

SciPy がそうであるように、『エレガントな SciPy』もコミュニティが推進するものであってほしいと思います。そのため、例題の多くは、より広い Python の科学エコシステムにある実例から、上述のエレガントなコードの原理を体現するものを選んで取り上げました。

対象とする読者

『エレガントな SciPy』は、読者が自らの Python の腕前を一段上に上げたくなるように意図して書かれています。読者は、例題を通して最高のコードで SciPy を学んでいきます。

本書を読み始める前に、少なくとも Python を見たことがあり、変数、関数、ループの知識があり、できれば NumPy も少々知っていると役立ちます。『*Fluent Python*』（http://shop.oreilly.com/product/0636920032519.do、邦題『Fluent Python』オライリー・ジャパン）などの上級者向けの教材で Python のスキルを磨いた経験があればなおよいでしょう。この段階に達していな

い方は、まず Software Carpentry（http://software-carpentry.org）などの初心者向けの Python チュートリアルから始め、その後で本書を読み進めるのがよいでしょう†。

とはいうものの、「SciPy スタック」がライブラリなのか、はたまた International House of Pancakes のメニューの一品なのかわからなかったり、何が最良の慣行なのかよく知らない人もいるでしょう。科学者で、Python のオンラインチュートリアルをいくつか目を通したことがあり、よその研究室や元同僚の解析用コードをダウンロードしていじってみたことがある人もいるかもしれません。そして、SciPy のコーディング習得の道が、とかく孤独なものだと感じている人もいるでしょう。でもそれは違います。国内だけでなく、世界中にたくさんの仲間が待っているのです。

本書では、インターネットを参考文献として使う方法も指南していきます。また、メーリングリストやリポジトリ、SciPy を学ぶ旅の仲間として少しだけ先を歩いている科学者たちに出会える会合も紹介します。

本書は一読した後も、ひらめきを得るために（そしてエレガントなコード片を鑑賞するために！）何度も読み直したくなる本です。

SciPyを使うワケ

NumPy と SciPy のライブラリは科学 Python エコシステムの中核となっています。SciPy のソフトウェアライブラリには、統計、信号処理、画像処理、関数の最適化などの科学データ処理用の関数群が実装されています。SciPy は、Python 数値配列計算ライブラリ、すなわち NumPy をベースに築かれています。ここ数年で、NumPy や SciPy をベースにしたアプリケーションやライブラリ群からなるエコシステムが、天文学、生物学、気象学と気候学、材料科学をはじめとする幅広い学術分野にわたって急成長してきました。

今のところ、この成長が収まる様子は見えません。2014 年に Thomas Robitaille と Chris Beaumont は天文学における Python 利用の増加を記録（http://bit.ly/2sF5dRM）しました。彼らのグラフを著者が 2016 年に更新（http://bit.ly/2sF5i82）したものは図 P-1 の通りです。

SciPy とその関連ライブラリが、この先何年も科学データ解析の推進力となっていくことは明らかです。

別の例を挙げると、主に Python を用いてコンピュータスキルを科学者に教える Software Carpentry という組織（http://software-carpentry.org）がありますが、現在の需要に追いつけていません。

SciPyエコシステムとは

SciPy（発音は「サイパイ」）は、Python で書かれた、数学、科学および工学のためのオープンソースのソフトウェアからなるエコシステムです（http://www.scipy.org）。

SciPy エコシステムは、Python パッケージの一部で緩やかに定義されています。**本書**にはその主要メンバーの多くが登場します。

---

† 訳注：日本語で書かれたチュートリアルとしては『Python チュートリアル第3版』（オライリー・ジャパン刊）などがあります。

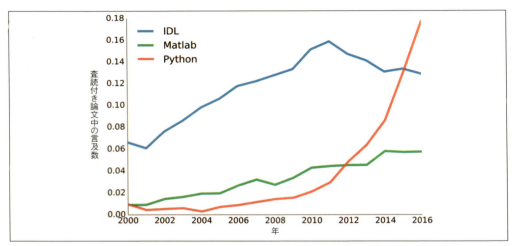

図P-1　天文学分野におけるPythonの利用拡大

NumPy（http://www.numpy.org）

Pythonによる科学計算の基盤。効率的な数値配列と、線形代数、乱数、フーリエ変換などを含む数値計算の幅広いサポートを提供する。NumPyの決定打的な機能は、「N次元配列」（ndarray）。このデータ構造体は数値を効率的に格納し、何次元のグリッドも定義できる（詳細は後述）。

SciPy（http://www.scipy.org/scipylib/index.html）

ライブラリ。信号処理、積分、最適化、統計などの分野で使える効率的な数値アルゴリズム集。使いやすいパッケージになっているインタフェースにラップされている。

Matplotlib（http://matplotlib.org）

2次元（および基礎的な3次元グラフ）描画用の強力なパッケージ。MATLABに着想を得た構文に因んで命名された。

IPython（https://ipython.org）

対話型のPython用インタフェースで、手軽にデータをいじったりアイディアを試したりできる。

Jupyterノートブック（http://jupyter.org）

ブラウザ内で動作するノートブックで、コード、テキスト、数式、対話型ウィジェットを結合したリッチドキュメントを作成できる†。実際、本書を作成する際、テキストをJupyterのノートブックに変換して実行した（そうすることですべての例が正しく実行されることがわかる）。JupyterはIPythonの拡張版として生まれたが、現在ではCython、Julia、R、Octave、Bash、Perl、Rubyを含む複数の言語をサポートしている。

---

† FernandoPerez, "'Literate computing' and computational reproducibility: IPython in the age of data-driven journalism"（http://bit.ly/2sFdfdl、ブログの投稿）、2013年4月19日。

pandas（http://pandas.pydata.org）
　高速な列単位のデータ構造を使いやすいパッケージで提供する。特に、表やリレーショナルデータベースなどのラベル付きデータセットの作業、時系列データやスライディングウィンドウなどの取り扱いに適している。データの構文解析やクリーニング、集約、描画用の手軽なデータ解析ツールも備えている。

scikit-learn（http://scikit-learn.org）
　機械学習アルゴリズムに、統一されたインタフェースを提供する。

scikit-image（http://scikit-image.org）
　SciPy エコシステムと他の部分とをきれいに統合させる画像解析ツール。

　この他にも、SciPy エコシステムの一部を構成している Python のパッケージはたくさんあり、本書でもそのいくつかを紹介します。本書では NumPy と SciPy に焦点を絞りますが、これらを取り巻くたくさんのパッケージのおかげで、Python は科学技術計算における最強言語となっているのです。

大変動：Python 2 対 Python 3

　Python の旅の途中で、バージョン間の優劣にまつわる意見の不一致の話を耳にした読者もいるでしょう。最新版がよいに決まっているのでは？ と不思議に思ったかもしれません（ネタバレ注意：その通り）。

　Python 3 は 2008 年末に Python のコア開発者によってリリースされました。その際、Python 言語は大幅にアップデートされ、Unicode を用いた多言語処理、型の一貫性、ストリームデータ処理などが向上しました。しかしこの改変は、宇宙の創生についてダグラス・アダムスが吐いた警句†のように、「大勢の人を激怒させ、悪手とみなされている」。理由は、一般に Python 2.6 や 2.7 のコードは、何らかの変更を（普通はそれほど痛みを伴わないが）加えなければ、Python 3 によって解釈できないからです。

　進化の進行と後方互換性の関係は、常に緊迫状態にあります。この場合、Python のコアチームは、前のバージョンと決別しない限りベースとなる C の API をはじめとする複数の不整合を取り除けないと判断し、Python 言語を 21 世紀に前進させたのです（Python 1.0 が誕生したのは 20 年以上も昔の 1994 年でした。科学技術の業界では 20 年は一生に相当します）。

　以下に Python 3 になって改良された一例を示します。

```
print "Hello World!"       # Python 2 print statement    Python 2 の print 文
print("Hello World!")      # Python 3 print function     Python 3 の print 関数
```

　括弧が追加されたのが大騒ぎするほどのことでしょうか。確かにそうですが、では代わりに別の**ストリーム**、例えばデバッグ情報の出力に用いられる**標準エラー**にプリントしたい場合はどうなるでしょう。

---

† ダグラス・アダムス『The Hitchhiker's Guide to the Galaxy』（Pan Books 刊、1979 年、邦題『銀河ヒッチハイク・ガイド』河出書房）

```
print >>sys.stderr, "fatal error"   # Python 2
print("fatal error", file=sys.stderr)   # Python 3
```

確かにこの改変はより有意義に見えます。Python 2 ではいったい何をやっているのでしょう？著者にはよくわかりません。

整数の割り算の取り扱いも改変され、Python 3 では大多数の人間が馴染んでいる割り算の扱い方と同じになりました（注：>>> は、Python の対話シェル内で入力していることを指します）。

```
# Python 2
>>> 5 / 2
2
# Python 3
>>> 5 / 2
2.5
```

2015 年に Python 3.5 で新たに導入された**行列の乗算演算子** @ もとてもよいと思います。使用例は、「5 章　疎行列を用いた分割表」と「6 章　SciPy で行う線形代数」をご覧ください。

Python 3 のおそらく最大の改良点は Unicode のサポートです。Unicode はテキスト文字のエンコード方法の 1 つで、英文字だけでなく世界中のどの文字も使うことができます。Python 2 では、以下のように Unicode の文字列を定義できました。

```
beta = u" β "
```

一方 Python 3 では、**何もかも**が Unicode なのです。

```
β = 0.5
print(2 * β )
```

```
1.0
```

Python のコアチームは、すべての言語で使われる文字を Python コードの中では平等にサポートする価値があるという、もっともな判断を下しました。このことは、新しいプログラマの大半が非英語圏の出身である今となっては特に重要です。相互運用性の点で、ほとんどのコードでは英文字を使うことを著者は今でも推奨しますが、この機能は例えば数学がたくさん出てくる Jupyter ノートブックなどでも役に立ちます。

IPython の端末や Jupyter ノートブック内で、LaTeX の記号名に続いてタブを入力すれば Unicode に展開されます。例えば、\beta<TAB> は β になります。

一方で、Python 3 のアップデートにより、既存の多くの 2.x 系のコードは、壊れたり、実行が遅くなったりします。それでも、Python 2 系のユーザはできる限り早くアップグレードすることをすべてのユーザにお勧めします（現在、Python 2.x は 2020 年までメンテナンスのみという態勢

です)。なぜなら、3.x シリーズが成熟するにつれてほとんどの問題が対処されているからです。実際、本書ではたくさんの Python 3 の新機能を使っています。

本書では **Python 3.6** を使用します。

詳しくは、Ed Schofield の資料 Python-Future (http://python-future.org/) や Nick Coghlan の移行に関する非常に長いガイド (http://bit.ly/2sEZoUp) をご覧ください。

SciPyエコシステムとコミュニティ

SciPy は多機能で大きなライブラリで、NumPy とともに、Python の大人気アプリケーションです。SciPy の機能をベースにした数え切れないほどの関連ライブラリが構築されており、本書でもその多くを紹介していきます。

ライブラリの製作者やユーザの多くは、世界各地で開催される多くのイベントやカンファレンスに集まってきます。毎年開催される SciPy 会議 (米国 Austin)、EuroSciPy、SciPy India、PyData などがあります。こういった会合に参加して、Python 界最高の科学ソフトウェアの著者たちにぜひ会ってみてください。開催地に行けない人や、会合を味わってみたい人向けに、多くの発表はオンラインでも公開されています (https://www.youtube.com/user/EnthoughtMedia/playlists)。

フリーでオープンソースなソフトウェア (FOSS)

SciPy コミュニティはオープンソースなソフトウェア開発をしています。SciPy ライブラリのソースコードはほぼすべて、誰でも読んだり、編集したり、再利用したりする目的で自由に入手できます。

他の人たちに自分のコードを利用してほしければ、そのコードをフリーでオープンにするのが最もよい方法の 1 つです。クローズドソースのソフトウェアを使うと、自分の思い通りに動かないときに、手が出せません。新しい機能を追加してほしいと開発者にメールを出すか (これはまずうまくいきません)、自分で新しいソフトウェアを書くしかありません。コードがオープンソースなら、本書で学ぶスキルを用いて、簡単に機能を追加したり改変することができます。

その上、ソフトウェアのバグを見つけた際にも、ソースコードにあたることで、ユーザも開発者もずっと簡単に対応できます。コードの理解が完全でなくても、たいていは問題の解析をずっと先の方まで進めることができ、開発者が問題点を直す手助けになります。たいていの場合、関係者全員の技量が向上する機会になります。

オープンソースは開かれた科学につながる

科学プログラミングでは、上記のような筋書きがすべて非常によくある上に重要なことなのです。科学ソフトウェアは既存の仕事に立脚したり、従来の仕事を興味深い方法で改変することが多々あるからです。その上、科学の出版と進歩もペースが速いため、多くのコードが公開されるまでに十分に試されず、大小のバグが残ってしまうこともあるものです。

コードをオープンソースにするもう 1 つの大きな理由は、再現可能な研究を促進するためです。我々科学者の多くは、すばらしい研究論文を読み、コードをダウンロードして自分のデータに適用しようとしたら、実行ファイルが自分が使うシステム用にコンパイルされていないことに気付くと

いう経験をしています。他にも、コードの実行方法がわからなかったり、コードにバグがあったり、必要なソフトウェアが不足していたり、予想外の結果が出ることもあります。科学ソフトウェアをオープンソースにすることで、そのソフトウェアの品質を高めるだけでなく、研究の過程がきちんと見えるようになります。例えば、仮定は何で、ハードコードまでされた仮定は何か。オープンソースだと、こういった問題の多くが解決されます。他の科学者が同輩のコードを拡張することが可能になり、新たな共同研究を促進し、科学の進歩を加速します。

オープンソースのライセンス

自分のコードを他の人たちにも使ってもらいたいなら、そのコードをライセンスする**必要があります**。コードは、ライセンスしないと、デフォルトでクローズドコードとなります。コードを公開しても（例えば公の GitHub リポジトリに置いても）、ソフトウェアのライセンスがなければ、誰もあなたのコードの使用、編集、再配布ができません。

多数の選択肢の中からライセンスを決める際には、まず、他の人があなたのコードに対してできることを決める必要があります。あなたのコードを販売して利益を得ることを許可しますか？あるいはあなたのコードを使ったソフトウェアの販売を許可しますか？もしくは、あなたのコードはフリーソフトウェア中でしか使えないように制限したいですか？

FOSS のライセンスは 2 つの大きなカテゴリに分類されます。

- 一方的利用を許す
- コピーレフト

一方的利用を許すライセンスは、誰にでもそのコードを使用、編集、再配布する権利を与えるものです。これには、コードを商用ソフトウェアの一部に使用することも含まれます。このカテゴリで人気なのは、MIT ライセンスや BSD ライセンスなどです。SciPy コミュニティは、新 BSD ライセンス（修正 BSD ライセンス、三条項 BSD ライセンスともいう）を採用しています。このライセンスを使用すると、コーディングのプロから初心者までの幅広い人々からコードの寄与を受けられます。

GNU プロジェクトで有名なコピーレフトライセンスも、あなたのコードの使用、編集、再配布を他の皆に許可します。ただし、このライセンスは、あなたのコードを基に作られたコードも、コピーレフトライセンス下で配布しなければならないと定めています。コピーレフトライセンスはこのようにしてユーザがコードに対してできることを制限しています。

最も人気のあるコピーレフトライセンスは、GNU 一般公衆ライセンス（GNU Public License：GPL）です。コピーレフトライセンスを使う際の一番不利な点は、民間部門の潜在的なユーザやボランティアの貢献者が、往々にしてあなたのコードに手を出せないことです。未来のあなた自身さえもこの制限にひっかかるかもしれません。このため、ユーザ規模や、ひいてはソフトウェア利用が制限される可能性があります。例えば科学の分野なら、引用回数が少なくなるかもしれません。

ライセンス選びの一助には「Choose a License」（ライセンスを選ぼう、http://choosealicense.com）というサイトをご覧ください。科学関連のライセンスには、Jake VanderPlas による「The

Whys and Hows of Licensing Scientific Code」（科学コードをライセンスする理由と方法）という
ブログの投稿記事（http://bit.ly/2sFj0HS）がお勧めです。この人はワシントン大学の物理科学部
門長でありながら、SciPy 界で活躍している万能なスーパースターです。ではここでも Jake の言
葉を引用して、ソフトウェアのライセンスに関する重要なポイントを強調したいと思います。

（前略）このブログ記事から情報を 3 点だけ持ち帰るとしたら、以下の 3 つにしよう。

1. 常に、自分のコードをライセンスしよう。ライセンスのないコードはクローズドコードなので、どん
   なオープンライセンスでも何もないよりはまし（ただし #2 を見よ）。
2. 常に、GPL と両立できるライセンスを使おう。GPL と両立できるライセンスは、あなたのコードの
   幅広い互換性を保証し、GPL、修正 BSD、MIT などを含む（ただし #3 を見よ）。
3. 常に、一方的利用を許可する BSD スタイルのライセンスを使おう。修正 BSD や MIT などの一方的
   利用を許可するライセンスは、GPL や LGPL などのコピーレフトライセンスよりも好ましい。

　本書中のすべてのコードは、三条項 BSD ライセンスの下に使用できます。他の人々のコード片
を紹介している場合は、そのコードは概して何らかの（BSD とは限らない）一方的利用を許可す
るオープンライセンス下にあるものです。

　自分のコードには、自分自身のコミュニティの慣例にならったライセンスを選ぶことをお勧めし
ます。科学分野の Python ならば三条項 BSD ライセンスがこれに該当しますが、例えば R 言語の
コミュニティでは GPL ライセンスが採用されています。

GitHub：コーディングを社交的に

　これまでにソースコードをオープンソースライセンスの下に公開する話をしてきました。これ
で、うまくいけば莫大な数の人々があなたのコードをダウンロードしたり、使用したり、バグを修
正したり、新たな機能を追加したりするでしょう。では、そのコードをどこに置けば人々が見つけ
られるでしょうか。バグの修正や新機能はどうしたらあなたのコードに還元されるのでしょうか。
問題点や変更点はどう管理すればよいのでしょうか。このようなことがあっという間に手に負えな
くなりそうなことは想像に難くないでしょう。

　そこで GitHub の出番です。

　GitHub（https://github.com）は、コードをホストし、共有し、開発するためのウェブサイ
トで、Git バージョン管理ソフト（http://git-scm.com）に基づいて作られています。GitHub
の利用の仕方を学べるすばらしいリソースも用意されており、Peter Bell と Brent Beer による
Introducing GitHub（http://shop.oreilly.com/product/0636920033059.do）も その 1 つです。
SciPy エコシステムの大多数のプロジェクトは GitHub 上でホストされているので、使い方を覚え
る価値は大です。

　GitHub は人々のオープンソースへの貢献に多大な影響を及ぼしています。ユーザが無償でコー
ドを公開したり共同開発できるようにし、貢献をやりやすくしたのです。誰でもふらりと立ち寄っ
てコードのコピー（**フォーク**と呼ばれる）を作り、思う存分編集することができます。その後、**プ
ル（pull）リクエスト**を作成すれば、その改変をいずれ元のコードに還元できます。便利な機能も
あって、例えばイシューやプルリクエストを管理したり、自分のコードを直接編集してよい人を決
めておくこともできます。編集操作や貢献者、さまざまな統計データなどを記録することもできま

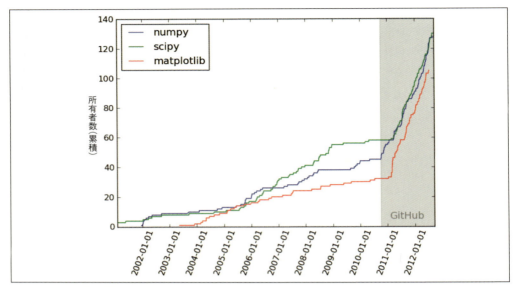

図P-2　GitHubの影響力（著者のJake VanderPlasの許可を得て掲載）

す。GitHubには他にもたくさんのすばらしい機能がありますが、その多くは読者ご自身で発見していただき、一部は後の章で学んでいただきましょう。一番の本質は、GitHubはソフトウェア開発を民主化し（**図 P-2**）、参加への障壁を大幅に引き下げたということです。

SciPyエコシステムで活躍しよう

　SciPyの経験をある程度積んで自分の研究にも利用し出すと、何かのパッケージに自分が必要な機能が不足していることに気付いたり、自分なら何かをもっと効率よくできると感じたり、バグを見つけたりすることがあるかもしれません。このレベルに達したら、SciPyエコシステムの発展に貢献してみてください。

　これをやってみることを著者は強くお勧めします。コミュニティが存続できるのは、人々が進んで各々のコードを共有したり既存のコードを改良しようとするからです。ひとりひとりが少しずつ貢献していけば、コミュニティ全体として多くのものを構築できます。しかし、貢献の利他的な理由の先には、非常に実用的で個人的な利益もいくつかあるのです。コミュニティに関与することで、コーディングが上達します。コードへの貢献がすべて他の人々にレビューされ、フィードバックが得られるからです。ついでにGitとGitHubの使い方も覚えられます。これらのツールは自分のコードの保守や共有にとても役立つものです。さらには、SciPyコミュニティと交流することで、科学分野でのネットワークが広がり、意外なキャリアチャンスに恵まれるかもしれません。

　みなさんが、ただのSciPyユーザ以上になることを真剣に考えていただきたいのです。コミュニティに参加するということは、あなたの寄与で、SciPyコミュニティが科学技術コードを書く人たち全員にとってよりよい場所になるということです。

あなたのPyをちょっぴり奇抜に

　SciPyコミュニティは新参者にとって敷居が高いのでは、と憂慮している方に覚えていてほしいのは、このコミュニティはあなたみたいな科学者の集まりで、ユーモアのセンスに溢れた人だらけだということです。

　Pythonの世界では、モンティ・パイソンからの何らかの引用がお約束です。Airspeed Velocity（http://spacetelescope.github.io/asv/using.html）というパッケージはソフトウェアのスピードを計測する（詳細は後述）ものですが、「何も運んでいないツバメの対気速度はいくらか」（what is the airspeed velocity of an unladen swallow?）というセリフを「モンティ・パイソン・アンド・ホーリー・グレイル」から引用しています。

　他にもおもしろい名前のパッケージに、Python 2のパッケージをPython 3でも使用可能にする「Sux」があります。「Sux」は、「six」というPython 3の構文規則をPython 2で使用可能にするパッケージを、ニュージーランドのアクセントで発音した駄洒落です。Suxの構文規則は、Python 3への移行後にPython 2限定のパッケージを使う際のイライラを減らしてくれます。

```
import sux
p = sux.to_use('my_py2_package')
```

　一般にPythonのライブラリ名は実におもしろいものが多いので、みなさんも笑える名前を付けて楽しんでください。

協力を得るには

　行き詰まったときには、とりあえず、達成したい課題や表示されたエラーメッセージをGoogleで検索してみましょう。たいていはStack Overflow（http://stackoverflow.com/）にたどり着きます。これはプログラミングに特化された「質問と回答」形式のすばらしいウェブサイトです。探し物が直ちに見つからない場合は、検索語をより一般的なものにして似たような問題を抱えた人を見つけましょう。

　たまに、あなたがその質問をする最初の人になることがあります（これは真新しいパッケージを使う際にありがちです）が、望みはあります。上述のように、SciPyコミュニティの人々は優しい上に、インターネット上のあらゆるところに散らばっているからです。次はGoogleで「<ライブラリ名> mailing list」を検索し、助けを求めることができるメーリングリストを探しましょう。ライブラリの作成者やパワーユーザはこれらを定期的に読んでいて、新参者をとても歓迎してくれます。メーリングリストには**登録**（subscribe）をしてから投稿するのがマナーなので気をつけましょう。そうしないと、普通はあなたのメールがスパムでないことを誰かが手動で確認してからでないとメーリングリストに投稿されません。新たなメーリングリストに加わるのは面倒臭く思えるかもしれませんが、新しいことを学ぶにはすばらしい場所なので、著者は強くお勧めします。

Pythonのインストール方法

本書では、Python 3.6（もしくはそれ以降）の使用と、必要な SciPy パッケージがすべてインストールされていることを前提にしています。必要なものはすべて、本書のデータと一緒にパッケージされた environment.yml ファイルに記述してあります。Python の環境を管理するツールである conda（http://conda.pydata.org/miniconda.html）をインストールすれば、最も簡単にすべてのパーツを揃えられます。そうすれば、前述の environment.yml ファイルを conda に渡すだけで、必要なものを正しいバージョンで全部一度にインストールできます。

```
conda env create --name elegant-scipy -f path/to/environment.yml
source activate elegant-scipy
```

詳細は本書の GitHub リポジトリ（https://github.com/elegant-scipy/elegant-scipy）を参照してください。

本書のデータにアクセスするには

本書に掲載されているすべてのコードとデータは本書の GitHub リポジトリ（https://github.com/elegant-scipy/elegant-scipy）から入手できます。リポジトリ中の README というファイルに、マークダウンで書かれたソースファイルから Jupyter ノートブックを構築する仕方が書かれており、構築後はリポジトリにあるデータを使って対話的に実行できます。

さあ始めよう

本書には、SciPy コミュニティで提供されている中でも特にエレガントなコードを集めてあります。本書を読み進めていくにつれ、実際の科学的研究で研究者が直面した問題を SciPy を用いて解決していきます。また、本書は、友好的かつ協力的な科学コーディングのコミュニティを垣間見る機会にもなっています。SciPy コミュニティはあなたの参加をお待ちしています。

『エレガントな SciPy』へようこそ。

本書の表記法

本書では、次に示すように文字の書体を使い分けています。

ゴシック（サンプル）
　　新しい用語を示す。

固定幅（`sample`）
　　プログラムリストに使うほか、本文中でも変数、関数、データ型、環境変数、文、キーワードなどのプログラムの要素を表すために使う。

固定幅ボールド（`sample`）
　　ユーザがその通りに入力すべきコマンドやテキストを表す。

固定幅イタリック（`sample`）
　　ユーザ入力の値やコンテキストによって置き換えられるテキストを表す。

このアイコンはヒントや提案を示す。

　このアイコンは、一般的な注記を示す。

　このアイコンは警告や注意事項を示す。

コード例の利用

　本書で使用されているサンプルコードや練習問題は、https://github.com/elegant-scipy/elegant-scipy からダウンロードすることができます。

　一般に、本書に掲載しているコードは読者のプログラムやドキュメントで使用して構いません。かなりのコードを転載する場合を除き、許可を求める必要はありません。例えば、本書のコードの一部を使用するプログラムを作成するために、許可を求める必要はありません。なお、書籍のサンプルコードをCD-ROMとして販売したり配布したりする場合には、そのための許可が必要です。本書や本書のサンプルコードを引用して質問などに答える場合、許可を求める必要はありません。ただし、本書のサンプルコードのかなりの部分を製品マニュアルに転載するような場合には、そのための許可が必要です。

　出典を明記していただけるとありがたいですが、必ずしもその必要はありません。表記する場合は、『*Elegant SciPy*』（Juan Nunez-Iglesias、Stéfan van der Walt、Harriet Dashnow 著、O'Reilly、Copyright 2017 978-1-491-92287-3、邦題『エレガントなSciPy』オライリー・ジャパン、ISBN978-4-87311-860-4）」のように、タイトル、著者、出版社、ISBNを記載してください。サンプルコードの使用について、公正な使用の範囲を超えると思われる場合、または上記で許可している範囲を超えると感じる場合は、permissions@oreilly.com まで（英語で）ご連絡ください。

問い合わせ先

　本書に関するコメントや質問は以下までお知らせください。

　　株式会社オライリー・ジャパン
　　電子メール japan@oreilly.co.jp

　また、本書のためのウェブサイトを用意し、プログラム例、正誤表などを公開しています。

http://shop.oreilly.com/product/0636920038481.do（原書）
https://www.oreilly.co.jp/books/9784873118604/（日本語版）

本書に関する技術的な質問やコメントは、以下に電子メールを送信してください。

bookquestions@oreilly.com

当社の書籍、コース、カンファレンス、ニュースに関する詳しい情報は、当社のウェブサイトを参照してください。

https://www.oreilly.com（英語）
https://www.oreilly.co.jp（日本語）

当社のFacebookは以下の通り。

https://facebook.com/oreilly

当社のTwitterは以下でフォローできます。

https://twitter.com/oreillymedia

YouTubeで見るには以下にアクセスしてください。

https://www.youtube.com/oreillymedia

謝辞

著者は、本書に不可欠な貢献をしてくださった非常に多くのみなさんに感謝いたします。あなた方の助けなくして本書は成り立ちませんでした。

なによりもまず最初に、NumPyやSciPyおよび関連ライブラリに貢献してくださった多くの方々に感謝の言葉を述べたいと思います。本書があなた方の仕事のすばらしさを十分に引き出せていることを願ってやみません。

次に、より広い範囲で科学Pythonエコシステムに貢献してくださった多くの方々に感謝いたします。特にVighnesh Birodkar氏、Matt Rocklin氏、Warren Weckesser氏には、いくつかの章の基盤をも提供していただきました。また、最終的に出版時に含めることができなかった貢献をしてくださった方々にも感謝いたします。著者はあなた方の仕事振りに触発されました。ぜひとも本書の将来の版に含めたいと思います。また、Nicolas Rougier氏による多数の提案にも感謝いたします。これらは、例題や練習問題として本書に掲載されています。

データやコードを提供してくださった方々のおかげで、著者は検索や探索に長時間を費やさずに済みました。Lav Varshney氏は、線虫の脳の配置をスペクトルグラフで表す元のMATLABコードを提供してくださいました（「3章　ndimageを使った画像領域のネットワーク」と「6章　SciPyで行う線形代数」）。Stefano Allesina氏にはSt. Marksのフードウェブのデータを提供していただきました（「6章　SciPyで行う線形代数」）。

著者は本書のプレリリース版で訂正や提案をしていただいた、Bill Katz氏、Matthias

Bussonnier氏、およびMark Hyun-ki Kim氏をはじめとするすべての方々に感謝いたします。

　技術査読をしてくださったThomas Caswell氏、Nelle Varoquaux氏、Lav Varshney氏およびGreg Wilson氏は、ご多忙な中時間を割いて最終原稿を綿密にチェックして専門的な助言をくださいました。

　本書は読者のみなさんのコメントに基づいて今後も改良を続けていきますが、ごく初期の版をチェックして貴重なフィードバックや提案や激励をくれた友人たちや家族にも感謝したいと思います。Malcolm Gorman氏、Alicia Oshack氏、PW van der Walt氏、Simon Kocbek氏、Nelle Varoquaux氏、Ariel Rokem氏のみなさん、どうもありがとうございました。

　そしてもちろん、O'Reillyの編集者であるMeg Blanchette氏、Brian MacDonald氏、およびNan Barber氏に感謝いたします。特にMegには、最初に著者らに本書の話を持ちかけていただき、まだ自分たちが何をやっているのかほとんどわかっていない頃に大変貴重な手引きをしていただきました。

目次

まえがき v

1章　エレガントなNumPy：科学Pythonの基礎 1
 1.1　データの紹介：遺伝子発現とは 2
 1.2　NumPyのN次元配列 6
  1.2.1　Pythonのリストでなくndarrayを使う理由 7
  1.2.2　ベクトル化 9
  1.2.3　ブロードキャスティング 9
 1.3　遺伝子発現データセットの探索 11
  1.3.1　pandasを使ってデータを読み込む 11
 1.4　正規化 13
  1.4.1　標本間の正規化 14
  1.4.2　遺伝子間の正規化 21
  1.4.3　標本間と遺伝子間の正規化：RPKM 23
 1.5　まとめ 30

2章　NumPyとSciPyを用いた分位数正規化 31
 2.1　データの取得 33
 2.2　遺伝子発現分布の標本差 34
 2.3　リード数データのバイクラスタリング 37
 2.4　クラスタの可視化 40
 2.5　生存率予測 42
  2.5.1　追加の課題：TCGAの患者クラスタを使用する 46
  2.5.2　追加の課題：TCGAのクラスタを再現する 47

3章 ndimage を使った画像領域のネットワーク … 49
- 3.1 画像は単なる NumPy 配列 … 50
  - 3.1.1 演習：グリッドオーバーレイを追加する … 55
- 3.2 信号処理で使うフィルタ … 56
- 3.3 画像のフィルタリング（2次元フィルタ） … 61
- 3.4 汎用フィルタ：近傍データの任意の関数 … 64
  - 3.4.1 演習：Conway のライフゲーム … 65
  - 3.4.2 演習：ソーベル勾配の大きさ … 66
- 3.5 グラフと NetworkX ライブラリ … 66
  - 3.5.1 演習：SciPy を使った曲線回帰 … 69
- 3.6 領域隣接グラフ … 70
- 3.7 エレガントな ndimage：画像領域からグラフを構築する方法 … 73
- 3.8 すべてのまとめ：平均の色を用いた領域分割 … 76

4章 周波数と高速フーリエ変換 … 79
- 4.1 周波数とは … 79
- 4.2 応用例：鳥のさえずりのスペクトログラム … 81
- 4.3 歴史 … 87
- 4.4 実装 … 87
- 4.5 DFT の長さを決定する … 88
- 4.6 さらなる DFT の概念 … 90
  - 4.6.1 周波数とその並び順 … 90
  - 4.6.2 窓を掛ける … 96
- 4.7 実世界の応用例：レーダデータの解析 … 101
  - 4.7.1 周波数領域の信号特性 … 106
  - 4.7.2 窓を掛ける：応用編 … 109
  - 4.7.3 レーダ画像 … 111
  - 4.7.4 FFT の他の応用例 … 115
  - 4.7.5 参考文献 … 116
  - 4.7.6 演習：画像の畳み込み … 116

5章 疎行列を用いた分割表 … 117
- 5.1 分割表 … 119
  - 5.1.1 演習：対応行列の計算複雑性 … 120
  - 5.1.2 演習：対応行列を計算する別のアルゴリズム … 120
  - 5.1.3 演習：多クラス対応行列 … 120
- 5.2 scipy.sparse のデータ形式 … 121

	5.2.1　COO 形式	121
	5.2.2　演習：COO を使った表現	122
	5.2.3　CSR 形式	122
5.3	疎行列の適用例：画像変換	124
	5.3.1　演習：画像の回転	129
5.4	分割表再び	130
	5.4.1　演習：必要なメモリ容量を減らす	131
5.5	セグメンテーションにおける分割表	131
5.6	情報理論の概要	133
	5.6.1　演習：条件付きエントロピーの計算	135
5.7	セグメンテーションにおける情報理論：情報変化量	136
5.8	疎行列を使うように NumPy 配列のコードを変換する	138
5.9	情報変化量の使い方	140
	5.9.1　追加の課題：セグメンテーションの実践	146

6章　SciPy で行う線形代数　　149

6.1	線形代数の基本	149
6.2	グラフのラプラシアン行列	150
	6.2.1　演習：回転行列	151
6.3	脳データのラプラシアン	156
	6.3.1　演習：神経細胞の接続の近さを表す図を描く	161
	6.3.2　チャレンジ問題：疎行列を扱う線形代数	161
6.4	ページランク：評判と重要度のための線形代数	162
	6.4.1　演習：ぶら下がりノードの処理法	167
	6.4.2　演習：異なる固有ベクトルの手法の等価性	167
6.5	まとめ	167

7章　SciPy を使って関数を最適化する　　169

7.1	SciPy の最適化関数：scipy.optimize	171
	7.1.1　事例：画像の最適な移動距離を計算する	171
7.2	optimize を使った画像のレジストレーション	177
7.3	ベイスン-ホッピング法で極小値を避ける	181
	7.3.1　演習：align 関数を修正する	181
7.4	「何が最適か？」：適切な目的関数の選び方	181

8章　Toolz を使って小さなノートパソコンでビッグデータを処理する方法　　189

8.1	yield を使ったストリーミング	190

8.2	ストリーミングライブラリ Toolz の紹介	193
8.3	k-mer のカウントとエラー補正	196
8.4	カリー化：ストリーミングのスパイス	200
8.5	k-mer のカウント再び	202
	8.5.1 演習：ストリーミングデータの主成分分析（PCA）	203
8.6	全ゲノムを基にマルコフモデルを作成する	204
	8.6.1 演習：オンラインで実行する unzip	208

付録　演習の解答 … 211

A.1	解答：グリッドオーバーレイを追加する	211
A.2	解答：Conway のライフゲーム	212
A.3	解答：ソーベル勾配の大きさ	213
A.4	解答：SciPy を使った曲線回帰	214
A.5	解答：画像の畳み込み	216
A.6	解答：対応行列の計算複雑性	217
A.7	解答：対応行列を計算する別のアルゴリズム	217
A.8	解答：多クラス対応行列	217
A.9	解答：COO を使った表現	218
A.10	解答：画像の回転	218
A.11	解答：必要なメモリ容量を減らす	220
A.12	解答：条件付きエントロピーの計算	221
A.13	解答：回転行列	221
A.14	解答：神経細胞の接続の近さを表す図を描く	223
	A.14.1 チャレンジを受けて立つ：疎行列を扱う線形代数	223
A.15	解答：ぶら下がりノードの処理法	226
A.16	解答：手法の検証	227
A.17	解答：align 関数を修正する	227
A.18	解答：scikit-learn ライブラリ	229
A.19	解答：パイプの最初の部分に 1 段階追加する	231

エピローグ … 233

E.1	次の目標	233
	E.1.1 メーリングリスト	233
	E.1.2 GitHub	234
	E.1.3 カンファレンス	235
E.2	SciPy の向こう	235
E.3	本書に寄与する方法	236

E.4 また会う日まで 236

索引 237

1章
エレガントなNumPy：科学Pythonの基礎

> NumPyはどこにでもいる。私たちを取り巻いている。この瞬間にも、
> この部屋の中にも。窓の外を眺めても、テレビをつけても目に入る。
> 職場でも、教会でも、納税する時にも、存在を感じるのだ。
> ——モーフィアス『マトリックス』

　本章ではSciPyの統計関数を取り上げ、特に、NumPy配列の学習に焦点を当てて話を進めていきます。NumPy配列は、Pythonで行う数値科学計算ほぼすべての基礎となるデータ構造です。ここでは、NumPy配列の演算を使うことで、数値データを処理するコードが簡潔で効率的になる様子を見ていきます。

　例として、がんゲノムアトラス（The Cancer Genome Atlas, TCGA）の遺伝子発現データを用い、皮膚がん患者の死亡率を予測します。本章と次章では、一貫してこの課題に取り組みながら、途中で主要なSciPyの概念を学んでいきます。死亡率予測の前段階として、RPKM正規化という手法を用いて、発現データを正規化する必要があります。正規化により、異なる標本や遺伝子間の計数値の比較が可能になるのです（「遺伝子発現」の意味はこの後すぐ説明します）。

　まずは、コード片を示して読者のみなさんの興味を引き、本章で学ぶ考え方を紹介していきます。どの章でも、冒頭で、SciPyエコシステムの特定の関数と、そのエレガントさと強力さが光るコード見本を紹介します。本章では、NumPyのベクトル化とブロードキャスティングのルールに着目します。これにより、データ配列の操作や動作確認の効率がとてもよくなります。

```
def rpkm(counts, lengths):
    """Calculate reads per kilobase transcript per million reads.
```
転写されたmRNA 1,000塩基対当たり、総リード数100万当たりに補正したリード数を計算する。
```

    RPKM = (10^9 * C) / (N * L)

    Where:
    C = Number of reads mapped to a gene
```
ただし
ある遺伝子にマッピングされたリード数
```
    N = Total mapped reads in the experiment
```
実験でマッピングされた総リード数
```
    L = Exon length in base pairs for a gene
```
その遺伝子のエクソンの長さ（単位は塩基対）
```

    Parameters
```
パラメータ

```
          配列、形状は (N_genes, N_sampled)              RNA シーケンリング
counts: array, shape (N_genes, N_samples)              （もしくは同様の手法）
    RNAseq (or similar) count data where columns are individual samples によるリード数データ列
    and rows are genes.                               は各標本、行は各遺伝子
lengths: array, shape (N_genes,)   配列、形状は (N_genes,)
    Gene lengths in base pairs in the same order   遺伝子長（単位は塩基対）。counts の行と同順
    as the rows in counts.

Returns    戻り値
-------
normed : array, shape (N_genes, N_samples)        配列、形状は (N_genes, N_sampled)
    The RPKM normalized counts matrix.           RPKM 正規化されたリード数の配列
"""        最初にリード数を浮動小数点数に変換して、RPKMの式で 1e9 を掛ける際のオーバーフローを防ぐ
# First, convert counts to float to avoid overflow when multiplying by 1e9 in the RPKM formula
C = counts.astype(float)
N = np.sum(C, axis=0)  # sum each column to get total reads per sample
L = lengths                     各列の和が各標本の総リード数

normed = 1e9 * C / (N[np.newaxis, :] * L[:, np.newaxis])

return(normed)
```

この例は、NumPy 配列を使ってコードをよりエレガントにする方法を示しています。

- 配列は、リストのように1次元にも、行列のように2次元にも、さらに多次元にもなる。このため、様々な種類の数値データを表現できる。本章の例では、2次元配列を操作する。
- 配列操作は、配列の**軸**に沿って行うことができる。上のコードの1行目では、各列の和を計算するために、**axis=0** を指定している。
- 配列では、複数の数値演算を一度に表現できる。例えば、上の関数定義の最後の方では、リード数の2次元配列（C）を、各列の和を格納した1次元配列（N）で割っている。この手法はブロードキャスティングと言い、詳細はのちほど説明する。

NumPy の威力を探究する前に、本章で扱う生物学的データを見ていきましょう。

1.1　データの紹介：遺伝子発現とは

本章では、**遺伝子発現解析**を進めながら、実際の生物学的問題を解決するのに利用できる NumPy と SciPy の威力を実証していきます。ここではまず、NumPy をベースに作られた pandas ライブラリを使ってファイルからデータを読み込んで必要な変換を行い、続いてデータを NumPy 配列に入れて効率よく処理していきます。

いわゆる分子生物学のセントラルドグマ（https://ja.wikipedia.org/wiki/セントラルドグマ）によると、1つの細胞（ひいては生物）の維持に必要なすべての情報は、**デオキシリボ核酸**（**DNA**）と呼ぶ分子に格納されています。この分子には反復する骨格があり、その上に**塩基**（ベース）と呼ぶ化学物質群が順番に並んでいます（**図 1-1**）。塩基は4種類あり、A, C, G, T と省略して表記され、情報の格納に使われる4文字のアルファベットを構成しています[†]。

[†] 訳注：例えば英語のアルファベットが26文字で構成されるように、DNA のアルファベットは4文字で構成されます。

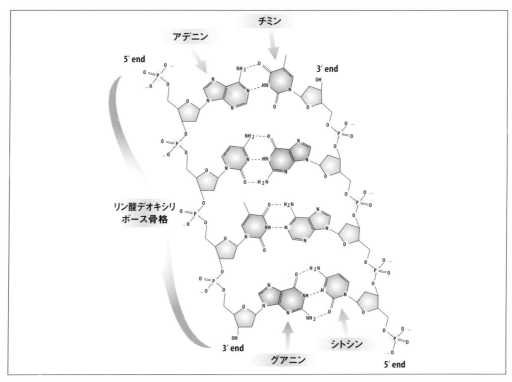

図1-1 DNAの化学構造（画像はMadeleine Price Ballによる。CC0パブリックドメインライセンスの条件の下に使用）

　この情報にアクセスするために、DNA は**メッセンジャー RNA（mRNA）**という姉妹分子に**転写**されます。最終的に、mRNA は細胞の主戦力であるタンパク質に**翻訳**されます。タンパク質を（mRNA を介して）作るための情報をコード化している DNA の部分を遺伝子と呼びます。

　特定の遺伝子が作る mRNA の量をその遺伝子の**発現量**と呼びます。理想的にはタンパク質量を定量したいのですが、これは mRNA の定量よりもずっと大変なのです。幸い、特定の mRNA の発現量とその mRNA に対応するタンパク質量には、一般に相関があります[†]。このため、通常は mRNA 量を定量し、それに基づいて分析を行います。以下でわかるように、通常はそれで問題ありません。なぜなら、生物学的な結果を予測できる mRNA 量の威力を利用しているのであって、タンパク質の性質について何か具体的に述べることが目的ではないからです。

　ここで重要なのは、あなたの体の全細胞の DNA が同一だということです。したがって、細胞間の差異は、その DNA から RNA への**発現差異**に起因します。つまり、異なる細胞は、DNA の異なる部分が処理されて下流の分子になることで作られます（**図1-3**）。同様に、本章と次章で紹介しますが、発現差異を利用して異なる種類のがんが識別できるのです。

　mRNA を定量する最先端技術は、RNA シーケンシング（RNAseq）と呼びます。RNA は組織の

[†] Tobias Maier, Marc Güell, and Luis Serrano, "Correlation of mRNA and protein in complex biological samples"（http://bit.ly/2sFtzLa）, FEBS Letters 583, no. 24 (2009).

図1-2　分子生物学のセントラルドグマ

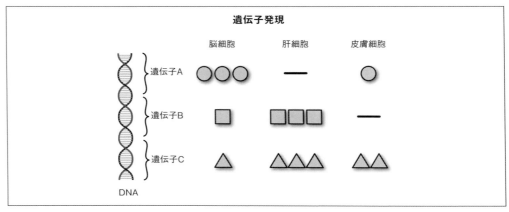

図1-3　遺伝子発現

標本（患者の生体組織検査など）から抽出され、（より安定な）DNAに**逆転写**され、DNAの塩基配列に組み込まれると光るように化学的に改変された塩基を用いて読み出されます。現在、高速シーケンシング装置は、短い断片（一般に100塩基対程度）しか読むことができません。これらの短い塩基配列を「リード」と呼びます。本章の例では、数百万個のリードを測定して、そのリードの塩基配列を基に、各遺伝子に由来するリード数を数えています（**図1-4**）。本章で行う処理は、リード数データの直接解析です。

表1-1は、遺伝子発現数データの一部の例を示したものです。

表1-1　遺伝子発現のリード数データ

	細胞タイプA	細胞タイプB
遺伝子その0	100	200
遺伝子その1	50	0
遺伝子その2	350	100

　データはリード数の表、すなわち各細胞タイプごとに観測されたリード数を表した整数の表です。細胞タイプによって、各遺伝子のリード数が違っているのがわかりますね。この情報を用いて、この2種類の細胞タイプの違いについて調べることができます。

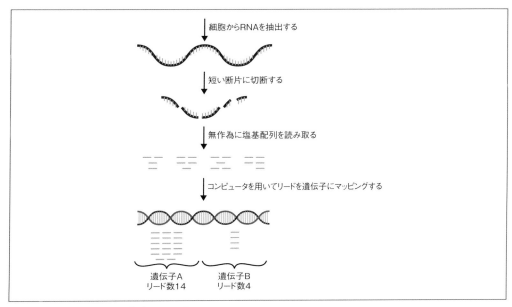

図1-4　RNAシーケンシング（RNAseq）

　このデータをPythonで記述する方法の1つが、多重リストです。

```
gene0 = [100, 200]
gene1 = [50, 0]
gene2 = [350, 100]
expression_data = [gene0, gene1, gene2]
```

　上記のスクリプトでは、異なる細胞タイプごとの各遺伝子発現がPythonの整数リストに格納されています。続いて、この3つのリストをすべて1つのリスト（いわゆる**メタリスト**）に格納します。各データ点は、外側のリストのインデックス番号と内側のリストのインデックス番号を順に指定して取り出すことができます。

```
expression_data[2][0]
```

350

　しかし、Pythonインタプリタの動作の仕方からすると、この方法でデータを格納するのはとても非効率的です。まず、Pythonのリストは常に**オブジェクト**のリストなので、上記のリストgene2は整数のリストではなく、整数への**ポインタ**のリストになっており、これが不要なオーバーヘッドになります。さらにこれは、それぞれのリストとそれぞれの整数が、コンピュータのRAM上のまったくバラバラな場所に置かれることを意味します。一方、最近のプロセッサはメモリからデータを塊で取り出すことを好むため、データをRAM中に撒き散らすのは非効率的です。

　これはまさに**NumPy配列**で解決できる問題です。

1.2　NumPyのN次元配列

NumPyの主要なデータ型の1つが N 次元配列（ndarray、もしくは単に配列）です。ndarrayは、SciPyの多数の優れたデータ処理技術を支えています。ここではその中でも、本事例のデータを処理するコードを強力でエレガントにしてくれる、ベクトル化とブロードキャスティングを紹介します。

まず最初に、ndarrayの性質を理解しましょう。ndarrayは全要素が同じ型である必要があります。本章の例では、整数型のデータが格納されます。ndarrayを N 次元と呼ぶのは、任意数の次元がとれるからです。1次元配列は、おおまかに言うと Python のリストと一緒です。

```
import numpy as np

array1d = np.array([1, 2, 3, 4])
print(array1d)
print(type(array1d))

[1 2 3 4]
<class 'numpy.ndarray'>
```

NumPy 配列には、特定の属性とメソッドが付属しており、配列名の後にドットを付けてアクセスします。例えば、以下のようにすれば配列の**形状（shape）**が表示されます。

```
print(array1d.shape)

(4,)
```

上の例では、1つの数字が格納されたタプルにすぎません。なぜリストの場合のように len を使わないのか疑問に思うかもしれませんね。上の例ではそれでもよいのですが、**2次元**配列には効かないのです。

ここでは、**表1-1** のデータを表すのに、以下を用います。

```
array2d = np.array(expression_data)
print(array2d)
print(array2d.shape)
print(type(array2d))

[[100 200]
 [ 50   0]
 [350 100]]
(3, 2)
<class 'numpy.ndarray'>
```

これで、shape 属性が、データ配列の多次元の大きさを考慮するように len を一般化したものだとわかります。

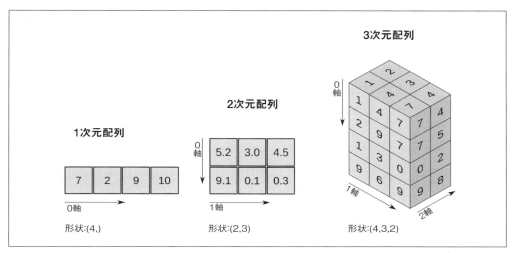

図1-5 1、2、3次元のNumPyのndarrayの可視化

配列には他の属性もあります。例えば、`ndim`は次元数を表します。

```
print(array2d.ndim)
```

```
2
```

データ解析でよくNumPyを使うようになると、このような約束事にも慣れていきます。

NumPy配列は、さらに多次元のデータ、例えば、磁気共鳴画像（MRI）のデータに含まれる3次元体積データなども扱えます。さらに長期間にわたるMRIのデータを取って保存する場合には、4次元のNumPy配列が必要になるかもしれません。

とりあえず、本章で扱うのは2次元データに留めますが、後の章では高次元データを紹介し、何次元データでも扱えるコードを書けるように指南します。

1.2.1　Pythonのリストでなくndarrayを使う理由

配列が高速な理由は、低級言語であるCで書かれたベクトル化された処理が可能になり、それが配列全体に及ぶからです。例えば、あるリスト内のすべての要素に5を掛けたいとします。標準的なPythonの手法は、ループを使ってリストの要素に対して反復処理を行い、各要素に5を掛けるというものでしょう。一方、データがリストではなく配列で表されている場合は、配列の全要素に一挙に5を掛けることができます。水面下では、高度に最適化されたNumPyライブラリが全速力で反復処理をしているのです。

```
import numpy as np

# Create an ndarray of integers in the range    0以上1,000,000未満の整数の
# 0 up to (but not including) 1,000,000         ndarrayを作成する。
array = np.arange(1e6)
```

```
# Convert it to a list        リストに変換する。
list_array = array.tolist()
```

配列内のすべての値に 5 を掛けるのにかかる時間を、IPython のマジックコマンド %timeit で計ってみましょう。まず、データがリストの場合、

```
%timeit -n10 y = [val * 5 for val in list_array]

10 loops, average of 7: 102 ms +- 8.77 ms per loop (using standard deviation)
```

今度は、NumPy の組み込み**ベクトル化演算**を使うと、

```
%timeit -n10 x = array * 5

10 loops, average of 7: 1.28 ms +- 206 μs per loop (using standard deviation)
```

50 倍以上高速で、コードもより簡潔です。

　配列は、大きさの面で効率的でもあります。Python では、リストの各要素が 1 つのオブジェクトとなり、かなり大量の（もしかすると多すぎるくらいの）メモリ割り当てがされます。一方、配列を使えば、各要素は必要な量のメモリしか使用しません。例えば、64 ビット整数の配列は、各要素が正確に 64 ビットのメモリと、前述の shape 属性のような配列のメタデータ用に非常に小さいオーバーヘッドを使用するだけです。そのため、Python のリストの属性に与えられるメモリに比べると、通常とても少なくなります（Python のメモリ割り当ての機能の仕方について深く知りたい方は、Jake VanderPlas のブログ記事「Why Python Is Slow: Looking Under the Hood」（Python はなぜ遅いのか：ボンネットの下を覗いてみる、http://bit.ly/2sFDbW8）が参考になります）。

　その上、配列を使って計算する際には、**元データをコピーせずに配列の一部を取り出すスライス**という操作を使うことができます。

```
# Create an ndarray           ndarray を作成する。
x = np.array([1, 2, 3], np.int32)
print(x)

[1 2 3]

# Create a "slice" of x       x のスライスを作成する。
y = x[:2]
print(y)

[1 2]

# Set the first element of y to be 6    y の先頭の要素を 6 にセットする。
y[0] = 6
print(y)
```

```
[6 2]
```

ここで、y を編集したのにもかかわらず、x の値まで変更されてしまうことに注意してください。これは、y が同じデータを参照していたからです。

```
# Now the first element in x has changed to 6!   x の先頭の要素が 6 に変更された。
print(x)

[6 2 3]
```

つまり、配列を参照する際には要注意ということです。元データを変えずにデータをいじりたい場合には、以下のように簡単にコピーできます。

```
y = np.copy(x[:2])
```

1.2.2　ベクトル化

本章の前の部分で配列に作用させる演算のスピードについて述べました。高速化のために NumPy が使う手の 1 つが**ベクトル化**です。処理がベクトル化されていれば、配列の各要素に演算を作用させるときに、for ループは必要ありません。結果として、高速になる上に、コードがより自然で読みやすくなります。少し具体例を見ていきましょう。

```
x = np.array([1, 2, 3, 4])
print(x * 2)

[2 4 6 8]
```

最初の例は、x が 4 個の要素を持つ配列です。上記の例では、明示的に指示することなく、x の各要素に 2 を掛けています。

```
y = np.array([0, 1, 2, 1])
print(x + y)

[1 3 5 5]
```

次に、x の中の各要素に、同じ形状の配列 y の対応する要素を足しました。

上の 2 つの演算は、どちらも簡単で、ベクトル化の直観的な例になっていると思います。また NumPy は、この 2 つの演算を非常に高速に行います。for ループを書いて配列の行や列を反復させるよりもずっと高速です（前出の IPython のマジックコマンド %timeit を使って上の例を実際に試してみてください）。

1.2.3　ブロードキャスティング

ndarray の特徴の中でも特に強力で、誤解されがちなのがブロードキャスティング（拡散）です。ブロードキャスティングは、明示的な指示をせずに 2 つの配列間に演算を作用させる方

法です。これにより、形状が**適合する**2つの配列に演算操作を実行し、元のどちらの配列よりもサイズの大きい配列を作ることが可能になります。例えば、2つのベクトルの外積（https://ja.wikipedia.org/wiki/直積_(ベクトル)）の計算は、ベクトルの形状を適切に変えてから行います。

```
x = np.array([1, 2, 3, 4])
x = np.reshape(x, (len(x), 1))
print(x)

[[1]
 [2]
 [3]
 [4]]

y = np.array([0, 1, 2, 1])
y = np.reshape(y, (1, len(y)))
print(y)

[[0 1 2 1]]
```

2つの配列の「形状が適合」するのは、すべての次元で、大きさが一致するか、もしくは一方の大きさが1である場合です[†]。

以下の2つの配列の形状を確認してみましょう。

```
print(x.shape)
print(y.shape)

(4, 1)
(1, 4)
```

どちらも2次元で、しかも内側の次元が1なので、形状は適合します。

```
outer = x * y
print(outer)

[[0 1 2 1]
 [0 2 4 2]
 [0 3 6 3]
 [0 4 8 4]]
```

外側の次元の大きさで、演算結果の配列の大きさがわかります。

```
print(outer.shape)

(4, 4)
```

[†] 形状の比較は常に最後の次元から始め、遡って処理していきます。配列の次元が異なる場合には、余分な次元は無視されます（例えば、(3,5,1) と (5,8) は適合します）。

すべての (i, j) で、outer[i, j] = x[i] * y[j] であることがおわかりいただけると思います。

上の結果は、NumPy のブロードキャスティングのルール（http://bit.ly/2sFpZ3H）により達成されました。一方の配列で大きさが1である次元は、もう一方の配列の対応する次元の大きさと一致するように非明示的に拡張されるのです。このルールについてはのちほど詳しく解説しますので、心配無用です。

本章の後半で本物のデータを試してみればよくわかりますが、ブロードキャスティングは、実際に使われているデータ配列の数値計算にとって大変重要なものです。これにより、複雑な演算を簡潔に効率よく表現することが可能になります。

1.3　遺伝子発現データセットの探索

ここでは、がんゲノムアトラス（TCGA）プロジェクト（http://cancergenome.nih.gov）の皮膚がん標本を使った RNA シーケンシング実験のデータセットを使用します。データはクリーニングとソートを適用済みなので、本書のリポジトリにある data/counts.txt をそのまま使えます。

「2 章　NumPy と SciPy を用いた分位数正規化」では、この遺伝子発現データを使って皮膚がん患者の死亡率を予測し、TCGA コンソーシアムの論文（http://bit.ly/2sFAwfa）の図 5A と 5B（http://bit.ly/2sFCegE）の簡易版を再現してみましょう。その前に、データのバイアスを吟味して、改善方法を考える必要があります。

1.3.1　pandasを使ってデータを読み込む

最初に、pandas を使ってリード数の表を読み込みます。pandas は Python のデータ処理と解析用のライブラリで、特に表データと時系列データの処理に重点が置かれています。ここでは、異なる型が混在する表データを読み込むために使います。pandas は DataFrame 型を使いますが、これは R 言語のデータフレーム属性を基にした柔軟な表形式です。例えば、ここで読み込むデータは、1 列の遺伝子名（文字列）と複数列のリード数（整数）からなるため、均質な型の数値配列には読み込めません。NumPy には「構造配列」と呼ばれる混合型データのサポートも多少ありますが、本章で取り上げる例を扱えるようにはできていないため、以降の操作が必要以上に面倒になります。

しかし、データを pandas のデータフレームとして読み込めば、パースは pandas に任せ、あとは必要な情報を取り出し、もっと効率的な型に格納できます。ここではデータを手軽に取り込むため、少しだけ pandas を使います。後の章で pandas についてもう少し触れますが、詳しくは pandas の産みの親である Wes McKinney 著の『*Python for Data Analysis 2nd Edition*』（http://shop.oreilly.com/product/0636920050896.do、O'Reilly、邦題『Python によるデータ分析入門第 2 版』オライリー・ジャパン）を参照してください。

```
import numpy as np
import pandas as pd

# Import TCGA melanoma data     TCGAのメラノーマのデータを取り込む。
filename = 'data/counts.txt'
```

```python
with open(filename, 'rt') as f:
    data_table = pd.read_csv(f, index_col=0) # Parse file with pandas
```
pandas でファイルをパースする。

```
print(data_table.iloc[:5, :5])
```

```
        00624286-41dd-476f-a63b-d2a5f484bb45  TCGA-FS-A1Z0  TCGA-D9-A3Z1  \
A1BG                                1272.36        452.96        288.06
A1CF                                   0.00          0.00          0.00
A2BP1                                  0.00          0.00          0.00
A2LD1                                164.38        552.43        201.83
A2ML1                                 27.00          0.00          0.00

        02c76d24-f1d2-4029-95b4-8be3bda8fdbe  TCGA-EB-A51B
A1BG                                 400.11        420.46
A1CF                                   1.00          0.00
A2BP1                                  0.00          1.00
A2LD1                                165.12         95.75
A2ML1                                  0.00          8.00
```

ご覧の通り、pandas がヘッダ行を抜き出し、列名として表示しています。1列目が遺伝子名で、残りの列が個々の標本を表しています。

標本の情報や遺伝子長など、対応するメタデータもいくつか必要となります。

```python
# Sample names    標本名
samples = list(data_table.columns)
```

遺伝子長は、これから行う正規化に必要な情報です。すでに pandas が付けた凝ったインデックスを利用するために、pandas の表のインデックスを、1列目の遺伝子名に設定します。

```python
# Import gene lengths    遺伝子長を取り込む。
filename = 'data/genes.csv'
with open(filename, 'rt') as f:
    # Parse file with pandas, index by GeneSymbol
    gene_info = pd.read_csv(f, index_col=0)
print(gene_info.iloc[:5, :])
```
pandas でファイルをパースし、GeneSymbol でインデックス付けする。

```
            GeneID  GeneLength
GeneSymbol
CPA1          1357        1724
GUCY2D        3000        3623
UBC           7316        2687
C11orf95     65998        5581
ANKMY2       57037        2611
```

この遺伝子長データとリード数データがどのくらい一致するか、確認してみましょう。

```python
print("Genes in data_table: ", data_table.shape[0])
print("Genes in gene_info: ", gene_info.shape[0])
```

```
Genes in data_table:   20500
Genes in gene_info:    20503
```

遺伝子長データには、実験で実際に計数されたものより多くの遺伝子が含まれていました。フィルタをかけて関係ある遺伝子だけを抜き出し、リード数データと同じ順番に並べてみましょう。ここで、pandas のインデックス付けが役立つのです。2 つのデータソースから遺伝子名の交点 (intersection) が得られるので、それを使って両方のデータセットにインデックスを付け、同じ遺伝子が同じ順番に並ぶようにします。

```
# Subset gene info to match the count data    リード数データの遺伝子と一致する遺伝子の情報を抜き出す。
matched_index = pd.Index.intersection(data_table.index, gene_info.index)
```

次に、遺伝子名の交点を使ってリード数データにインデックスを付けます。

```
# 2D ndarray containing expression counts for each gene in each individual
                                             各標本の各遺伝子の発現リード数が格納された 2 次元の ndarray
counts = np.asarray(data_table.loc[matched_index], dtype=int)

gene_names = np.array(matched_index)

# Check how many genes and individuals were measured    計数された遺伝子数と標本数を確認する。
print(f'{counts.shape[0]} genes measured in {counts.shape[1]} individuals.')

20500 genes measured in 375 individuals.
```

続いて遺伝子長を調べます。

```
# 1D ndarray containing the lengths of each gene    各遺伝子の遺伝子長を格納した 1 次元の ndarray
gene_lengths = np.asarray(gene_info.loc[matched_index]['GeneLength'],
                          dtype=int)
```

本章の例で用いるオブジェクトの次元の大きさを確認しましょう。

```
print(counts.shape)
print(gene_lengths.shape)

(20500, 375)
(20500,)
```

狙い通り、ぴったり一致します。

1.4　正規化

現実のデータにはあらゆる種類の測定アーティファクト[†]が含まれているため、解析を始める前にデータを眺めて、何らかの正規化が必要かどうか判断することが重要です。例えば、デジタル温度計の測定値と水銀温度計で人間が測った値には、系統的な差がある可能性があります。このた

---

† 訳注：観測誤差や、測定手法に起因する偽の結果。

め、標本を比較する際には、何らかのデータ変換を行ってすべての測定値を共通のスケールに揃える必要があります。

本章の例題の場合、実験で特定される差異が純粋に生物学的差異に対応するように、実験手法によるアーティファクトを除く必要があります。そこで、遺伝子発現データにセットで適用されることの多い、「標本（列）間」と「遺伝子（行）間」の2段階の正規化を考えてみます。

1.4.1　標本間の正規化

例えば、RNAシーケンシング実験では、リード数が標本間で大きくばらつくことがあります。ここでは、全遺伝子の発現リード数の分布をプロットしてみましょう。まず、列の総和を取って各標本の全遺伝子の発現の総数を調べ、標本間の差を見ます。総リード数の分布を可視化するため、カーネル密度推定（KDE）を使います。この手法は一般に、度数分布図を平滑化して、元にある分布をより明確にするために使われます。

正規化を始める前に、描画の設定を行う必要があります（設定は章ごとに行います）。以下のコードの各行の詳細については、描画に関するひとことメモをご覧ください。

```
# Make all plots appear inline in the Jupyter notebook from now onwards
%matplotlib inline        以後すべてのプロットをJupyterノートブック内でインライン表示させる。
# Use our own style file for the plots    本書独自のスタイルファイルを使ってプロットを描く。
import matplotlib.pyplot as plt
plt.style.use('style/elegant.mplstyle')
```

描画に関するひとことメモ

上記のコードには、プロットを美しくするための巧みなしかけが用意されています。

まず、`%matplotlib inline`はJupyterノートブックのマジックコマンド（http://bit.ly/2sF9HIb）で、すべてのプロットを新たなウィンドウを開かずにノートブック内に表示させます。Jupyterノートブックを対話的に実行する場合は、代わりに`%matplotlib notebook`を用いると、個々のプロットが静的な画像ではなく対話型の図として表示されます。

続いて、`matplotlib.pyplot`をインポートし、本書独自の描画スタイル`plt.style.use('style/elegant.mplstyle')`が使えるようにします。各章では、最初のプロットの前に、このようなコード群を記載しています。

既存のスタイルファイルをインポートする場合は、例えば`plt.style.use('ggplot')`のようにすればよいのですが、本書では、特殊な設定をしたい上、プロットのスタイルを統一するために、独自のMatplotlibスタイルファイルを作成しました。具体的な設定内容については本書のリポジトリにある`style/elegant.mplstyle`をご覧ください。スタイルに関する詳細は、Matplotlibのスタイルシートに関するドキュメント（http://bit.ly/2sFz24N）を参照してください。

ではリード数の分布のプロットに戻ります。

```python
total_counts = np.sum(counts, axis=0)  # sum columns together    列の総和を取る。
                                       # (axis=1 would sum rows)  axis=1なら行の総和

from scipy import stats

# Use Gaussian smoothing to estimate the density                 ガウシアン平滑化を用いて密度を推定する。
density = stats.kde.gaussian_kde(total_counts)
                                                                  プロット用に密度を推定する値を生成する。
# Make values for which to estimate the density, for plotting
x = np.arange(min(total_counts), max(total_counts), 10000)

# Make the density plot     密度プロットを描く。
fig, ax = plt.subplots()
ax.plot(x, density(x))
ax.set_xlabel("Total counts per individual")
ax.set_ylabel("Density")

plt.show()

print(f'Count statistics:\n  min:  {np.min(total_counts)}'
      f'\n  mean: {np.mean(total_counts)}'
      f'\n  max:  {np.max(total_counts)}')

Count statistics:
  min:  6231205
  mean: 52995255.33866667
  max:  103219262
```

　総リード数が最も少ない標本と最も多い標本では数が一桁違うことがわかります（**図 1-6**）。これは、各標本ごとに異なる数の RNA シーケンシングのリードが生成されたためです。このことを、「各標本のライブラリサイズが異なる」と言います。

標本間でライブラリサイズを正規化する

　正規化の効果を実感するために、正規化を行う前にまず各標本の遺伝子発現の幅を詳しく見ておきましょう。プロットが見づらくならないように、とりあえず 70 列分の標本だけを無作為に抜き出してみましょう。

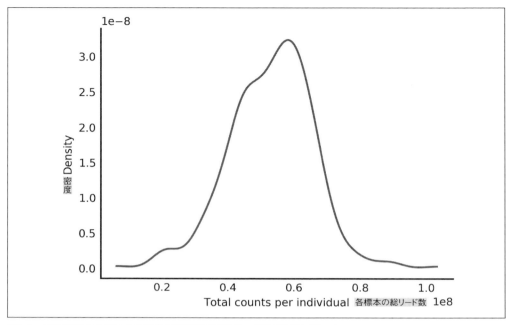

図1-6　KDE平滑化を用いた各標本の遺伝子発現のリード数の密度プロット

```
# Subset data for plotting                          プロット用にデータの一部を取り出す。
np.random.seed(seed=7) # Set seed so we will get consistent results
                                                    シードを設定して常に同じ結果を得る。
# Randomly select 70 samples                        無作為に 70 個の標本を選ぶ。
samples_index = np.random.choice(range(counts.shape[1]), size=70, replace=False)
counts_subset = counts[:, samples_index]

# Some custom x-axis labelling to make our plots easier to read
def reduce_xaxis_labels(ax, factor):    プロットを読みやすくするために x 軸のラベルをカスタマイズする。
    """Show only every ith label to prevent crowding on x-axis
                                        x 軸のラベルが密集しないように i 個に 1 個のみ表示する。
    e.g. factor = 2 would plot every second x-axis label,    例えば factor = 2 は、最初から数えて 2 番目、
        starting at the first.                               4 番目 … の x 軸のラベルをプロットする。

    Parameters          パラメータ
    ----------
    ax : matplotlib plot axis to be adjusted   調整する matplotlib のプロットの座標軸
    factor : int, factor to reduce the number of x-axis labels by
    """                                        整数。x 軸のラベル数を 1/factor に減らす。
    plt.setp(ax.xaxis.get_ticklabels(), visible=False)
    for label in ax.xaxis.get_ticklabels()[factor-1::factor]:
        label.set_visible(True)

# Box plot of expression counts by individual    各標本の発現リード数の箱ひげ図（ボックスプロット）
fig, ax = plt.subplots(figsize=(4.8, 2.4))
```

```
with plt.style.context('style/thinner.mplstyle'):
    ax.boxplot(counts_subset)
    ax.set_xlabel("Individuals")
    ax.set_ylabel("Gene expression counts")
    reduce_xaxis_labels(ax, 5)
```

発現の高い方の端では当然ながら外れ値がたくさんあり、標本間に大きな差もありますが、よく見えません。その理由は、すべてのデータ点がゼロ付近に密集しているからです（図1-7）。そこでデータの log(n+1) を取り少し見やすくしましょう。対数関数と counts_subset に 1 を加える操作は、どちらもブロードキャスティングを使うことで、コードが簡潔になり処理速度も高速になります（図1-8）[†]。

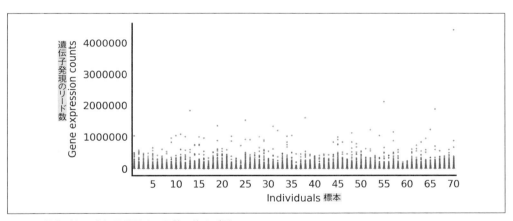

図1-7 標本ごとの遺伝子発現リード数の箱ひげ図

```
# Box plot of expression counts by individual      標本ごとの発現リード数の箱ひげ図
fig, ax = plt.subplots(figsize=(4.8, 2.4))

with plt.style.context('style/thinner.mplstyle'):
    ax.boxplot(np.log(counts_subset + 1))
    ax.set_xlabel("Individuals")
    ax.set_ylabel("log gene expression counts")
    reduce_xaxis_labels(ax, 5)
```

[†] 訳注：ここで n は counts_subset。1 を加えるのは真数が0になるのを防ぐため。

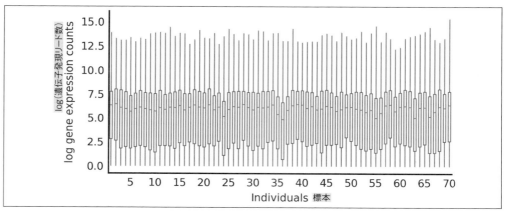

図1-8　標本ごとの遺伝子発現リード数の箱ひげ図（対数スケール）

では、ライブラリサイズで正規化してみましょう（図1-9）。

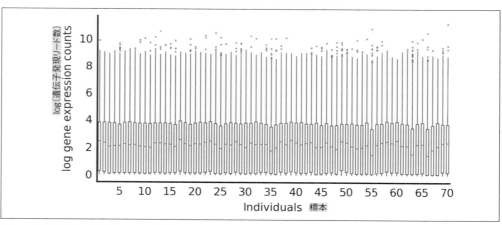

図1-9　標本ごとにライブラリで正規化した遺伝子発現リード数（対数スケール）

```
# Normalize by library size                    ライブラリサイズで正規化する。
# Divide the expression counts by the total counts for that individual
                                               発現リード数をその標本の総リード数で割る。
# Multiply by 1 million to get things back in a similar scale
                                               同じくらいのスケールに戻すために100万を掛ける。
counts_lib_norm = counts / total_counts * 1000000
# Notice how we just used broadcasting twice there! 。
                                               ここでブロードキャスティングを2度も使ったことに注目
counts_subset_lib_norm = counts_lib_norm[:,samples_index]

# Box plot of expression counts by individual  標本ごとの発現リード数の箱ひげ図
fig, ax = plt.subplots(figsize=(4.8, 2.4))
```

```python
with plt.style.context('style/thinner.mplstyle'):
    ax.boxplot(np.log(counts_subset_lib_norm + 1))
    ax.set_xlabel("Individuals")
    ax.set_ylabel("log gene expression counts")
    reduce_xaxis_labels(ax, 5)
```

かなりよくなりましたね。上記のコードでブロードキャスティングを2度も使ったことにも注目してください。1回目は、すべての遺伝子発現リード数をその列の総リード数で割るとき、2回目は値に100万を掛けるときです。

最後に、正規化したデータと生のデータを比べてみましょう。

```python
import itertools as it
from collections import defaultdict

def class_boxplot(data, classes, colors=None, **kwargs):
    """Make a boxplot with boxes colored according to the class they belong to.
                                                     所属クラスごとに色分けした箱ひげ図を描く。
    Parameters      パラメータ
    ----------
    data : list of array-like of float              浮動小数点数の array-like のリスト
        The input data. One boxplot will be generated for each element
        in `data`.                        入力データ。'data' の各要素につき1つの箱ひげ図が生成される。
    classes : list of string, same length as `data`     'data' と同じ長さの文字列リスト
        The class each distribution in `data` belongs to.    'data' の各分布が所属するクラス

    Other parameters    その他のパラメータ
    ----------------
    kwargs : dict       辞書
        Keyword arguments to pass on to `plt.boxplot`.  'plt.boxplot' に渡すキーワード引数
    """
    all_classes = sorted(set(classes))
    colors = plt.rcParams['axes.prop_cycle'].by_key()['color']
    class2color = dict(zip(all_classes, it.cycle(colors)))

    # map classes to data vectors                       クラスをデータベクトルにマッピングする。
    # other classes get an empty list at that position for offset
    class2data = defaultdict(list)      他のクラスはオフセットとしてその位置に空のリストが与えられる。
    for distrib, cls in zip(data, classes):
        for c in all_classes:
            class2data[c].append([])
        class2data[cls][-1] = distrib

    # then, do each boxplot in turn with the appropriate color
                                                続いて、各箱ひげ図を順に適切な色で描く。
    fig, ax = plt.subplots()
    lines = []
    for cls in all_classes:
        # set color for all elements of the boxplot            箱ひげ図の全要素の色を設定する。
```

```
            for key in ['boxprops', 'whiskerprops', 'flierprops']:
                kwargs.setdefault(key, {}).update(color=class2color[cls])
            # draw the boxplot   箱ひげ図を描く。
            box = ax.boxplot(class2data[cls], **kwargs)
            lines.append(box['whiskers'][0])
    ax.legend(lines, all_classes)
    return ax
```

これで、正規化された標本と正規化されていない標本ごとに色付きの箱ひげ図（ボックスプロット）が描けます。各クラスにつき標本を3つずつのみ例示します。

```
log_counts_3 = list(np.log(counts.T[:3] + 1))
log_ncounts_3 = list(np.log(counts_lib_norm.T[:3] + 1))
ax = class_boxplot(log_counts_3 + log_ncounts_3,
                   ['raw counts'] * 3 + ['normalized by library size'] * 3,
                   labels=[1, 2, 3, 1, 2, 3])
ax.set_xlabel('sample number')
ax.set_ylabel('log gene expression counts');
```

ライブラリサイズ（各標本の分布の和）で正規化した分布の方が、より似ていることがわかります。これでようやく標本間の似た者同士を比べていることになります。では、遺伝子の差はどうでしょうか。

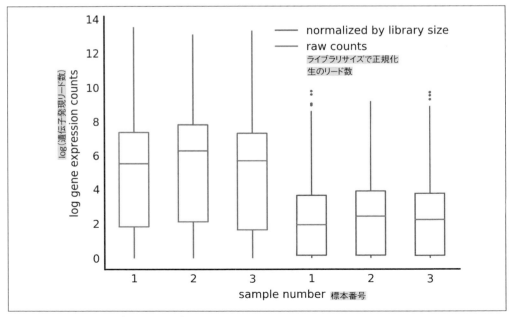

図1-10　3つの標本の生データとライブラリで正規化した遺伝子発現リード数

1.4.2　遺伝子間の正規化

　遺伝子間の比較を試みるときにも問題にぶつかる場合があります。遺伝子のリード数はその遺伝子長に比例します。仮に遺伝子Bの長さが遺伝子Aの2倍であるとします。どちらも同じ標本中で似たような量で発現しています（つまり、どちらも似たような数のmRNA分子を生成しています）。RNAシーケンシング実験では、転写されたmRNAを短く切断して、その断片のプールからリードを抽出することを思い出してください。すなわち、ある遺伝子の長さが2倍あると、2倍の数の断片を生成することになり、それを抽出する確率も2倍になります。したがって、遺伝子Bは遺伝子Aの2倍のリード数があると予期されます（図1-11）。このため、異なる遺伝子同士の発現量を比較したければ、何らかの正規化を行う必要があります。

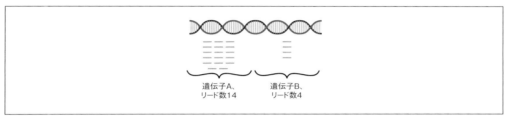

図1-11　リード数と遺伝子長の関係

　遺伝子長とリード数の関係が本章のデータセットでも成り立つか調べてみましょう。まず、プロット用のユーティリティ関数を定義します。

```
                            このPython 3だけの特徴に注目！(23ページの囲み「Python 3のヒント」を参照)
def binned_boxplot(x, y, *,  # check out this Python 3 exclusive! (*see tip box)
                   xlabel='gene length (log scale)',
                   ylabel='average log counts'):
    """Plot the distribution of `y` dependent on `x` using many boxplots.
                            多数の箱ひげ図を使って'x'に従属する'y'の分布をプロット
    Note: all inputs are expected to be log-scaled.  注：すべての入力値は対数スケールであることが前提。

    Parameters    パラメータ
    ----------
    x: 1D array of float     浮動小数点数の1次元配列
        Independent variable values.    独立変数の値
    y: 1D array of float     浮動小数点数の1次元配列
        Dependent variable values.    従属変数の値
    """
    # Define bins of `x` depending on density of observations   観測値の密度で'x'のビンを定義する。
    x_hist, x_bins = np.histogram(x, bins='auto')

    # Use `np.digitize` to number the bins
    # Discard the last bin edge because it breaks the right-open assumption
    # of `digitize`. The max observation correctly goes into the last bin.
                  'np.digitize'を使ってビンに番号を付ける。'digitize'の右開の仮定が破られるので
                  ビンの右端を廃棄する。最大観測値は正しく最後のビンに入る。
```

```
x_bin_idxs = np.digitize(x, x_bins[:-1])

# Use those indices to create a list of arrays, each containing the `y`
# values corresponding to `x`s in that bin. This is the input format
# expected by `plt.boxplot`                上のインデックスを用いて配列のリストを作成する。
binned_y = [y[x_bin_idxs == i]             各リストにはそのビンの 'x' に対応する 'y' の値を入
            for i in range(np.max(x_bin_idxs))]   れる。これが 'plt.boxplot' が予期する入力形式。
fig, ax = plt.subplots(figsize=(4.8,1))

# Make the x-axis labels using the bin centers    ビンの中央位置を使ってx軸のラベルを作成する。
x_bin_centers = (x_bins[1:] + x_bins[:-1]) / 2
x_ticklabels = np.round(np.exp(x_bin_centers)).astype(int)

# make the boxplot              箱ひげ図を描く。
ax.boxplot(binned_y, labels=x_ticklabels)

# show only every 10th label to prevent crowding on x-axis
reduce_xaxis_labels(ax, 10)    x軸のラベルが密集するのを防ぐため、ラベルを10個に1個表示する。

# Adjust the axis names         座標軸名を調節する。
ax.set_xlabel(xlabel)
ax.set_ylabel(ylabel);
```

それでは遺伝子長とリード数を計算しましょう。

```
log_counts = np.log(counts_lib_norm + 1)
mean_log_counts = np.mean(log_counts, axis=1)  # across samples    全標本の平均を取る。
log_gene_lengths = np.log(gene_lengths)
```

続いて、リード数を遺伝子長の関数としてプロットします。

```
with plt.style.context('style/thinner.mplstyle'):
    binned_boxplot(x=log_gene_lengths, y=mean_log_counts)
```

この図から、遺伝子が長いほど計数されたリード数が大きいことがわかります。前述の通り、これは使用された手法のアーティファクトであって、生物学的な信号ではありません。どうすれば解決できるでしょうか。

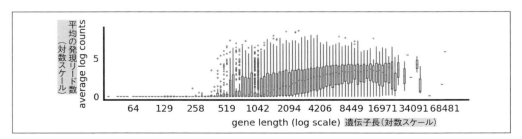

図1-12　遺伝子と平均の発現リード数の関係（対数スケール）

> **Python 3 のヒント：* を使ってキーワード専用引数を作る**
>
> バージョン 3.0 以降の Python では、「キーワード専用」引数（https://www.python.org/dev/peps/pep-3102/）が使えます。このタイプの引数は、必ずキーワードを用いて呼び出さなければならず、引数の位置のみに依存できないようになっています。例えば、前述の `binned_boxplot` は以下のように呼び出すことができますが。
>
> ```
> >>> binned_boxplot(x, y, xlabel='my x label', ylabel='my y label')
> ```
>
> 以下のように呼び出すことはできません。この書式は Python 2 では有効でしたが、Python 3 ではエラーになります。
>
> ```
> >>> binned_boxplot(x, y, 'my x label', 'my y label')
> ```
>
> ```
> ---------------------------------------------------------------------------
> TypeError                                 Traceback (most recent call last)
> <ipython-input-58-7a118d2d5750in <module>()
>       1 x_vals = [1, 2, 3, 4, 5]
>       2 y_vals = [1, 2, 3, 4, 5]
> ----3 binned_boxplot(x, y, 'my x label', 'my y label')
>
> TypeError: binned_boxplot() takes 2 positional arguments but 4 were given
> ```
>
> この変更は、以下のようなうっかりミスを防ぐために導入されました。
>
> ```
> binned_boxplot(x, y, 'my y label')
> ```
>
> これだと、y 軸名が x 軸に表示されてしまいます。このエラーは、明白な順序を持たない多数の任意パラメータを取るシグネチャでよく起きます。

1.4.3　標本間と遺伝子間の正規化：RPKM

　RNA シーケンシングデータの最も単純な正規化手法の 1 つは RPKM（reads per kilobase transcript per million reads：転写された mRNA 1,000 塩基対当たり、総リード数 100 万当たりに補正されたリード数）と呼ばれるものです。RPKM を計算する際には、ライブラリサイズ（各列の総和）と遺伝子長とで正規化します。

　RPKM を求める方法を理解するために、以下の値を定義しましょう。

- C = ある遺伝子にマッピングされたリード数
- L = その遺伝子のエクソンの長さ（単位は塩基対）
- N = 実験でマッピングされた総リード数

　まず、転写された mRNA 1,000 塩基対当たりのリード数を計算しましょう。
1 塩基対当たりのリード数は以下のようになります。

$$\frac{C}{L}$$

この手法では1塩基対ではなく1,000塩基対当たりのリード数が要求されています。1キロ塩基対 = 1,000塩基対なので、長さ（L）を1,000で割る必要があります。

1,000塩基対当たりのリード数は以下のようになります。

$$\frac{C}{L/1000} = \frac{10^3 C}{L}$$

続いて、ライブラリサイズを正規化します。単純にマッピングされたリード数で割ると以下を得ます。

$$\frac{10^3 C}{LN}$$

ところが生物学者は、数値が小さくなりすぎないように、100万単位のリード数として数えるのを好みます。総リード数100万当たりのリード数は、

$$\frac{10^3 C}{L(N/10^6)} = \frac{10^9 C}{LN}$$

まとめると、転写されたmRNA 1,000塩基対当たり、総リード数100万当たりに補正したリード数を計算するには、

$$RPKM = \frac{10^9 C}{LN}$$

ではRPKMをリード数の配列全体に作用させましょう。

```
# Make our variable names the same as the RPKM formula so we can compare easily
C = counts                                          # コードと式の変数名を同じにして比較しやすくする。
N = np.sum(counts, axis=0)  # sum each column to get total reads per sample
                                                    # 各列の総和を取り標本ごとの総リード数を得る。
L = gene_lengths  # lengths for each gene, matching rows in `C`   # 各遺伝子の長さ、'C'の列に対応
```

まず、10**9を掛けます。リード数（C）はndarrayなので、ブロードキャスティングが使えます。ndarrayに1つの数値を掛けると、その値は配列全体にブロードキャスト（拡散）されます。

```
# Multiply all counts by $10^9$. Note that ^ in Python is bitwise-or.
                                                    # Pythonでは ^ はビット単位ORであることに注意
# Exponentiation is denoted by `**`                 # べき乗は `**` で表される
# Avoid overflow by converting C to float.
C_tmp = 10**9 * C.astype(float)                     # Cを浮動小数点数に変換して、オーバーフローを防ぐ
```

続いて、遺伝子長で割ります。2次元配列全体に1つの数値を掛ける仕組みは理解しやすいものでした。配列の各要素にその数値がかけられるだけでした。一方、2次元配列を1次元配列で割る

必要がある場合はどうなるでしょうか。

ブロードキャスティングのルール

　ブロードキャスティングは異なる形状を持つ ndarray 間の計算を可能にします。NumPy はブロードキャスティングのルールに従って、このような操作を多少容易にしてくれます。2 個の配列の次元数が同じ場合、各次元の大きさが一致するか、どちらかの次元の大きさが 1 であれば、ブロードキャスティングが可能です。次元数が異なる場合には、短い方の配列の前方に (1,) が付加され、その操作が次元の大きさが一致するまで繰り返されて、最終的に標準のブロードキャスティングのルールが適用されます。

　例えば、A と B という 2 個の ndarray があり、それぞれの形状が (5, 2) と (2,) だとします。A と B の積 A * B をブロードキャスティングを使って定義します。B の次元数が A より少ないため、積の計算の際に値が 1 の新たな次元が B の前方に付加され、B の新しい形状は (1, 2) になります。それでもなお A の形状と一致しなければ、B の (1, 2) の形状が (5, 2) になるまで積み重ねられたのち、**掛け算**されます。これは「仮想的」に実行されるため、余分なメモリは使われません。この時点で、積は単なる要素ごとの積になっていて、A と同じ形状の配列が出力されます。

　では、形状が (2, 5) である別の配列 C があるとします。C を B に掛ける（または足す）には、B の前方に (1,) を付加してみてもよいのですが、そうしても (2, 5) と (1, 2) という適合しない形状にしかなりません。B と C にブロードキャスティングさせるには、手作業で B の**後方**に次元を付加してやる必要があります。そうすれば、(2, 5) と (2, 1) になるので、ブロードキャスティングが進められます。

　NumPy では、np.newaxis を使って B に明示的に新しい次元を追加することができます。これを RPKM の正規化の操作でやってみましょう。

　例で用いる配列の次元を見てみましょう。

```
print('C_tmp.shape', C_tmp.shape)
print('L.shape', L.shape)

C_tmp.shape (20500, 375)
L.shape (20500,)
```

C_tmp は 2 次元で、L は 1 次元ですね。したがって、ブロードキャスティングの際には、新たな次元が L の前方に付加されます。すると、配列の形状は以下のようになります。

```
C_tmp.shape (20500, 375)
L.shape (1, 20500)
```

次元の大きさは一致しません。L を C_tmp の第 1 次元にブロードキャスティングさせたいので、L の次元を手作業で調節する必要があります。

```
L = L[:, np.newaxis] # append a dimension to L, with value 1    L に値が 1 の次元を追加して次元を揃える。
print('C_tmp.shape', C_tmp.shape)
print('L.shape', L.shape)
```

```
C_tmp.shape (20500, 375)
L.shape (20500, 1)
```

これで、2個の配列の各次元の大きさが一致するか、一方が1なので、ブロードキャスティングが使えます。

```
# Divide each row by the gene length for that gene (L)     各列をその遺伝子の遺伝子長（L）で割る。
C_tmp = C_tmp / L
```

最後に、ライブラリサイズ、すなわちそれぞれの列の総リード数で正規化する必要があります。N は以下のように計算済みでしたね。

```
N = np.sum(counts, axis=0) # sum each column to get total reads per sample
                                             各列の総和を取って標本ごとのリード数を出す。
# Check the shapes of C_tmp and N    C_tmp と N の形状を確認する。
print('C_tmp.shape', C_tmp.shape)
print('N.shape', N.shape)

C_tmp.shape (20500, 375)
N.shape (375,)
```

ブロードキャスティングが始まると、N の前方に新たな次元が自動的に付加されます。

```
N.shape (1, 375)
```

期待通り次元の大きさが適合するので、手作業で何かする必要はありません。ただし、コードを読みやすくするため、N に手作業で余分な次元を追加すると便利でしょう。

```
# Divide each column by the total counts for that column (N)   各列をその列の総リード数（N）で割る。
N = N[np.newaxis, :]
print('C_tmp.shape', C_tmp.shape)
print('N.shape', N.shape)

C_tmp.shape (20500, 375)
N.shape (1, 375)

# Divide each column by the total counts for that column (N)   各列をその列の総リード数（N）で割る。
rpkm_counts = C_tmp / N
```

これを関数として再利用できるようにしましょう。

```
def rpkm(counts, lengths):
    """Calculate reads per kilobase transcript per million reads.
              転写された mRNA 1,000 塩基対当たり、総リード数 100 万当たりに補正したリード数を計算する。
    RPKM = (10**9 * C) / (N * L)

    Where:                                       ただし
    C = Number of reads mapped to a gene         ある遺伝子にマッピングされたリード数
    N = Total mapped reads in the experiment     実験でマッピングされた総リード数
```

```
        L = Exon length in base pairs for a gene    その遺伝子のエクソンの長さ（単位は塩基対）

        Parameters                                  パラメータ
        ----------
        counts: array, shape (N_genes, N_samples)              形状が (N_genes, N_samples) の配列
            RNAseq (or similar) count data where columns are individual samples
            and rows are genes.
                        RNA シーケンシング（もしくは同様の手法）によるリード数データ。列は各標本、行は各遺伝子。
        lengths: array, shape (N_genes,)                       形状が (N_genes,) の配列
            Gene lengths in base pairs in the same order
            as the rows in counts.    遺伝子の長さ（単位は塩基対）。counts の行と同じ順番。

        Returns    戻り値
        -------
        normed : array, shape (N_genes, N_samples)   形状が (N_genes, N_samples) の配列
            The RPKM normalized counts matrix.    RPKM 正規化されたリード数の配列
        """                            浮動小数点数を用いて、`1e9 * C` のオーバーフローを防ぐ。
    C = counts.astype(float)    # use float to avoid overflow with `1e9 * C`
    N = np.sum(C, axis=0)       # sum each column to get total reads per sample
    L = lengths                 各列の和が各標本の総リード数。

    normed = 1e9 * C / (N[np.newaxis, :] * L[:, np.newaxis])

    return(normed)

counts_rpkm = rpkm(counts, gene_lengths)
```

遺伝子正規化間の RPKM 正規化

　RPKM 正規化の実際の効果を見てみましょう。まず、復習として、平均の対数スケールのリード数の分布を遺伝子長の関数としてプロットしたものを以下に示します（図1-13 を参照）。

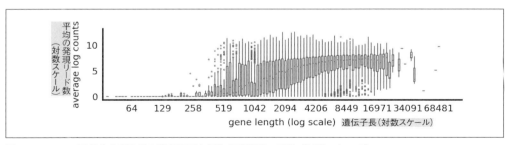

図1-13　RPKM正規化を行う前の遺伝子長と平均の発現リード数（対数スケール）

```
log_counts = np.log(counts + 1)
mean_log_counts = np.mean(log_counts, axis=1)
log_gene_lengths = np.log(gene_lengths)
```

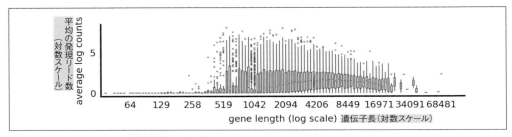

図1-14　図1-13にRPKM正規化を行ったプロット

```
with plt.style.context('style/thinner.mplstyle'):
    binned_boxplot(x=log_gene_lengths, y=mean_log_counts)
```

続いて、同じプロットにRPKM正規化を行ったものです。

```
log_counts = np.log(counts_rpkm + 1)
mean_log_counts = np.mean(log_counts, axis=1)
log_gene_lengths = np.log(gene_lengths)

with plt.style.context('style/thinner.mplstyle'):
    binned_boxplot(x=log_gene_lengths, y=mean_log_counts)
```

　平均の発現リード数が、かなり平坦になりましたね。約3,000塩基対より長い遺伝子では特に平坦です（短い遺伝子は、まだ発現が少ないままです。短すぎてRPKM手法の統計検定力では不十分なのかもしれません）。

　RPKM正規化は、異なる遺伝子間の発現プロファイルを比較するのに役立つ場合があります。長い遺伝子のリード数が大きいことは確認済みですが、実際に発現量が高いとは限りません。そこで、短い遺伝子と長い遺伝子を選び、両者のリード数をRPKM正規化の前後で比較してみましょう。

```
gene_idxs = np.nonzero((gene_names == 'RPL24') |
                       (gene_names == 'TXNDC5'))
gene1, gene2 = gene_names[gene_idxs]
len1, len2 = gene_lengths[gene_idxs]
gene_labels = [f'{gene1}, {len1}bp', f'{gene2}, {len2}bp']

log_counts = list(np.log(counts[gene_idxs] + 1))
log_ncounts = list(np.log(counts_rpkm[gene_idxs] + 1))

ax = class_boxplot(log_counts,
                   ['raw counts'] * 3,
                   labels=gene_labels)
ax.set_xlabel('Genes')
ax.set_ylabel('log gene expression counts over all samples');
```

　生のリード数だけを見れば、長い遺伝子であるTXNDC5が短い遺伝子RPL24よりも若干多く

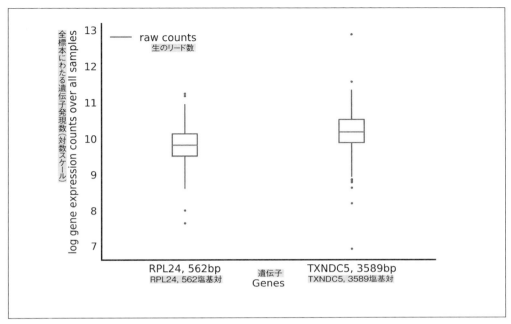

図1-15　RPKM正規化せずに2つの遺伝子の発現を比較する

発現しているように見えます（**図1-15**）。しかし、RPKM正規化を施すと、違う様相が現れます。

```
ax = class_boxplot(log_ncounts,
                   ['RPKM normalized'] * 3,
                   labels=gene_labels)
ax.set_xlabel('Genes')
ax.set_ylabel('log RPKM gene expression counts over all samples');
```

実際はRPL24の方がTXNDC5よりもずっと発現量が高いようです（**図1-16**を参照）。はっきり見えるようになった理由は、RPKMに遺伝子長による正規化も含まれているためで、これでようやく異なる長さの遺伝子を直接比較できるようになりました。

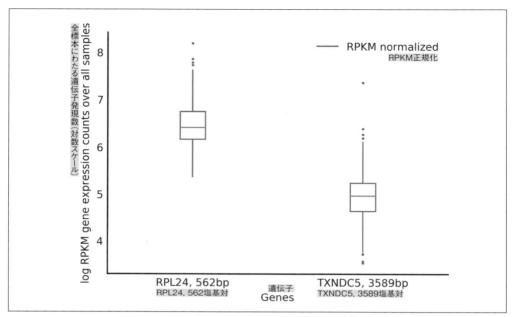

図1-16　RPKM正規化後の2つの遺伝子の発現量を比較

1.5　まとめ

本章では以下を行いました。

- pandasを使ってデータを取り込んだ
- NumPyの重要な属性クラスであるndarrayの扱いに慣れた
- 強力なブロードキャスティングを使い数値計算をよりエレガントに行った

「2章　NumPyとSciPyを用いた分位数正規化」では、引き続き同じデータセットを用いて、より洗練された正規化の手法を実装します。続いて、クラスタリングを用いて皮膚がん患者の死亡率を予測します。

2章
NumPyとSciPyを用いた分位数正規化

> スペースランドの深い神秘を最初のうち理解できなくても、悲嘆にくれることはありません。段々とわかってくるでしょう。
>
> ――エドウィン・A・アボット『フラットランド 多次元の冒険』

　本章では、引き続き「1章　エレガントなNumPy：科学Pythonの基礎」の遺伝子発現データの解析を行いますが、目的は少し変わり、各患者の**遺伝子発現プロファイル**（測定された遺伝子発現量の完全ベクトル）を使って彼らの予想生存率を予測することになります。完全なプロファイルを使うためには、1章のRPKMが提供するよりもさらに強力な正規化が必要です。ここではRPKMの代わりに**分位数正規化**（https://en.wikipedia.org/wiki/Quantile_normalization）という、計測値を特定の確率分布に強制的に従わせる手法を使います。この手法は、強い仮定を強制します。すなわち、データが特定の理想的な分布に従っていない場合は、強制的にデータをその分布に合わせるのです。なんだかちょっとズルみたいですが、重要なのは母集団の中での相対的な値の変化で、どの分布に従うかはどうでもよいという場合、多くのケースで使える単純かつ有用な方法なのです。例えば、Bolstadらが示したところ（http://bit.ly/2tmz3xS）によると、この手法はマイクロアレイデータ中の既知の発現量を見事に復元しました。

　本章では、がんゲノムアトラス（TCGA）プロジェクトの「Genomic Classification of Cutaneous Melanoma」（皮膚黒色腫のゲノム分類）という論文の図5A（http://bit.ly/2sFAwfa）と5B（http://bit.ly/2sFCegE）の簡易版を再現していきます。

　我々が実装する分位数正規化では、NumPyとSciPyを効果的に利用して、高速で効率がよくエレガントな関数を作成します。分位数正規化は、以下の3段階で行います。

1. 値を列ごとにソートする
2. その結果得られた各行の平均値を求める
3. 元データの各列の分位数を、平均値を格納した列の分位数で置換する

```
import numpy as np
from scipy import stats

def quantile_norm(X):
    """Normalize the columns of X to each have the same distribution.
```

```
                                        Xの各列を正規化して、すべての列を同じ分布に従わせる。
Given an expression matrix (microarray data, read counts, etc) of M genes
by N samples, quantile normalization ensures all samples have the same
spread of data (by construction).
                    与えられたM個の遺伝子xN個の標本の発現行列（マイクロアレイデータやリード数など）は、
                    分位数正規化によって、分位数正規化の構造上、全標本のデータの広がり具合が同じになる。
The data across each row are averaged to obtain an average column. Each
column quantile is replaced with the corresponding quantile of the average
column.              各行のデータの平均値を計算し、平均値を格納した列を作る。各列の分位数を、
                     平均値の列の対応する分位数で置換する。

Parameters  パラメータ
----------
X : 2D array of float, shape (M, N)              形状が (M, N) の浮動小数点数の2次元配列
    The input data, with M rows (genes/features) and N columns (samples).
                                 入力データ。M行（遺伝子または特性）、N列（標本）からなる。
Returns    戻り値
-------
Xn : 2D array of float, shape (M, N)             形状が (M, N) の浮動小数点数の2次元配列
    The normalized data.        正規化されたデータ。
"""
# compute the quantiles        分位数を計算する。
quantiles = np.mean(np.sort(X, axis=0), axis=1)

# compute the column-wise ranks. Each observation is replaced with its
# rank in that column: the smallest observation is replaced by 1, the
# second-smallest by 2, ..., and the largest by M, the number of rows.
 列ごとの階数を計算する。各観測値を、その列の階数で置換する。
 観測値の最小値は1、2番目に小さい値は2、...、最大値は行数Mで置換する。
ranks = np.apply_along_axis(stats.rankdata, 0, X)

# convert ranks to integer indices from 0 to M-1   階数を0からM-1の整数のインデックスに変換する。
rank_indices = ranks.astype(int) - 1

# index the quantiles for each rank with the ranks matrix
                                           各階数の分位数を階数の行列でインデックス付けする。
Xn = quantiles[rank_indices]

return(Xn)
```

遺伝子発現リード数データには特有のばらつきがあるので、分位数正規化の前にデータの対数変換を行うのが一般的です。このための、対数に変換するヘルパー関数を用意しておきましょう。

```
def quantile_norm_log(X):
    logX = np.log(X + 1)
    logXn = quantile_norm(logX)
    return logXn
```

この 2 つの関数を合わせると、NumPy を強力にしている以下の多くのこと（最初の 3 つは 1 章に出てきましたよね）のよい見本となっています。

- 配列は、リストのような 1 次元にも、行列のような 2 次元にも、さらに多次元にもなる。このため、多種多様な数値データを配列で表現できる。本章の例では、2 次元配列を表す。
- 配列を用いると、複数の数値演算を一度に表現できる。`quantile_norm_log` のコードの 1 行目では、1 回の呼び出しで、X の全要素に 1 を足して対数を取っている。このような処理を**ベクトル化**と呼ぶ。
- 配列操作は、配列の**軸**に沿って行うことができる。`quantile_norm` のコードの 1 行目では、`np.sort` の `axis` パラメータを指定するだけで、各列のデータがソートされる。続いて、別の `axis` を指定し、各行に沿った平均を取っている。
- 配列が、科学 Python エコシステムを支えている。`scipy.stats.rankdata` 関数は、Python リストではなく、NumPy 配列に作用する。さらに、Python の科学ライブラリの多くが同様に設計されている。
- `axis` キーワード引数を取らない関数でも、NumPy の `apply_along_axis` 関数を使うと、軸に沿った演算が可能になる。
- 配列は、**ファンシーインデックス参照**によって、多様なデータ操作をサポートしている（Xn = quantiles[ranks]）。これはおそらく NumPy の最もクセのある仕様だが、最も便利な点の 1 つでもある。これについては、以降で詳しく紹介する。

2.1 データの取得

1 章に引き続き、本章でも TCGA の皮膚がん標本を使った RNA シーケンシング実験のデータセットを解析していきます。解析の最終目的は、RNA 発現データを用いて皮膚がん患者の生存率を予測することです。前述のように、本章中で、TCGA コンソーシアムの論文（http://dx.doi.org/10.1016/j.cell.2015.05.044）の図 5A と 5B（http://bit.ly/2sFCegE）の簡易版を再現します。

1 章と同様に、最初に pandas を使って、データを読み込む作業を楽にしましょう。まず、リード数データを pandas の表に読み込みます。

```
import numpy as np
import pandas as pd

# Import TCGA melanoma data        TCGS の皮膚がんデータを取り込む。
filename = 'data/counts.txt'
data_table = pd.read_csv(filename, index_col=0)  # Parse file with pandas
                                                  pandas でファイルを解析する。

print(data_table.iloc[:5, :5])

      00624286-41dd-476f-a63b-d2a5f484bb45  TCGA-FS-A1Z0  TCGA-D9-A3Z1  \
A1BG                              1272.36         452.96        288.06
A1CF                                 0.00           0.00          0.00
```

```
A2BP1                                       0.00         0.00    0.00
A2LD1                                     164.38       552.43  201.83
A2ML1                                      27.00         0.00    0.00

            02c76d24-f1d2-4029-95b4-8be3bda8fdbe  TCGA-EB-A51B
A1BG                                      400.11       420.46
A1CF                                        1.00         0.00
A2BP1                                       0.00         1.00
A2LD1                                     165.12        95.75
A2ML1                                       0.00         8.00
```

data_table の行と列を眺めると、列が標本で、行が遺伝子だとわかります。では、リード数を NumPy 配列に格納しましょう。

```
# 2D ndarray containing expression counts for each gene in each individual
                                              各標本の各遺伝子の発現数を格納した 2 次元の ndarray
counts = data_table.values
```

2.2 遺伝子発現分布の標本差

では、リード数データの特徴をおおまかに把握するために、標本ごとのリード数の分布をプロットしてみましょう。ガウシアンカーネルを使ってデータの凹凸を平滑化して、形の全体像を捉えます。

まずは、いつも通り、プロットのスタイルを設定します。

```
# Make plots appear inline, set custom plotting style    プロットをインライン表示させる。
%matplotlib inline                                       また、独自のプロットスタイルを設定する。
import matplotlib.pyplot as plt
plt.style.use('style/elegant.mplstyle')
```

次に、SciPy の gaussian_kde を利用したプロット用の関数を作成して、分布を滑らかにプロットします。

```
from scipy import stats

def plot_col_density(data):
    """For each column, produce a density plot over all rows."""
                                                    列ごとに、全行にわたる密度プロットを生成する。
    # Use Gaussian smoothing to estimate the density  ガウシアン平滑化を用いて密度を推定する。
    density_per_col = [stats.gaussian_kde(col) for col in data.T]
    x = np.linspace(np.min(data), np.max(data), 100)

    fig, ax = plt.subplots()
    for density in density_per_col:
        ax.plot(x, density(x))
    ax.set_xlabel('Data values (per column)')
    ax.set_ylabel('Density')
```

では、上の関数を使って、正規化を行う前の生データの分布をプロットしてみましょう。

```
# Before normalization 正規化前
log_counts = np.log(counts + 1)
plot_col_density(log_counts)
```

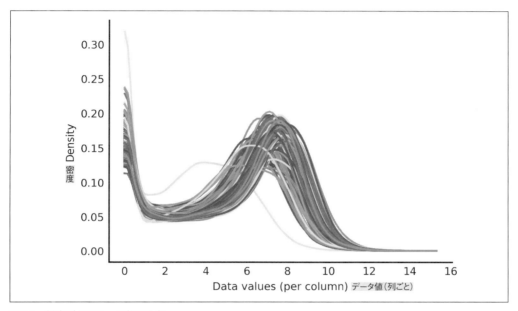

図2-1 標本ごとのリード数の分布

　上のプロットから、リード数の分布は全体的に似通っているものの、一部の標本はより平坦で、一部は左寄りであることがわかります。実は、横軸が対数スケールなので、分布の最高点の位置は1桁も違うのです。本章の後方で行うリード数の解析は、遺伝子発現の違いが標本間の生物学的な差に起因していることを前提にしています。しかし、上のように大きく分布がずれるのは、違いが手法に起因することを示唆しています。つまり、違いは、各標本の処理方法の差に起因するもので、生物学的なばらつきによるものではないと考えられます。そこで、このような標本間の全体的な差は、正規化を施してなるべく取り除いておきましょう。

　このための正規化には、本章の冒頭で紹介した分位数正規化を用います。根底にある考え方は、すべての標本は同じような分布に従うはずなので、形の違いは何らかの手法の違いによるものだ、というものです。より正式には、与えられた (n_genes, n_samples) の形状の発現行列（マイクロアレイデータやリード数など）は、分位数正規化によって、分位正規化の構造上、全標本（すべての列）のデータの広がり具合が同じになります。

　NumPy と SciPy を使えば、この正規化を簡単かつ効率的に実行できます。復習のために、本章の冒頭で紹介した分位数正規化の実装を以下に再び示します。

　入力行列を X に読み込んだと仮定します。

```python
import numpy as np
from scipy import stats

def quantile_norm(X):
    """Normalize the columns of X to each have the same distribution.
                                     Xの各列を正規化して、すべての列を同じ分布に従わせる。
    Given an expression matrix (microarray data, read counts, etc.) of M genes
    by N samples, quantile normalization ensures all samples have the same
    spread of data (by construction).  与えられたM個の遺伝子×N個の標本の発現行列（マイクロアレイ
                                       データやリード数など）は、分位数正規化によって、分位数正規
                                       化の構造上、全標本のデータの広がり具合が同じになる。
    The data across each row are averaged to obtain an average column. Each
    column quantile is replaced with the corresponding quantile of the average
    column.                            各行のデータの平均値を計算し、平均値を格納した列を作る。
                                       各列の分位数を、平均値の列の対応する分位数で置換する。
    Parameters パラメータ
    ----------
    X : 2D array of float, shape (M, N)   形状が (M, N) の浮動小数点数の2次元配列
        The input data, with M rows (genes/features) and N columns (samples).
                                          入力データ。M行（遺伝子または特性）、N列（標本）からなる。
    Returns 戻り値
    -------
    Xn : 2D array of float, shape (M, N)   形状が (M, N) の浮動小数点数の2次元配列
        The normalized data.   正規化されたデータ。
    """
    # compute the quantiles 分位数を計算する。
    quantiles = np.mean(np.sort(X, axis=0), axis=1)

    # compute the column-wise ranks. Each observation is replaced with its
    # rank in that column: the smallest observation is replaced by 1, the
    # second-smallest by 2, ..., and the largest by M, the number of rows.
                          # 列ごとの階数を計算する。各観測値を、その列の階数で置換する。
                          # 観測値の最小値は1、2番目に小さい値は2、...、最大値は行数Mで置換する。
    ranks = np.apply_along_axis(stats.rankdata, 0, X)

    # convert ranks to integer indices from 0 to M-1
                                     # 階数を、0からM-1の整数のインデックスに変換する。
    rank_indices = ranks.astype(int) - 1

    # index the quantiles for each rank with the ranks matrix
                                     # 各階数の分位数を階数の行列でインデックス付けする。
    Xn = quantiles[rank_indices]

    return(Xn)

def quantile_norm_log(X):
    logX = np.log(X + 1)
    logXn = quantile_norm(logX)
    return logXn
```

では、分位数正規化後の分布がどうなったか見てみましょう。

```
# After normalization    正規化後
log_counts_normalized = quantile_norm_log(counts)

plot_col_density(log_counts_normalized)
```

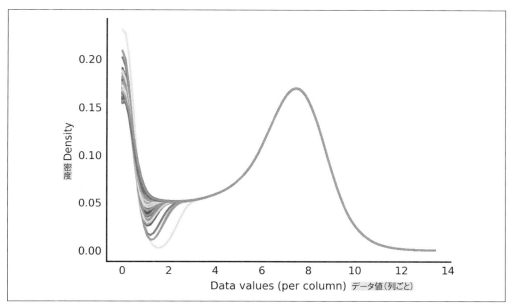

図2-2　分位数正規化後の標本ごとのリード数の分布

　期待通り、分布はほぼ同じに見えます（分布の左裾に差があるのは、0、1、2などの低いリード数値のタイ[†]の数が、データの列によって異なるためです）。
　これでリード数の正規化が済んだので、この遺伝子発現データを使って患者の予後の予測を開始しましょう。

2.3　リード数データのバイクラスタリング

　標本にクラスタリングを施すと、類似した遺伝子発現プロファイル持つ標本群がわかります。そのような標本群は、他のスケールでも類似した特徴を持つ可能性があります。データはすでに正規化されているので、発現行列の遺伝子（行）と標本（列）に対してクラスタリングを行うことができます。行列の行に注目してクラスタリングを行うと、どの遺伝子群の発現量が関連しているかがわかり、これは解析の対象としている過程において、それらの遺伝子が協働していることを示唆します。**バイクラスタリング**とは、データの行と列を同時にクラスタリングすることです。行に沿っ

[†]　訳注：「タイ」とは、標本値に同じ値が含まれること。

たクラスタリングで協働する遺伝子がわかり、列に沿ったクラスタリングで類似する標本がわかります。

クラスタリング操作はコストが高くなる場合があるので、本章の例の解析は最もばらつきの大きい 1,500 個の遺伝子に限定します。どちらの次元でも、相関信号の大部分が、この 1,500 個の遺伝子に起因するからです。

```
def most_variable_rows(data, *, n=1500):
    """Subset data to the n most variable rows
                                       データからn個の最もばらつきの大きな行の部分集合を作る。
    In this case, we want the n most variable genes.
                                       本例では、n個の最もばらつきの大きな遺伝子を抽出したい。
    Parameters    パラメータ
    ----------
    data : 2D array of float    浮動小数点数の2次元配列
        The data to be subset    部分集合の元のデータ
    n : int, optional    整数、任意パラメータ
        Number of rows to return.    返す行の数

    Returns    戻り値
    -------
    variable_data : 2D array of float    浮動小数点数の2次元配列
        The `n` rows of `data` that exhibit the most variance.
    """                              `data`のうち最も分散の大きい`n`個の行。
    # compute variance along the columns axis    列の軸に沿って分散を求める。
    rowvar = np.var(data, axis=1)
    # Get sorted indices (ascending order), take the last n
                     分散で（昇順に）ソートしたデータのインデックスを求め、最後からn個を取り出す。
    sort_indices = np.argsort(rowvar)[-n:]
    # use as index for data    データのインデックスに用いる。
    variable_data = data[sort_indices, :]
    return variable_data
```

次は、データをバイクラスタリングする関数が必要です。このような場合、scikit-learn（http://scikit-learn.org）ライブラリの洗練されたクラスタリングのアルゴリズムを使うのが一般的です。本章の例の場合は、単純さと表示のしやすさから、階層的クラスタリングを使用します。SciPy ライブラリにはたまたま、そのまま役立ちそうな階層的クラスタリングのモジュールが備えられていますが、このモジュールのインタフェースを理解するのに少々格闘する必要があります。

念のため説明しておくと、階層的クラスタリングとは、クラスタを逐次的に併合することを繰り返して観測値をグループ化する手法で、最初は各観測値が個々のクラスタを構成します。続いて、最も近い 2 つのクラスタの併合が繰り返し行われ、次に近い 2 つのクラスタが併合され、と続いていき、全観測値が 1 つのクラスタに併合されるまで繰り返されます。この逐次的な併合により、**マージツリー**が形成されます。マージツリーを特定の高さで切断することで、細かい、あるいは粗い、クラスタリング構造が得られます。

scipy.cluster.hierarchy の linkage 関数は、特定の尺度（例えばユークリッド距離、マンハッタン距離など）と、特定の連結法、すなわち 2 つのクラスタ間の距離（例えば、1 対のクラスタに

含まれるすべての観測値の間の平均距離）を用いて、行列の行について階層的クラスタリングを行います。

この関数は、マージツリーを「連結行列」として返し、その中には、各併合操作が、併合の際に計算された距離とその併合操作でできたクラスタに含まれる観測値の数とともに格納されています。`linkage` 関数のドキュメントから抜粋すると、

> n 未満のインデックスを持つクラスタは、n 個の元の観測値の 1 つに対応する。クラスタ Z[i, 0] とクラスタ Z[i, 1] 間の距離は Z[i, 2] で表される。4 つ目の値 Z[i, 3] は、新たに作られたクラスタに含まれる元の観測値の数を表す。

情報量が多すぎたでしょうか。でもめげずにすぐやってみれば、わりと簡単に感覚がつかめるでしょう。まずは、与えられた行列の行と列の**両方**についてクラスタリングを行う `bicluster` という関数を定義します。

```
from scipy.cluster.hierarchy import linkage

def bicluster(data, linkage_method='average', distance_metric='correlation'):
    """Cluster the rows and the columns of a matrix.
    行列の指定された行と列に対してクラスタリングを行う。

    Parameters    パラメータ
    ----------
    data : 2D ndarray    2次元の ndarray
        The input data to bicluster.    バイクラスタリングを行う入力データ
    linkage_method : string, optional    文字列、任意パラメータ
        Method to be passed to `linkage`.    `linkage` に渡す連結法
    distance_metric : string, optional    文字列、任意パラメータ
        Distance metric to use for clustering. See the documentation
        for ``scipy.spatial.distance.pdist`` for valid metrics.
        クラスタリングに使う距離尺度。有効な尺度については
        ``scipy.spatial.distance.pdist`` のドキュメントを参照。
    Returns    戻り値
    -------
    y_rows : linkage matrix    連結行列
        The clustering of the rows of the input data.    入力データの行のクラスタリング。
    y_cols : linkage matrix    連結行列
        The clustering of the cols of the input data.    入力データの列のクラスタリング。
    """
    y_rows = linkage(data, method=linkage_method, metric=distance_metric)
    y_cols = linkage(data.T, method=linkage_method, metric=distance_metric)
    return y_rows, y_cols
```

落ち着いてやれば簡単ですね。まずは入力行列に対して `linkage` 関数を呼び出し、次に入力行列の**転置行列**（元の行列の列が行に、行が列に置き替わった行列）についても同じ関数を呼び出しているだけです。

2.4　クラスタの可視化

続いて、クラスタリング操作の出力を可視化する関数を定義しましょう。入力データの行と列を並べ直し、類似する行同士、類似する列同士をそれぞれ集めます。さらに、行と列の両方のマージツリーを表示して、行と列のそれぞれにおいて類似する観測値群がわかるようにします。マージツリーはデンドログラムとして表示され、枝の長さで観測値間の類似度を表します（長さがより短い＝類似度がより高い）。

ひとこと警告しておきますと、以下の関数にはハードコードされたパラメータがたくさん含まれています。プロットは、適切な比率を目で見積もって作成することが多いので、これをなくすのは難しいのです。

```python
from scipy.cluster.hierarchy import dendrogram, leaves_list

def clear_spines(axes):
    for loc in ['left', 'right', 'top', 'bottom']:
        axes.spines[loc].set_visible(False)
    axes.set_xticks([])
    axes.set_yticks([])

def plot_bicluster(data, row_linkage, col_linkage,
                   row_nclusters=10, col_nclusters=3):
    """Perform a biclustering, plot a heatmap with dendrograms on each axis.
    バイクラスタリングを行い、ヒートマップと各軸のデンドログラムをプロットする。
    Parameters パラメータ
    ----------
    data : array of float, shape (M, N)           浮動小数点数の配列、形状は (M, N)
        The input data to bicluster.              バイクラスタリングを行う入力データ
    row_linkage : array, shape (M-1, 4)           配列、形状は (M-1, 4)
        The linkage matrix for the rows of `data`.  `data` の行の連結行列
    col_linkage : array, shape (N-1, 4)           配列、形状は (N-1, 4)
        The linkage matrix for the columns of `data`.  `data` の列の連結行列
    n_clusters_r, n_clusters_c : int, optional    整数、任意パラメータ
        Number of clusters for rows and columns.  行および列のクラスタ数
    """
    fig = plt.figure(figsize=(4.8, 4.8))

    # Compute and plot row-wise dendrogram
    # `add_axes` takes a "rectangle" input to add a subplot to a figure.
    # The figure is considered to have side-length 1 on each side, and its
    # bottom-left corner is at (0, 0).
    # The measurements passed to `add_axes` are the left, bottom, width, and
    # height of the subplot. Thus, to draw the left dendrogram (for the rows),
    # we create a rectangle whose bottom-left corner is at (0.09, 0.1), and
    # measuring 0.2 in width and 0.6 in height.
```

行方向のデンドログラムを計算してプロットする。`add_axes` は「長方形」の入力を受け取って図にサブプロットを追加する。図の各辺の長さは 1 で、左下の角が (0, 0) に位置するとする。`add_axes` に渡す計測値は、サブプロットの左と下の位置、幅、高さである。したがって、左のデンドログラム（行用）を描くには、左下の角が (0.09, 0.1) に位置し、幅が 0.2、高さが 0.6 の長方形を作成する。

```python
ax1 = fig.add_axes([0.09, 0.1, 0.2, 0.6])
# For a given number of clusters, we can obtain a cut of the linkage
# tree by looking at the corresponding distance annotation in the linkage
# matrix.                指定されたクラスタ数について、連結行列に含まれる対応する距離の情報を調べると、
#                        連結ツリーの切れ目がわかる。
threshold_r = (row_linkage[-row_nclusters, 2] +
               row_linkage[-row_nclusters+1, 2]) / 2
with plt.rc_context({'lines.linewidth': 0.75}):
    dendrogram(row_linkage, orientation='left',
               color_threshold=threshold_r, ax=ax1)
clear_spines(ax1)

# Compute and plot column-wise dendrogram
# See notes above for explanation of parameters to `add_axes`
#                        列方向のデンドログラムを計算してプロットする。
ax2 = fig.add_axes([0.3, 0.71, 0.6, 0.2])  # `add_axes`に渡すパラメータについては上のコメントを参照
threshold_c = (col_linkage[-col_nclusters, 2] +
               col_linkage[-col_nclusters+1, 2]) / 2
with plt.rc_context({'lines.linewidth': 0.75}):
    dendrogram(col_linkage, color_threshold=threshold_c, ax=ax2)
clear_spines(ax2)

# Plot data heatmap           データのヒートマップをプロットする。
ax = fig.add_axes([0.3, 0.1, 0.6, 0.6])

# Sort data by the dendrogram leaves   デンドログラムの葉でデータをソートする。
idx_rows = leaves_list(row_linkage)
data = data[idx_rows, :]
idx_cols = leaves_list(col_linkage)
data = data[:, idx_cols]

im = ax.imshow(data, aspect='auto', origin='lower', cmap='YlGnBu_r')
clear_spines(ax)

# Axis labels        座標軸にラベルを付ける。
ax.set_xlabel('Samples')
ax.set_ylabel('Genes', labelpad=125)

# Plot legend        プロットの凡例
axcolor = fig.add_axes([0.91, 0.1, 0.02, 0.6])
plt.colorbar(im, cax=axcolor)

# display the plot    プロットを表示する。
plt.show()
```

続いて、上記の関数を先ほど正規化したリード数の行列に作用させ、行と列のクラスタリングを表示します（図 2-3）。

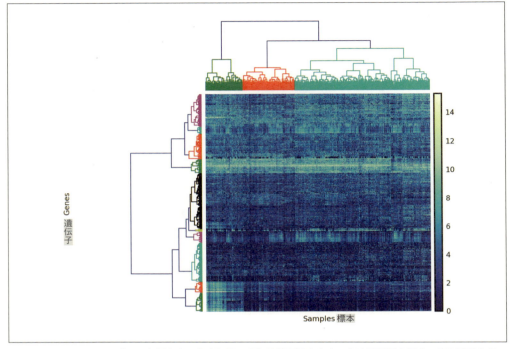

図2-3 このヒートマップは、全標本中の全遺伝子の遺伝子発現量を表す。色は発現量を示す。行と列はクラスタでグループ化されている。遺伝子のクラスタは縦軸、標本のクラスタは上辺の横軸に沿って表示されている。

```
counts_log = np.log(counts + 1)
counts_var = most_variable_rows(counts_log, n=1500)
yr, yc = bicluster(counts_var, linkage_method='ward',
                   distance_metric='euclidean')
with plt.style.context('style/thinner.mplstyle'):
    plot_bicluster(counts_var, yr, yc)
```

2.5 生存率予測

　上の図から、標本データが少なくとも2つ、もしかすると3つのグループに自然に分かれることが見てとれます。果たしてこのグループ分けには意味があるでしょうか。この問いには、論文のデータリポジトリ（http://bit.ly/2tiZtR6）にある患者データにアクセスして答えましょう。このデータに若干の前処理を施すと、各患者の生存率情報を含む患者の表（http://bit.ly/2tjp6BD）が得られます。続いて、この生存率情報とリード数のグループのマッチングを行うと、患者の遺伝子発現から病理の差が予測できるかどうかがわかります。

```
patients = pd.read_csv('data/patients.csv', index_col=0)
patients.head()
```

	UV-signature	original-clusters	melanoma-survival-time	melanoma-dead
TCGA-BF-A1PU	UV signature	keratin	NaN	NaN
TCGA-BF-A1PV	UV signature	keratin	13.0	0.0
TCGA-BF-A1PX	UV signature	keratin	NaN	NaN
TCGA-BF-A1PZ	UV signature	keratin	NaN	NaN
TCGA-BF-A1Q0	not UV	immune	17.0	0.0

各患者（行）につき、以下の情報があります。

UV-signature（紫外線が引き起こした変異か）
　　紫外線はDNAの特定の突然変異を起こすことが多い。この変異の特徴を探すことで、研究者はその患者のがんにつながる変異（群）が紫外線によって引き起こされたものかを推測できる。

original-clusters（元のクラスタ）
　　元の研究論文では、患者は遺伝子発現データに基づいてクラスタにグループ分けされた。各クラスタは、そのクラスタを特徴付ける遺伝子の種類に基づいて分類された。主要なクラスタは「immune（免疫）」（$n=168 ; 51\%$）、「keratin（ケラチン）」（$n=102 ; 31\%$）、および「MITF-low（MITF遺伝子の発現量が低い）」（$n=59 ; 18\%$）。

melanoma-survival-time（悪性黒色腫の生存時間）
　　患者の生存日数。

melanoma-dead（悪性黒色腫による死亡）
　　患者が悪性黒色腫で死亡した場合は1、生存しているか別の要因で死亡した場合は0。

　今度は、クラスタによって定義された患者グループの**生存率曲線**を描く必要があります。これは、ある期間にわたって生存する人口の割合のプロットです。ここで、一部のデータは**右側打ち切り**ですが、これは、一部のケースで、患者の死亡時が不明か、悪性黒色腫に無関係な理由で死亡したことを意味します。本章の例では、このような患者は、生存率曲線の終点まで「生存」に数えますが、より洗練された解析では死亡時の推定をも試みるかもしれません。

　生存時間から生存率曲線を求めるために、$1/n$で減少する階段関数を作成します。ここで$1/n$はそのグループの患者数を指します。続いて、この関数と打ち切りをされていない生存時間のマッチングを行います。

```
def survival_distribution_function(lifetimes, right_censored=None):
    """Return the survival distribution function of a set of lifetimes.
                                        生存時間のデータセットの生存率分布関数を返す。
    Parameters パラメータ
    ----------
    lifetimes : array of float or int      浮動小数点数か整数の配列
        The observed lifetimes of a population. These must be non-negative.
                                        ある母集団の生存時間の観測値。ゼロまたは正の数。
    right_censored : array of bool, same shape as `lifetimes`
        A value of `True` here indicates that this lifetime was not observed.
        Values of `np.nan` in `lifetimes` are also considered to be
```

```
        right-censored.
            形状が `lifetimes` と同じブール型の配列。値が `True` ならば
            この生存時間は観測されていないことを意味する。
Returns    戻り値
            `lifetimes` の値が `np.nan` である場合も、右側打ち切りに含める。
-------
sorted_lifetimes : array of float    浮動小数点数の配列
    The
sdf : array of float
        浮動小数点数の配列。1から始まり減少していく値。`lifetimes` の各観測値につき1レベル。
    Values starting at 1 and progressively decreasing, one level
    for each observation in `lifetimes`.

Examples    例
--------

In this example, of a population of four, two die at time 1, a
third dies at time 2, and a final individual dies at an unknown
time. (Hence, ``np.nan``.)    この例では、母集団の人数は4人で、時刻1で2人が死亡し、3人目は時刻2
                             で死亡し、4人目の死亡時刻は不明（したがって、``np.nan`` を設定）。
>>> lifetimes = np.array([2, 1, 1, np.nan])
>>> survival_distribution_function(lifetimes)
(array([ 0.,   1.,   1.,   2.]), array([ 1.  ,  0.75,  0.5 ,  0.25]))
"""
n_obs = len(lifetimes)
rc = np.isnan(lifetimes)
if right_censored is not None:
    rc |= right_censored
observed = lifetimes[~rc]
xs = np.concatenate( ([0], np.sort(observed)) )
ys = np.linspace(1, 0, n_obs + 1)
ys = ys[:len(xs)]
return xs, ys
```

これで生存率データから容易に生存率曲線が求められるようになったので、プロットしてみましょう。そのために、関数を作成して、生存時間をクラスタの特徴でグループ化し、各グループを異なる曲線でプロットします。

```
def plot_cluster_survival_curves(clusters, sample_names, patients,
                                 censor=True):
    """Plot the survival data from a set of sample clusters.
                        標本のクラスタのデータセットを用いて生存率曲線をプロットする。
    Parameters    パラメータ
    ----------
    clusters : array of int or categorical pd.Series
        The cluster identity of each sample, encoded as a simple int
        or as a pandas categorical variable.
                整数の配列、もしくはカテゴリ変数の pd.Series。各標本のクラスタの特徴。
                単純な整数か、pandas のカテゴリ変数としてコーディングされている。
    sample_names : list of string
        The name corresponding to each sample. Must be the same length
```

```
        as `clusters`.    文字列リスト。各標本に対応する名前。`clusters` と同じ長さであること。
    patients : pandas.DataFrame
        The DataFrame containing survival information for each patient.
        The indices of this DataFrame must correspond to the
        `sample_names`. Samples not represented in this list will be
        ignored.    各患者の生存情報を格納した pandas データフレーム。データフレームのインデックスは
                    `sample_names` に対応すること。このリストに含まれない標本は無視される。
    censor : bool, optional    ブール型、任意オプション
        If `True`, use `patients['melanoma-dead']` to right-censor the
        survival data.             値が `True` であれば `patients['melanoma-dead']` を用いて
    """                            生存率データを右側打ち切りにする。
    fig, ax = plt.subplots()
    if type(clusters) == np.ndarray:
        cluster_ids = np.unique(clusters)
        cluster_names = ['cluster {}'.format(i) for i in cluster_ids]
    elif type(clusters) == pd.Series:
        cluster_ids = clusters.cat.categories
        cluster_names = list(cluster_ids)
    n_clusters = len(cluster_ids)
    for c in cluster_ids:
        clust_samples = np.flatnonzero(clusters == c)
        # discard patients not present in survival data    生存情報データに含まれていない患者を除く
        clust_samples = [sample_names[i] for i in clust_samples
                         if sample_names[i] in patients.index]
        patient_cluster = patients.loc[clust_samples]
        survival_times = patient_cluster['melanoma-survival-time'].values
        if censor:
            censored = ~patient_cluster['melanoma-dead'].values.astype(bool)
        else:
            censored = None
        stimes, sfracs = survival_distribution_function(survival_times,
                                                        censored)
        ax.plot(stimes / 365, sfracs)

    ax.set_xlabel('survival time (years)')
    ax.set_ylabel('fraction alive')
    ax.legend(cluster_names)
```

　これで、fcluster 関数を用いて、標本（リード数データの列）のクラスタの特徴を求めて、各クラスタの生存率曲線をそれぞれプロットできるようになりました。fcluster 関数は、linkage 関数が返す連結行列と、ある閾値を受け取り、クラスタの特徴を返します。**事前に最適な閾値を知ることは困難ですが、連結行列に格納されている距離を調べれば、固定された数のクラスタに適した閾値が得られます。**

```
    from scipy.cluster.hierarchy import fcluster
    n_clusters = 3
    threshold_distance = (yc[-n_clusters, 2] + yc[-n_clusters+1, 2]) / 2
    clusters = fcluster(yc, threshold_distance, 'distance')

    plot_cluster_survival_curves(clusters, data_table.columns, patients)
```

遺伝子発現プロファイルのクラスタリングにより、図2-4 が示すように、悪性黒色腫のハイリスクなサブタイプ（クラスタ2）が同定されたようです。この主張は、より頑健なクラスタリングと統計的検定を行った TCGA の元研究によっても裏付けられています。これは実際のところ、このような結果を示した最新の研究にすぎず、他にも白血病（血液がん）や腸のがんを含む様々ながんのサブタイプを同定した研究があります。上記のクラスタリング手法はかなり脆弱ですが、同様なデータセットを探索するための、もっと頑健な手法もあります[†]。

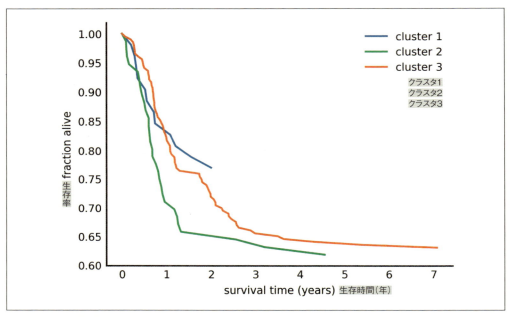

図2-4　遺伝子発現データを基にクラスタリングした、患者の生存率曲線

2.5.1　追加の課題：TCGAの患者クラスタを使用する

我々のクラスタは、原論文で使われたクラスタよりもうまく生存率の予測ができるでしょうか。紫外線の影響はどうでしょう。原論文のクラスタと紫外線の影響を表したデータ列を使って、生存率曲線をプロットしてみましょう。我々のクラスタの結果と比較してみてください。

[†] The Cancer Genome Atlas Network, "Genomic Classification of Cutaneous Melanoma" （http://dx.doi.org/10.1016/j.cell.2015.05.044）, *Cell* 161, no. 7 (2015):1681–1696.

2.5.2　追加の課題：TCGAのクラスタを再現する

最後に、原論文で解説された手法を実装するのは、読者のみなさんへの自習課題としておきます[†]。

1. 標本のクラスタリングに使った遺伝子の、ブートストラップサンプル（置換を伴う無作為のサンプル）を取る。
2. 各サンプルについて、階層的なクラスタリングを行う。
3. 形状が (n_samples, n_samples) の行列の中に、ブートストラップしたクラスタリングに標本対が一緒に登場する回数を格納する。
4. 上の結果得られた行列に階層的クラスタリングを施す。

これにより、選んだ遺伝子によらず、得られたクラスタの中に頻繁に現れる標本のグループが同定されます。したがって、これらの標本は、確実に一緒のグループに入ると考えられます。

np.random.choice を replacement=True と設定して用いて、行インデックスのブートストラップサンプルを作成します。

[†] 同書

3章
ndimageを使った画像領域のネットワーク

          虎よ、虎よ、燃えるように
          夜の森で輝く虎よ
          いかなる不滅の手や眼が
          汝の恐ろしい均整を造りあげたのか
          ——ウィリアム・ブレイク『虎』

　読者のみなさんは、デジタル画像が**ピクセル**でできていることをご存じでしょう。一般に、ピクセルは単なる小さな正方形ではなく、**規則的なグリッド上で計測した光信号の点状のサンプル**と考えてください[†]。

　また、画像処理を行う際にはたいてい、個々のピクセルよりもずっと大きな対象物を取り扱います。1つの風景の中で、空も地面も木も岩も、各々が多数のピクセルにわたって広がっています。これらを表現する共通の構造のことを、領域隣接グラフ（region adjacency graph：RAG）と呼びます。RAGの**ノード**には画像の各領域の特性が、**リンク**には領域間の空間的な関係が、それぞれ保持されます。2つのノードは、入力画像中でそれぞれに対応する領域が接触していると、結合されます。

　このような構造を構築するのは2次元画像でも繁雑なものですが、顕微鏡学、材料科学、気候学などでよく使われる3次元や4次元の画像では、さらに大変になります。しかし本章では、NetworkX（グラフやネットワークを解析するためのPythonライブラリ）と、SciPyのN次元画像処理サブモジュール ndimage のフィルタを使って、たった数行のコードでRAGを作成する方法を紹介します。

```
import networkx as nx
import numpy as np
from scipy import ndimage as ndi

def add_edge_filter(values, graph):
    center = values[len(values) // 2]
    for neighbor in values:
```

[†] 「A Pixel Is Not A Little Square」（ピクセルは小さな正方形ではない）（http://alvyray.com/Memos/CG/Microsoft/6_pixel.pdf）、アルヴィ・レイ・スミス（技術メモ）1995年7月17日。

```
            if neighbor != center and not graph.has_edge(center, neighbor):
                graph.add_edge(center, neighbor)
    return 0.0

def build_rag(labels, image):
    g = nx.Graph()
    footprint = ndi.generate_binary_structure(labels.ndim, connectivity=1)
    _ = ndi.generic_filter(labels, add_edge_filter, footprint=footprint,
                           mode='nearest', extra_arguments=(g,))
    return g
```

> ### エレガント SciPy の起源
>
> (Juan のメモより。)
>
> 本章は、本書全体のきっかけとなった章なので、そのことに触れておきます。Vighnesh Birodkar が上のコード片を書いたのは、まだ学生で Google Summer of Code（GSoC）2014 に参加している時でした。私はこのコードを見て、すっかり感動してしまいました。本書の目的から言えば、上のコードは科学 Python のいろいろな側面に関係しています。本章を読み終えた暁には、**どんな次元の配列も処理できる**ようになっているはずで、もう配列を 1 次元のリストや 2 次元の表として捉えることはなくなっているでしょう。それだけでなく、画像のフィルタリングとネットワーク処理の基本も理解しているでしょう。

本章では、いくつかの大事なことを取り上げます。画像を NumPy 配列として表すこと、そのように表した画像を scipy.ndimage を使って**フィルタリング**すること、そして NetworkX ライブラリを使って画像領域をグラフ（ネットワーク）として構築することです。では、順番に進めていきましょう。

3.1 画像は単なるNumPy配列

前章では、NumPy 配列が表形式データを効率的に表せることと、そのデータを使った計算を行うのに便利な手段であることを学びました。実は、配列というのは、画像を表現するのも得意なのです。

以下に、ホワイトノイズの画像を NumPy だけを使って作成し、Matplotlib で表示する方法を示します。まずは、必要なパッケージをインポートし、IPython のマジックコマンド %matplotlib inline を使ってコードの下に画像が表示されるようにしましょう。

```
# Make plots appear inline, set custom plotting style        プロットをインライン表示させ、
%matplotlib inline                                           独自のプロットスタイルを設定する。
import matplotlib.pyplot as plt
plt.style.use('style/elegant.mplstyle')
```

続いて、「ノイズを作って」†画像として表示してみます。

```
import numpy as np
random_image = np.random.rand(500, 500)
plt.imshow(random_image);
```

ここで使った `imshow` 関数は、NumPy 配列を画像として表示しています。

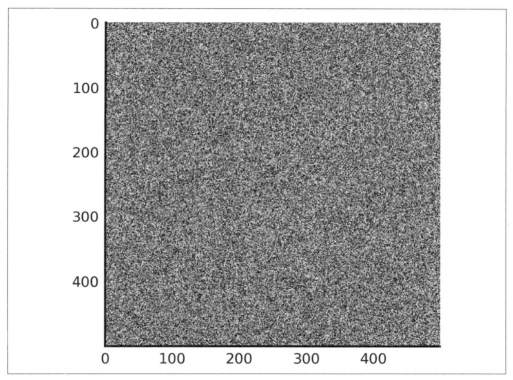

図3-1　ホワイトノイズのNumPy配列をimshow関数で画像として表示

　逆もまた真なり、ということで、画像を NumPy 配列と捉えることもできます。その例として、NumPy と SciPy を基にした画像処理ツールを集めた scikit-image ライブラリを利用してみます。
　以下は、scikit-image のリポジトリにある PNG 画像です。ポンペイで出土した古代ローマの硬貨の白黒（グレースケール）の写真で、ブルックリン美術館より入手したものです。

---

†　訳注：「騒ぎを起こして」という意味とかけてあります。

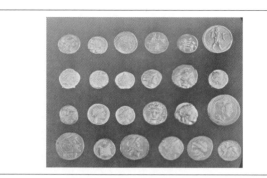

図3-2　古代ローマ硬貨のPNG画像

以下は、上の貨幣の画像を scikit-image で読み込んだものです。

```
from skimage import io
url_coins = ('https://raw.githubusercontent.com/scikit-image/scikit-image/'
             'v0.10.1/skimage/data/coins.png')
coins = io.imread(url_coins)
print("Type:", type(coins), "Shape:", coins.shape, "Data type:", coins.dtype)
plt.imshow(coins);

Type: <class 'numpy.ndarray'> Shape: (303, 384) Data type: uint8
```

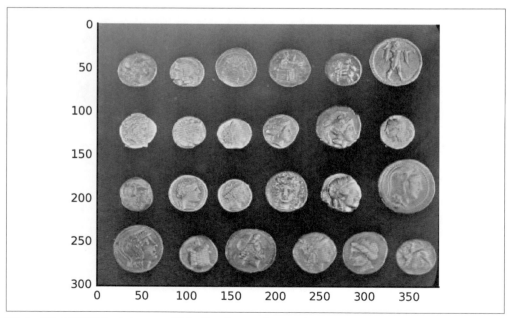

図3-3　図3-2の画像データをNumPy配列に読み込み、画像として表示

グレースケールの画像は、各要素にその位置のグレースケールの強度を格納した2次元配列として表されます。したがって、**画像は単なる NumPy 配列なのです**。

カラーの画像は3次元配列で、最初の2次元がその画像の空間的な位置を表し、3次元目は色のチャネルで、一般には赤、緑、青の加法混色の3原色で表します。RGB と呼ばれる3つの次元で表現できることを紹介するために、Eileen Collins[†]宇宙飛行士の写真で遊んでみましょう。

```
url_astronaut = ('https://raw.githubusercontent.com/scikit-image/scikit-image/'
                 'master/skimage/data/astronaut.png')
astro = io.imread(url_astronaut)
print("Type:", type(astro), "Shape:", astro.shape, "Data type:", astro.dtype)
plt.imshow(astro);

Type: <class 'numpy.ndarray'> Shape: (512, 512, 3) Data type: uint8
```

図3-4　宇宙飛行士のカラー写真をNumPy配列に読み込み、画像として表示

この画像は**単なる NumPy 配列**です。そのことに気付けば、画像に緑の正方形を加えるのは簡単です。NumPy の単純なスライス機能を使うだけです。

[†] 訳注：女性で最初のスペースシャトルのクルー。その後女性初の船長を務めた元アメリカ空軍大佐。

```
astro_sq = np.copy(astro)
astro_sq[50:100, 50:100] = [0, 255, 0]   # red, green, blue   赤、緑、青。
plt.imshow(astro_sq);
```

図3-5　**NumPy**配列のスライスを利用して左上に緑の正方形を追加

　また、ブール型**マスク**、つまり真または偽の値の配列を使うこともできます。この方法は、「2章　NumPyとSciPyを用いた分位数正規化」で、表から特定の行を選ぶ際に使いました。ここの例では、画像と同じ形状の配列を使ってピクセルを選ぶこともできます。

```
astro_sq = np.copy(astro)
sq_mask = np.zeros(astro.shape[:2], bool)
sq_mask[50:100, 50:100] = True
astro_sq[sq_mask] = [0, 255, 0]
plt.imshow(astro_sq);
```

図3-6　ブール値マスクを利用して左上に緑の正方形を追加

3.1.1　演習：グリッドオーバーレイを追加する

　上の例で、正方形の領域を選択して緑に塗る方法がわかりました。それを拡張して、他の形や色でもやってみましょう。カラー画像上に青いグリッド線を描く関数を作成し、前出の Eileen Collins の画像で試してみましょう。関数は、入力画像とグリッド間隔の２つのパラメータを受け取るようにします。手始めに以下のテンプレートを使ってみましょう。

```
def overlay_grid(image, spacing=128):
    """Return an image with a grid overlay, using the provided spacing.
                                       指定した間隔のグリッド線を重ねた画像を返す。
    Parameters           パラメータ
    ----------
    image : array, shape (M, N, 3)         配列、形状は (M, N, 3)
        The input image.   入力画像
    spacing : int        整数
        The spacing between the grid lines.   グリッド間隔

    Returns              戻り値
    -------
    image_gridded : array, shape (M, N, 3)   配列、形状は (M, N, 3)
```

```
    The original image with a blue grid superimposed.      元の画像に青いグリッド線を重ねたもの。
    """
    image_gridded = image.copy()
    pass  # replace this line with your code...      この行はご自身のコードで置き換えてください。
    return image_gridded

# plt.imshow(overlay_grid(astro, 128)); # uncomment this line to test your function
                                                    この行のコメント化を解除して関数をテストする。
```

「A.1　解答：グリッドオーバーレイを追加する」を確認しましょう。

3.2　信号処理で使うフィルタ

フィルタリングは、最も基本的でよく利用される画像処理操作の1つです。画像をフィルタリングすることで、ノイズを除去したり、特徴を強調したり、画像中の対象物の間の輪郭を検出したりできます。

フィルタを理解するために、まずは画像ではなく1次元の信号から始めましょう。例えば、光ファイバーケーブルの端に到達した光を計測するとします。仮に、信号を1ミリ秒（ms）間隔で100 msの間**サンプリング**したとすると、長さが100の配列が得られます。例えば、30 ms後に光信号のスイッチが入り、その30 ms後に切れるとします。すると、以下のような信号が得られます。

```
sig = np.zeros(100, np.float) #
sig[30:60] = 1  # signal = 1 during the period 30-60ms because light is observed
fig, ax = plt.subplots()      30-60msの期間は光が観測されるため signal = 1
ax.plot(sig);
ax.set_ylim(-0.1, 1.1);
```

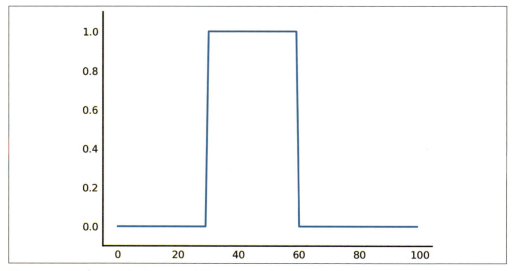

図3-7　スイッチが入り、その後に切れる光信号

3.2 信号処理で使うフィルタ

光がいつ点灯したかを調べるには、光の信号を **1ms 遅延** させ、遅延させた信号から元の信号を**引き算**します。すると、ある測定時刻と次の測定時刻の間で信号が不変である場合は引き算の結果は 0 ですが、信号が**増加する**場合は正の信号を得ます。

信号が**減少する**場合は、負の信号を得ます。知りたいのが点灯時刻だけなら、負の値を 0 に変換し、差の信号を**クリップ**します。

```
sigdelta = sig[1:]   # sigdelta[0] equals sig[1], and so on
sigdiff = sigdelta - sig[:-1]      sigdelta[0] と sig[1]、sigdelta[1] と sig[2]、... は等しい。
sigon = np.clip(sigdiff, 0, np.inf)
fig, ax = plt.subplots()
ax.plot(sigon)
ax.set_ylim(-0.1, 1.1)
print('Signal on at:', 1 + np.flatnonzero(sigon)[0], 'ms')

Signal on at: 30 ms     30ms での信号
```

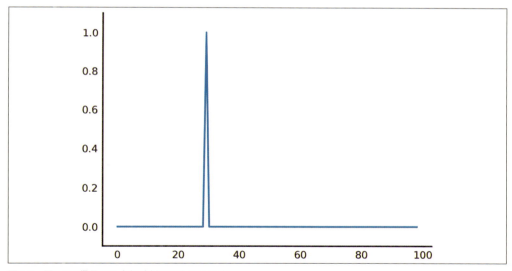

図3-8 図3-7の信号から点灯時刻だけを取り出す

（上のコードでは NumPy の `flatnonzero` 関数を用いて、`sigon` 配列が 0 でない最初のインデックスを求めています。）

実は、上の操作は、**畳み込み**という信号処理操作で実行できます。畳み込み処理では、信号の各点で、その点を囲む値と、所定値のベクトルである**カーネル**または**フィルタ**の内積を計算します。したがって、異なるカーネルを用いると、その信号の異なる特徴が見えます。

シグナル s に対し、カーネルが差分フィルタ (1, 0, -1) である場合、どうなるか考えてみましょう。任意の位置 i において、畳み込みの結果は `1*s[i+1] + 0*s[i] - 1*s[i-1]`、すなわち `s[i+1] - s[i-1]` になります。したがって、`s[i]` に隣接する値が同一である場合は、畳み込みは

0 を返しますが、s[i+1] > s[i-1] である場合（信号が増加している）は正の値を返し、反対に、s[i+1] < s[i-1] の場合は負の値を返します。これを入力関数の導関数の推定値と見ることもできます。

一般に、畳み込みの公式は$s'(t) = \sum_{j=t-\tau}^{t} s(j)f(t-j)$。$s$は信号、$s'$はフィルタリングされた信号、$f$はフィルタ、$\tau$はフィルタの長さです。

SciPyでは、`scipy.ndimage.convolve`を使って上記を実行できます。

```
diff = np.array([1, 0, -1])
from scipy import ndimage as ndi
dsig = ndi.convolve(sig, diff)
plt.plot(dsig);
```

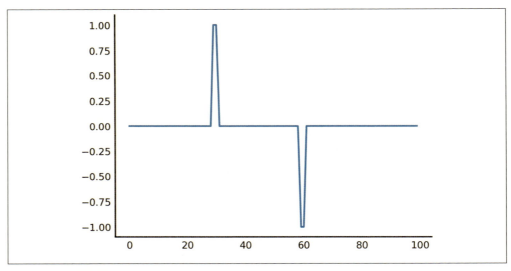

図3-9　図3-7の信号に畳み込み処理をする

しかし、信号というものは、前述のように、通常は**ノイズを含んでいて完璧ではありません**。

```
np.random.seed(0)
sig = sig + np.random.normal(0, 0.3, size=sig.shape)
plt.plot(sig);
```

差分フィルタはこのノイズを増幅してしまいます。

```
plt.plot(ndi.convolve(sig, diff));
```

その場合には、フィルタに平滑化処理を加えてみましょう。最も一般的な平滑化は**ガウシアン**カーネルを用いたもので、ガウス関数（https://ja.wikipedia.org/wiki/ガウス関数）を用いて信号

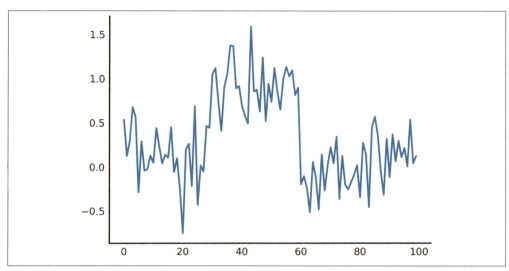

図3-10　ノイズを含んだ信号

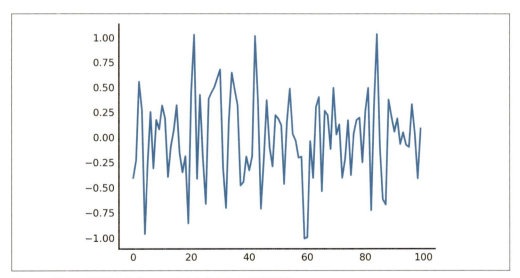

図3-11　図3-10の信号に差分フィルタをかけるとノイズが増幅

の近傍点の重み付き平均を取るのです。ガウシアン平滑化のカーネルを作る関数は以下のように作成できます。

```
def gaussian_kernel(size, sigma):
    """Make a 1D Gaussian kernel of the specified size and standard deviation.
    指定した大きさと標準偏差を持つ1次元のガウシアンカーネルを作る。
```

```
    The size should be an odd number and at least ~6 times greater than sigma
    to ensure sufficient coverage.
    """
    positions = np.arange(size) - size // 2
    kernel_raw = np.exp(-positions**2 / (2 * sigma**2))
    kernel_normalized = kernel_raw / np.sum(kernel_raw)
    return kernel_normalized
```

> 大きさは奇数で標準偏差より少なくとも約 6 倍大きい値にして十分信号をカバーできるようにする。

畳み込みには、**結合律**が成り立つというよい性質があります。つまり、平滑化した信号の導関数を求めたければ、平滑化した差分フィルタで信号を畳み込み処理をすれば同等の結果が得られます。これは計算時間の大きな短縮になります。なぜなら、通常はデータの長さよりもずっと短いフィルタだけを平滑化すればよいからです。

```
smooth_diff = ndi.convolve(gaussian_kernel(25, 3), diff)
plt.plot(smooth_diff);
```

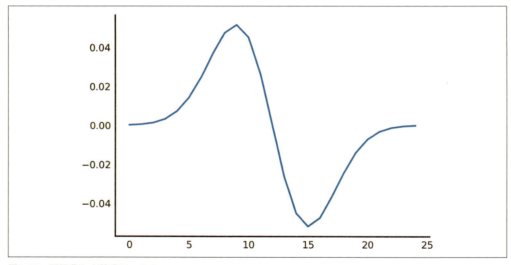

図3-12 平滑化した差分フィルタ

この平滑化した差分フィルタは、中央の位置にある輪郭を探すだけでなく、継続する差も探します。真の輪郭の場合は継続しますが、外来ノイズによる輪郭では継続しません。結果を（図3-13）で確認しましょう。

```
sdsig = ndi.convolve(sig, smooth_diff)
plt.plot(sdsig);
```

まだあまり滑らかではありませんが、今回の方法では**信号対雑音比**（SN 比）が単純な差分フィルタを使った場合に比べてずっと大きくなっています。

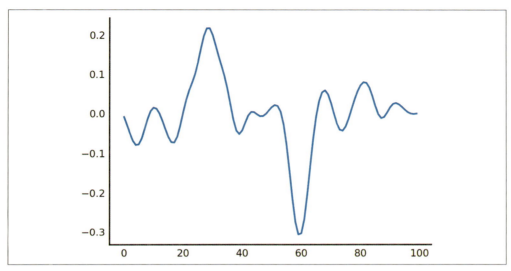

図3-13 平滑化した差分フィルタをノイズのある信号にかける

フィルタリング
上記のような操作をフィルタリングと呼びます。理由は、物理的な電気回路において、このタイプの操作の多くが、特定の電流を通しそれ以外の電流をブロックするハードウェアで実装されるものであり、そのようなハードウェアの部品のことをフィルタと呼ぶからです。例えば、電流から高周波成分の電圧ゆらぎを除去する一般的なフィルタは、**ローパスフィルタ**と言います。

3.3 画像のフィルタリング（2次元フィルタ）

　これまで1次元のフィルタリングを見てきたので、これから行う、画像などの2次元信号への拡張は、理解しやすいでしょう。以下に、硬貨の画像の輪郭を見つける2次元の差分フィルタを用いた例を示します。

```
coins = coins.astype(float) / 255  # prevents overflow errors   オーバーフローによるエラーを防ぐ。
diff2d = np.array([[0, 1, 0], [1, 0, -1], [0, -1, 0]])
coins_edges = ndi.convolve(coins, diff2d)
io.imshow(coins_edges);
```

　原理的には1次元フィルタと同じです。画像の各点にフィルタをかけ、フィルタの値と画像の値の内積を取り、結果を出力画像の同じ位置に置きます。そして、1次元の差分フィルタと同様に、変化がない部分にフィルタがかかると、内積がゼロとなって打ち消されますが、画像の明度が変化する部分にフィルタがかかると、1がかかる値と-1がかかる値は異なるので、フィルタの出力は正か負の値になります（正負は、その点で、画像が右下に向かって明るくなるか、左上に向かって明るくなるかで決まる）。

　1次元フィルタと同様に、フィルタ内でノイズの平滑化もさせることができます。**ソーベルフィルタ**は、まさにそのために設計されていて、水平用と垂直用の2種類があり、データ中の特定方

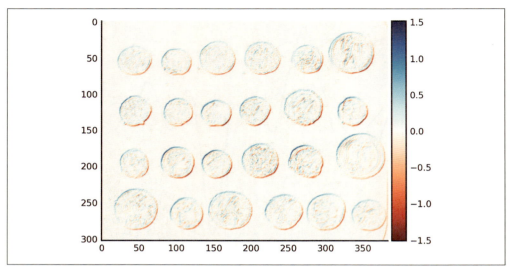

図3-14　輪郭を2次元の差分フィルタで検出

向の輪郭を探すのに使われます。まずは水平フィルタを見てみましょう。画像の中で水平の輪郭を見つけるには、以下のフィルタを試すとよいでしょう。

```
# column vector (vertical) to find horizontal edges    水平の輪郭を見つける列ベクトル（垂直）
hdiff = np.array([[1], [0], [-1]])
```

　しかし、1次元フィルタでも学んだように、これでは画像中に輪郭ノイズの多い推定となってしまいます。しかし、輪郭がぼやけてしまうガウシアン平滑化と違い、ソーベルフィルタは、画像中の輪郭は連続しがちであるという特徴を利用します。例えば、海の写真には、画像中の特定の点に限らず、1本の線に沿って線の端から端まで水平の輪郭が含まれています。したがって、ソーベルフィルタは、垂直のフィルタを水平に平滑化します。つまり、中央位置の強い輪郭を利用し、しかも隣接する点がそれを補強しているものを探すのです。

```
hsobel = np.array([[ 1,  2,  1],
                   [ 0,  0,  0],
                   [-1, -2, -1]])
```

　垂直のソーベルフィルタは、単に水平フィルタを転置したものです。

```
vsobel = hsobel.T
```

　これで、硬貨の画像の水平と垂直の輪郭を見つけることができます。

```
# Some custom x-axis labeling to make our plots easier to read
def reduce_xaxis_labels(ax, factor):    プロットを見やすくするための独自のx軸ラベル付け。
    """Show only every ith label to prevent crowding on x-axis,
```

```
                x 軸ラベルの密集を防ぐために i 番目のラベルのみ表示する。
                例えば、factor = 2 に設定すると、x 軸ラベルは、最初のラベルから始めて 1 つおきに表示する。
    e.g., factor = 2 would plot every second x-axis label,
    starting at the first.

    Parameters    パラメータ
    ----------
    ax : matplotlib plot axis to be adjusted    調節する matplotlib プロットの座標軸
    factor : int, factor to reduce the number of x-axis labels by
    """                                         整数、x 軸ラベルの数を 1/factor に減らす係数。
    plt.setp(ax.xaxis.get_ticklabels(), visible=False)
    for label in ax.xaxis.get_ticklabels()[::factor]:
        label.set_visible(True)

coins_h = ndi.convolve(coins, hsobel)
coins_v = ndi.convolve(coins, vsobel)

fig, axes = plt.subplots(nrows=1, ncols=2)
axes[0].imshow(coins_h, cmap=plt.cm.RdBu)
axes[1].imshow(coins_v, cmap=plt.cm.RdBu)
for ax in axes:
    reduce_xaxis_labels(ax, 2)
```

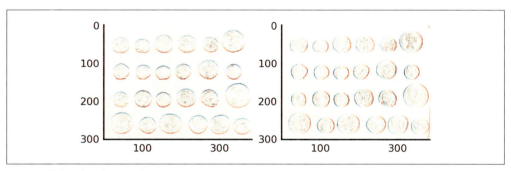

図3-15　輪郭の水平成分と垂直成分をソーベルフィルタで検出

　また、**任意**の方向の輪郭の強さは、ピタゴラスの定理のように、水平成分と垂直成分の 2 乗和の平方根であると考えることもできます。

```
coins_sobel = np.sqrt(coins_h**2 + coins_v**2)
plt.imshow(coins_sobel, cmap='viridis');
```

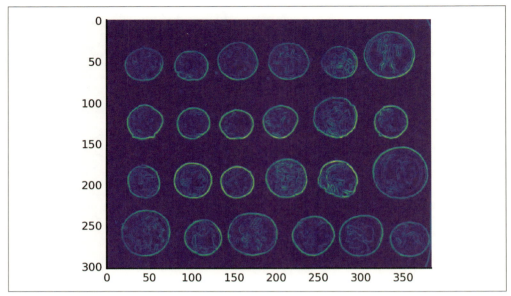

図3-16　全方向の輪郭は水平成分と垂直成分の二乗和平方根で表せる

3.4　汎用フィルタ：近傍データの任意の関数

　ndi.convolve に実装される内積に加えて、SciPy では近傍点の**任意の関数**であるフィルタをユーザが定義できます。これは ndi.generic_filter に実装されています。これにより、任意の複雑なフィルタを表せます。

　例えば、ある郡における住宅の価格の中央値を表す画像があり、解像度が 100 m × 100 m であるとします。地方自治体が定めた住宅売却時の税金は、$10,000 に、半径 1 km 内の家の価格の 90 パーセンタイルの 5 ％を加えた額でした（つまり、高級住宅地の家を売るとよりお金がかかります）。generic_filter のコードを使うと、地図上のどの地点の税額でも示せる地図が作れます。

```
from skimage import morphology
def tax(prices):
    return 10000 + 0.05 * np.percentile(prices, 90)
house_price_map = (0.5 + np.random.rand(100, 100)) * 1e6
footprint = morphology.disk(radius=10)
tax_rate_map = ndi.generic_filter(house_price_map, tax, footprint=footprint)
plt.imshow(tax_rate_map)
plt.colorbar();
```

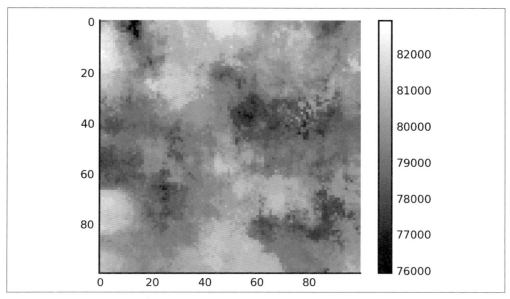

図3-17 ndi.generic_filterを使って住宅の価格の地図から求めた住宅売却時の税額の地図

3.4.1 演習：Conwayのライフゲーム

（Nicolas Rougier の発案による）

Conway のライフゲーム（https://ja.wikipedia.org/wiki/ライフゲーム）の概念は、規則的な格子上の「セル」が、隣接する環境によって生まれたり死んだりするという、一見単純なものです。毎時間ステップの位置 (i, j) の状態が、前時間ステップの状態と、8つの近傍のセル（上下左右と斜め）の状態によって決まります。

- 生きたセルは、隣接する生きたセルが1つ以下なら、死ぬ。
- 生きたセルは、隣接する生きたセルが2つか3つなら、次世代も生存する。
- 生きたセルは、隣接する生きたセルが4つ以上なら、過密により死ぬ。
- 死んだセルは、隣接する生きたセルがちょうど3つなら、次世代が誕生したかのように生き返る。

このルールは、無理やり作った数学の問題のようですが、実は驚くほどいろいろなパターンが生じます。例えば、グライダー（生きたセルの小さなパターンで、各世代ごとにゆっくり移動する）や、グライダー銃（定常パターンで、グライダーを打ち出す）を手始めに、素数生成マシン（例えば Nathaniel Johnston の「Generating Sequences of Primes in Conway's Game of Life」（http://bit.ly/2s8UfqF））や、ライフゲーム自体のシミュレーション（https://youtu.be/xP5-iIeKXE8）さえもあります。

ライフゲームを `ndi.generic_filter` を使って実装してみましょう。

「A.2 解答：Conway のライフゲーム」を確認してみましょう。

3.4.2　演習：ソーベル勾配の大きさ

先ほど、水平と垂直のソーベルフィルタという2つの異なるフィルタを組み合わせる方法を紹介しました。`ndi.generic_filter` を使って、これを1回で実行する関数を書いてみましょう。

「A.3　解答：ソーベル勾配の大きさ」を確認してみましょう。

3.5　グラフとNetworkXライブラリ

グラフは、驚くほど多様なデータを自然に表現するものです。例えば、ウェブ上のページはノードを構成することができ、ページ間のリンクも、やはり、リンクになることができます。1章や2章で扱ったような生物学の分野では、いわゆる**転写ネットワーク**が遺伝子を表現するノードを持ち、互いの発現に影響を及ぼす遺伝子同士をエッジで結合します。

グラフとネットワーク

この文脈では、「グラフ」は「ネットワーク」と同義語であり、「プロット」とは別物です。数学者とコンピュータ科学者は、これらを議論するのに少々異なる用語を用いてきました。グラフ＝ネットワーク、頂点＝ノード、エッジ（または辺）＝リンク＝弧、です。本章でもその伝統を受け継ぎ、これらの用語を同じ意味で用います。

本書を手にした読者のみなさんは、ネットワーク用語の方に馴染みがあるかもしれませんね。つまり、1つの「ネットワーク」は、**ノード**と、ノード間の**リンク**で構成されます。同様に、1つの「グラフ」は、**頂点**と、頂点間の**エッジ**で構成されます。NetworkX には、`nodes` とノード間の `edges` で構成される `Graph` オブジェクトがあり、これがおそらく最も一般的な使われ方でしょう。

グラフを紹介するために、Lav Varshney らによる論文「Structural Properties of the Caenorhabditis elegans Neuronal Network」（Caenorhabditis elegans の神経回路の構造特性）の結果をいくつか紹介します[†]。

本章の例では、線虫の神経系の神経細胞をノードで表し、神経細胞が別の神経細胞とシナプスを形成したらエッジを置きます（**シナプス**とは、神経細胞同士がそれを通して通信する、化学的な接続のことです）。線虫は、神経細胞間の結合性解析にうってつけの事例です。というのも、（この種の）すべての線虫は、同じ数（302）の神経細胞を持ち、その間の結合がすべて解明されているからです。このため、Openworm project（http://www.openworm.org）というすばらしいプロジェクトが生まれているので、プロジェクトの詳細を読んでみることをお勧めします。

神経細胞のデータセットは、エクセルファイルの形式で WormAtlas database（http://bit.ly/2s8LmgU）からダウンロードできます。`pandas` ライブラリを使えば、エクセルの表をウェブ越しに読めるので、以下では `pandas` を用いてデータを読み込み、続いて NetworkX に渡します。

```
import pandas as pd
connectome_url = 'http://www.wormatlas.org/images/NeuronConnect.xls'
conn = pd.read_excel(connectome_url)
```

`conn` には、`pandas` の `DataFrame` が格納され、行の形式は以下の通りです。

[†] 訳注：Caenorhabditis elegans は線虫で、全ゲノム配列が1998年に決定されました。

[神経細胞 1, 神経細胞 2, 接続タイプ , 強度]

化学シナプスの神経回路図だけを調べるので、以下のように他のシナプスを除去します。

```
conn_edges = [(n1, n2, {'weight': s})
              for n1, n2, t, s in conn.itertuples(index=False, name=None)
              if t.startswith('S')]
```

（異なる接続タイプについては、WormAtlas のウェブページの解説をご覧ください。）上記の辞書の weight を使うのは、NetworkX のエッジの特性の特別なキーワードだからです。続いて、NetworkX の DiGraph クラスを使ってグラフを構築します。

```
import networkx as nx
wormbrain = nx.DiGraph()
wormbrain.add_edges_from(conn_edges)
```

では、このネットワークの特性をいくつか調べてみましょう。研究者が有向ネットワークについて最初に知りたいことの 1 つは、どのノードがそのネットワークの情報の流れに最も重要か、ということです。高い**媒介中心性**（betweenness centrality）を持つノードとは、多数の異なるノード対の間の最短路に属するノードのことです。鉄道ネットワークを思い浮かべてください。一部の駅は多くの路線と接続しているので、多数の異なる旅行でも、その駅で乗り換えさせられることになります。このような駅が、高い媒介中心性を持ちます。

NetworkX を使えば、同程度に重要な神経細胞を楽に見つけることができます。NetworkX の API ドキュメント内の「centrality」（中心性）のページの betweenness_centrality の docstring （https://networkx.github.io/documentation/stable/reference/algorithms/generated/networkx.algorithms.centrality.betweenness_centrality.html）では、入力にグラフを取り、ノードの ID を媒介中心性値（浮動小数点数）にマッピングした辞書を返す関数が定義されています。

```
centrality = nx.betweenness_centrality(wormbrain)
```

これで、Python のビルトイン関数 sorted を使えば、最も中心性の高い神経細胞を見つけられます。

```
central = sorted(centrality, key=centrality.get, reverse=True)
print(central[:5])
```

```
['AVAR', 'AVAL', 'PVCR', 'PVT', 'PVCL']
```

上のコードは AVAR、AVAL、PVCR、PVT、PVCL という神経細胞を返し、これらは線虫がつつかれた時の反応の仕方に関係があるとされています。例えば、神経細胞 AVA は、線虫の前方タッチ受容体（など）と後退運動を司る神経細胞をリンクする一方、神経細胞 PVC は、後方タッチ受容体と前進運動をリンクします。

Varshney らは、総数 279 個のうち、237 個の神経細胞の**強連結成分**の特性を調べました。グラ

フ解析では、**連結成分**とは、すべてのリンクを通る何らかの道を通って到達できるノードの集合を意味します。神経回路図（コネクトーム）は**有向**グラフで、要するに、2つのノードの単なる結合ではなく、エッジが1つのノードから別のノードへ**向きを持っている**ことを意味します。この場合、強連結成分は、**エッジの向きに**リンクをたどるとすべてのノードが互いに到達可能なものを言います。したがって、A→B→Cは強連結ではありません。理由はBやCからAに行く道がないからです。一方、A→B→C→Aは、強連結です。

神経回路では、強連結成分を、処理が行われる回路の「脳」、その上流のノードを入力、下流のノードを出力と捉えることができます。

神経回路の循環

循環する神経回路という発想は、1950年代に遡ります。以下に、Amanda Gefterによる「Nautilus」の記事「The Man Who Tried to Redeem the World with Logic」（論理で世界を救おうとした男の話、http://bit.ly/2tmmVwZ）から、この発想を見事に表現した一段落を紹介します。

空に稲妻が走るのが見えたら、目は脳に信号を送り、その信号が一連の神経細胞を通り抜けて行きます。一連の神経細胞のうち任意のものから始めて、信号の足跡をたどれば、どのくらい前に雷が落ちたかが割り出せます。ただし、その一連の神経細胞がループになっている場合は違います。その場合は、記号化された稲妻の情報は、いつまでも単にグルグルと回転し続けます。その情報は、実際に雷が落ちた時刻とは関係ありません。それは、McCullochが述べたように「時間からもぎ取られた思考」になります。つまり、記憶になるのです。

NetworkXを使えば、`wormbrain`ネットワークから最大の強連結成分を取り出す作業は簡単です。

```
sccs = nx.strongly_connected_component_subgraphs(wormbrain)
giantscc = max(sccs, key=len)
print(f'The largest strongly connected component has '
      f'{giantscc.number_of_nodes()} nodes, out of '
      f'{wormbrain.number_of_nodes()} total.')
```

```
The largest strongly connected component has 237 nodes, out of 279 total.
```

論文で言及されているように、この成分の大きさは偶然から予測されるものより**小さく**、ネットワークが入力、中心、および出力のレイヤに分離していることを示しています。

では、論文の図6Bの、入次数分布の生存関数を再現してみます。まずは、必要な値を計算します。

```
in_degrees = list(dict(wormbrain.in_degree()).values())
in_deg_distrib = np.bincount(in_degrees)
avg_in_degree = np.mean(in_degrees)
cumfreq = np.cumsum(in_deg_distrib) / np.sum(in_deg_distrib)
survival = 1 - cumfreq
```

続いて、Matplotlibを使ってプロットします。

```
fig, ax = plt.subplots()
ax.loglog(np.arange(1, len(survival) + 1), survival)
ax.set_xlabel('in-degree distribution')
ax.set_ylabel('fraction of neurons with higher in-degree distribution')
ax.scatter(avg_in_degree, 0.0022, marker='v')
ax.text(avg_in_degree - 0.5, 0.003, 'mean=%.2f' % avg_in_degree)
ax.set_ylim(0.002, 1.0);
```

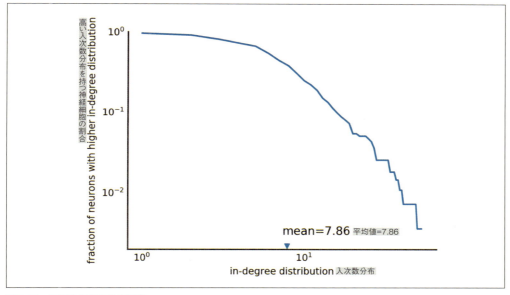

図3-18　入次数分布の生存関数

　さあ、できました。SciPy を使った、科学的解析の再現です。回帰直線が描かれていませんが、演習はそのためにあるのです。

3.5.1　演習：SciPyを使った曲線回帰

　この演習は、「7 章　SciPy を使って関数を最適化する」に向けたちょっとした腕慣らしです。`scipy.optimize.curve_fit` を使って、入次数生存関数の裾をべき乗則 $f(d) \sim d^{-\gamma}, d > d_0$ で回帰します（論文の図 6B の赤い線）。ただし、$d_0 = 10$ です。続いて、赤い線を含むようにプロットを修正します。

　「A.4　解答：SciPy を使った曲線回帰」を確認してみましょう。

　これで、科学的抽象としてのグラフと、Python と NetworkX を用いてグラフを簡単に処理し解析する方法の、根本的な理解ができたはずです。次は、画像処理とコンピュータビジョンで使われる、別の種類のグラフに話を移します。

3.6 領域隣接グラフ

RAG は、**領域分割**（セグメンテーション）に役立つ画像の表現方法です。領域分割とは、画像を意味のある領域（**セグメント**）に分割することです。『ターミネーター2』を観たことがある人は、領域分割を見たことがあります（**図 3-19**）。

図3-19 ターミネーターの視覚

領域分割は、人間が無意識にやっていることなのに、コンピュータが苦労する種類の問題の 1 つです。この大変さを理解するために、以下の画像を見てください。

図3-20 人間にとっては顔と認識される画像

あなたが顔を認識しているとき、コンピュータには数字の羅列しか見えません。

```
58688888888888899998989888886665321 21
66888886888988999998999988888865421
66665566566689999999999888888888653
66688999986556899989998888866 8665554
66888899998888888899888886656666 66543
66888888886868688899988886666888888 65
66666443334556688899888666666666668 66
66884235221446588889988665644644444666
86864486233664668898866554643212 42345
86666658333685588888866556659381366324
88866868688666868888866585884 22485434
88888888886868888888665666866665 65444
8888888886866688888886655668866668 6555
8888898888888888888666568886888866 66
8888999989998888888866668888 88868886
8888999888888888888865668888 88888866
8888899888888868888886665668 68868888888
```

```
6888899988888888868886658888888888866
6888899999888888868888865568888888866
6888899988668668886888865656688888886
8888888886668888888888865658888888886
6888888666566888888988855555568888886
8686888658668868888865555555588886866
6668886646866685556655445555656888866
6668865488888686866655555455666666865
8868865868888888888666665555686688665
6888888666688888898888886666656686665
6688888884568688899988888666655686665 5
6668888886245666886666665443126868 66655
6868889886689696666655655313668688655
6888889888668989898998885356888986655
6868889888866899999999866666668986655
6888888888886666888866666666688866655
5688888888886868998686865556668888866 6555
3666888888868888868686666866688866655
2686888888888888888888866668868 8865654
2868888888888888888866866666 86866666555
2866666888888888886866866868888 6665548
```

人間の視覚系は、顔を見つけるのに高度に最適化されているので、このぼんやりした数字のシミの中にも顔が見えるかもしれませんね。また、「Faces in Things Twitter」（ツイッター版ものの中の顔、https://twitter.com/facespics）もお勧めですが、こちらには、人間の視覚系の最適化された顔認識が、上の例よりもずっとユーモアたっぷりに示されています。

とにかく、ここでの挑戦は、この数字群の意味を理解し、画像を異なる部分に分ける境界の位置を解明することです。よく使われる手法は、同じセグメントに所属している**確信が持てる**小さい領域（スーパーピクセル）を見つけて、それらを何らかのより洗練された規則に従って併合していくことです。

単純な例として、以下の Berkeley Segmentation Dataset（BSDS）の画像中のトラを、領域分割の手法を使って切り出したいとします。

図3-21　トラの画像

クラスタリングのアルゴリズムの1つである単純線形反復クラスタリング（SLIC）は、なかなかよい出発点になります。これは scikit-image ライブラリに用意されています。

```
url = ('http://www.eecs.berkeley.edu/Research/Projects/CS/vision/'
       'bsds/BSDS300/html/images/plain/normal/color/108073.jpg')
tiger = io.imread(url)
from skimage import segmentation
seg = segmentation.slic(tiger, n_segments=30, compactness=40.0,
                        enforce_connectivity=True, sigma=3)
```

scikit-image には、領域分割を**表示する**関数も用意されているので、それを使って SLIC の結果を可視化してみましょう。

```
from skimage import color
io.imshow(color.label2rgb(seg, tiger));
```

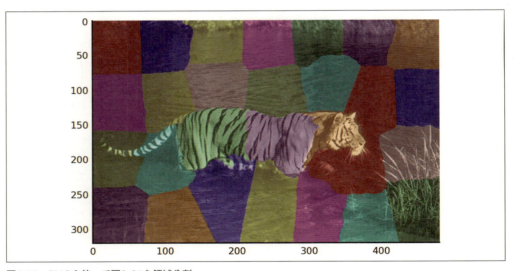

図3-22　**SLICを使って図3-21を領域分割**

トラの体が3つの部分に分割され、それ以外の部分の画像は残りのセグメントにあることがわかります。

領域隣接グラフ（RAG）は、すべてのノードが上の領域（セグメント）のいずれか1つを表し、エッジが2つの接するノードを結合するグラフです。実際にグラフを構築してみる前に、scikit-image ライブラリの `show_rag` 関数を使って、どんな風に見えるか試しに表示してみましょう。このライブラリには、本章で紹介したコード片も含まれています。

```
from skimage.future import graph

g = graph.rag_mean_color(tiger, seg)
graph.show_rag(seg, g, tiger);
```

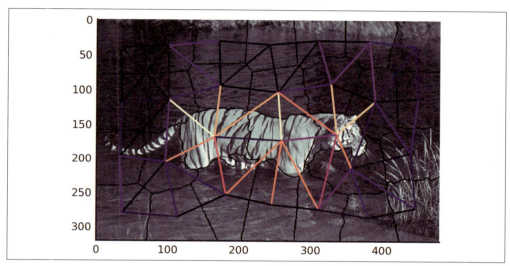

図3-23　図3-22の領域分割を基に**skimage.future.graph.rag_mean_color**を使って作成したRAG

　上の画像では、各セグメントに対応するノードと、隣接するセグメントを結合するエッジが見えます。エッジは、2つのノードの色の差に応じて、MatplotlibのYlGnBu（黄-緑-青）のカラーマップで色付けされています。

　また、上の画像は、領域分割をグラフと捉えたことで可能になる技も表しています。トラの内側と外側にまたがるノード間のエッジの色が、同じ対象物の内部にあるノード間のエッジの色よりも明度が高い（値が大きい）ことがわかります。したがって、明度の高いエッジが結合するセグメント間の境界でグラフを切断すれば、望み通りの領域分割が得られるわけです。ここでは色に基づいた簡単な領域分割の例を取り上げましたが、より複雑な関係を持つ対のグラフにも、同じ原理が成り立ちます。

3.7　エレガントなndimage：画像領域からグラフを構築する方法

　以上でNumPy配列、画像のフィルタリング、汎用性のあるフィルタ、グラフ、RAGについて学んだので、必要な知識がすべてそろいました。では早速、トラを画像から抜き出す方法を構築してみましょう。

　すぐに思い付く方法は、ネストした2つのforループを使って、画像のすべてのピクセル上を反復し、近傍のピクセルを調べて、異なるラベルを探すものです。

```python
import networkx as nx
def build_rag(labels, image):
    g = nx.Graph()
    nrows, ncols = labels.shape
    for row in range(nrows):
        for col in range(ncols):
            current_label = labels[row, col]
            if not current_label in g:
                g.add_node(current_label)
                g.node[current_label]['total color'] = np.zeros(3, dtype=np.float)
                g.node[current_label]['pixel count'] = 0
            if row < nrows - 1 and labels[row + 1, col] != current_label:
                g.add_edge(current_label, labels[row + 1, col])
            if col < ncols - 1 and labels[row, col + 1] != current_label:
                g.add_edge(current_label, labels[row, col + 1])
            g.node[current_label]['total color'] += image[row, col]
            g.node[current_label]['pixel count'] += 1
    return g
```

大変なコードですね。これは正しく動作しますが、3次元画像を領域分割する場合は、別バージョンを書く必要があります。

```python
import networkx as nx
def build_rag_3d(labels, image):
    g = nx.Graph()
    nplns, nrows, ncols = labels.shape
    for pln in range(nplns):
        for row in range(nrows):
            for col in range(ncols):
                current_label = labels[pln, row, col]
                if not current_label in g:
                    g.add_node(current_label)
                    g.node[current_label]['total color'] = np.zeros(3, dtype=np.float)
                    g.node[current_label]['pixel count'] = 0
                if pln < nplns - 1 and labels[pln + 1, row, col] != current_label:
                    g.add_edge(current_label, labels[pln + 1, row, col])
                if row < nrows - 1 and labels[pln, row + 1, col] != current_label:
                    g.add_edge(current_label, labels[pln, row + 1, col])
                if col < ncols - 1 and labels[pln, row, col + 1] != current_label:
                    g.add_edge(current_label, labels[pln, row, col + 1])
                g.node[current_label]['total color'] += image[pln, row, col]
                g.node[current_label]['pixel count'] += 1
    return g
```

上のコードはどちらも見づらく不格好な上、拡張しにくくなっています。というのも、斜め方向に近傍のピクセルを隣接するものに数えたい場合は（例えば、[row, col] と [row + 1, col + 1] が「隣接する」）、上のコードはさらにゴタゴタしてしまいます。しかも、3次元のビデオを解析する場合は、さらに次元とネストレベルを増やさなければなりません。これでは手に負えませんね。

そこで Vighnesh の洞察が登場するわけです。SciPy の `generic_filter` 関数が面倒な反復を引

き受けてくれるのです。本章ではすでに、この関数を使ってNumPy配列のすべての要素の近傍に対して任意の複雑な関数を計算しました。その例との違いは、関数から出力したいものがフィルタをかけた画像ではなく、グラフだということです。実は`generic_filter`に別の引数を渡すだけで、グラフの構築もできるのです。

```python
import networkx as nx import numpy as np from scipy import ndimage as ndi

def add_edge_filter(values, graph):
    center = values[len(values) // 2]
    for neighbor in values:
        if neighbor != center and not graph.has_edge(center, neighbor):
            graph.add_edge(center, neighbor)
    # float return value is unused but needed by `generic_filter`
    return 0.0    # 浮動小数点数の戻り値は使われないが、`generic_filter`に必要。

def build_rag(labels, image):
    g = nx.Graph()
    footprint = ndi.generate_binary_structure(labels.ndim, connectivity=1)
    _ = ndi.generic_filter(labels, add_edge_filter, footprint=footprint,
                           mode='nearest', extra_arguments=(g,))
    for n in g:
        g.node[n]['total color'] = np.zeros(3, np.double)
        g.node[n]['pixel count'] = 0
    for index in np.ndindex(labels.shape):
        n = labels[index]
        g.node[n]['total color'] += image[index]
        g.node[n]['pixel count'] += 1
    return g
```

上のコードが優れている理由はいくつかあります。

- `ndi.generic_filter`は、各配列要素の**近傍点に対して**反復処理を行う（単に配列要素に対して反復処理を行う場合は`numpy.ndindex`を使う）。
- フィルタ関数が0.0を返すようにしたのは、`generic_filter`がフィルタ関数が浮動小数点数を返すことを要求するため。このため、フィルタの戻り値（どこでもゼロ値）は無視し、グラフにエッジを追加するという「サイドエフェクト」を利用するために使う。
- ループのネストの深さが1である。これによりコードがコンパクトになり、一度に処理しやすくなる。
- 1、2、3次元の画像でも、8次元の画像でも、完全に同じように動作する。
- 斜め方向の結合性のサポートを追加したい場合は、`ndi.generate_binary_structure`の`connectivity`パラメータ値を変更するだけでよい。

3.8 すべてのまとめ：平均の色を用いた領域分割

では、これまでに学んだことをすべて使って、上の画像のトラを切り出してみましょう。

```
g = build_rag(seg, tiger)
for n in g:
    node = g.node[n]
    node['mean'] = node['total color'] / node['pixel count']
for u, v in g.edges():
    d = g.node[u]['mean'] - g.node[v]['mean']
    g[u][v]['weight'] = np.linalg.norm(d)
```

各エッジには、各セグメントの平均の色の差の情報が格納されています。この色差情報を用いてグラフのエッジを閾値でふるい分けます。

```
def threshold_graph(g, t):
    to_remove = [(u, v) for (u, v, d) in g.edges(data=True)
                 if d['weight'] > t]
    g.remove_edges_from(to_remove)
threshold_graph(g, 80)
```

最後に、「2 章　NumPy と SciPy を用いた分位数正規化」で学んだ、NumPy の配列でインデックス付けするワザを用います。

```
map_array = np.zeros(np.max(seg) + 1, int)
for i, segment in enumerate(nx.connected_components(g)):
    for initial in segment:
        map_array[int(initial)] = i
segmented = map_array[seg]
plt.imshow(color.label2rgb(segmented, tiger));
```

おっと！ トラは尻尾をなくしてしまったようです。

それでも、この例は RAG の能力と、SciPy と NetworkX で必要な情報を巧みに引き出せることを示したよい見本だと思います。本章の例で取り上げた関数の多くは、scikit-image ライブラリにありますので、画像解析に興味がある方は、ぜひ探してみてください。

図3-24　領域間の色の差を利用して切り出されたトラ

4章
周波数と高速フーリエ変換

> 宇宙の仕組みを発見したいなら、エネルギー、周波数、振動の観点から考えよ。
> ——ニコラ・テスラ

4章は、著者SWの父親であるPW van der Waltと共同執筆したものです。

本書の他の章とは少々異なった形式をとっています。特に、**コード**が控えめだと思われるかもしれません。代わりに本章では、エレガントな**アルゴリズム**である高速フーリエ変換（Fast Fourier Transform：FFT）をじっくりと解説します。FFTは非常に役立つので、SciPyにも実装されており、もちろんNumPy配列にも使えます。

4.1 周波数とは

まずは、プロットのスタイルの設定から始めましょう。いつものモジュールもインポートします。

```
# Make plots appear inline, set custom plotting style
%matplotlib inline       プロットをインライン表示させ、本書独自のプロットスタイルを設定する。
import matplotlib.pyplot as plt
plt.style.use('style/elegant.mplstyle')

import numpy as np
```

離散フーリエ変換（Discrete Fourier Transform：DFT）[†]は、時間もしくは空間データを**周波数領域**のデータに変換する数学的手法です。**周波数**（frequency）という用語は、英語の日常生活用語として（訳注：回数、頻度の意味で）よく使われるため、（英語を話す人にとっては）馴染み深い概念です。通常のヘッドホンから響く最も低い音は20ヘルツ前後で、ピアノの真ん中のドの音は約261.6ヘルツです。ヘルツは1秒当たりの振動数で、この場合は文字通りヘッドホン内部の膜が1秒間に前後に動く回数を指します。膜の振動が圧縮された空気のパルスを生み、それが人間の鼓膜に到達すると、同じ周波数の振動を引き起こします。ですから、例えば $\sin(10 \times 2\pi t)$ のような簡単な周期関数を用いると、周波数を波として観測できます。

[†] DFTは、連続関数に作用するように定義された標準的なフーリエ変換とは異なり、サンプリングしたデータに作用します。

```python
f = 10  # Frequency, in cycles per second, or Hertz   周波数。単位はサイクル毎秒、すなわちヘルツ
f_s = 100  # Sampling rate, or number of measurements per second
                                                      サンプリングレート。1秒当たりの測定数
t = np.linspace(0, 2, 2 * f_s, endpoint=False)
x = np.sin(f * 2 * np.pi * t)

fig, ax = plt.subplots()
ax.plot(t, x)
ax.set_xlabel('Time [s]')
ax.set_ylabel('Signal amplitude');
```

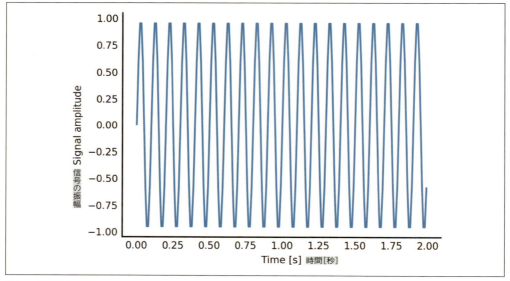

図4-1　正弦波

　この信号は、**周波数** 10 Hz（1/10 秒ごとに繰り返す。この時間を**周期**と呼ぶ）で反復する信号と捉えることもできます。周波数と時間を結び付けて考えるのは自然なことですが、空間にも同様に結び付けることができます。例えば、織物の模様を写した写真が高い**空間周波数**を示す一方、空などの滑らかに見えるものは低い空間周波数を持ちます。
　では、先ほどの正弦波に DFT をかけた結果を見てみましょう。

```python
from scipy import fftpack

X = fftpack.fft(x)
freqs = fftpack.fftfreq(len(x)) * f_s

fig, ax = plt.subplots()

ax.stem(freqs, np.abs(X))
```

```
ax.set_xlabel('Frequency in Hertz [Hz]')
ax.set_ylabel('Frequency Domain (Spectrum) Magnitude')
ax.set_xlim(-f_s / 2, f_s / 2)
ax.set_ylim(-5, 110)

(-5, 110)
```

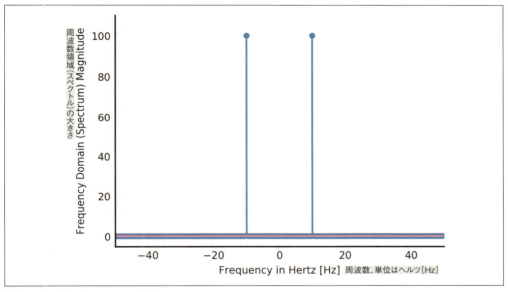

図4-2 正弦波にDFTをかけた結果

　FFT の出力結果は、入力と同じ形状の 1 次元配列で、複素数が格納されていることがわかります。2つを除きすべての値はゼロとなっています。結果の大きさは伝統的に**ステムプロット**で可視化され、各ステム（茎）の高さが値に対応します。

　（正負の周波数が存在する理由は、のちほど離散フーリエ変換（DFT）で説明します。また、このコラムでは、DFT のベースとなる数学を深く掘り下げて解説しています。）

　フーリエ変換は、我々を**時間**領域から**周波数**領域に連れて行ってくれますが、実はそれによって応用範囲がグッと広がります。**高速フーリエ変換**（FFT）は、DFT を計算するためのアルゴリズムですが、計算中にそれまでの計算結果を格納した上で、その値を再利用することで、高速化されています。

　本章では、DFT の応用例をいくつか紹介し、FFT を 1 次元の測定値だけでなく多次元データ処理に適用することで、多様な目的が達成できる様子をお見せします。

4.2　応用例：鳥のさえずりのスペクトログラム

　まずは最も標準的な応用例である、（空気圧の時間変化からなる）音声信号のスペクトログラムへの変換から始めましょう。スペクトログラムは、音楽プレーヤのイコライザ表示や、昔ながらの

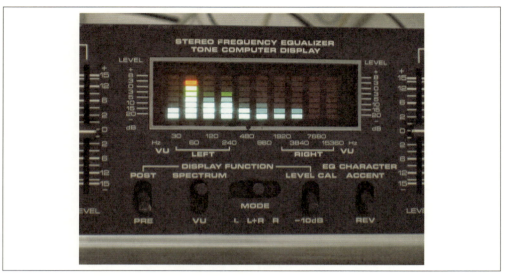

図4-3　Numark EQ2600ステレオイコライザ（http://bit.ly/2s9jRnq、画像は著者のSergey Gerasimukの許可を得て使用）

ステレオ（図4-3）で目にしたことがある読者もいるでしょう。

ナイチンゲールという鳥のさえずり（http://bit.ly/2s9Pq0b、CC BY 4.0 の下にリリースされたもの）の断片を聴いてみましょう。

```
from IPython.display import Audio
Audio('data/nightingale.wav')
```

図4-4　鳥のさえずりを再生する

本書の印刷版の読者のみなさんは、想像力を働かせてみてくださいね。こんな風に聴こえます。

> チーチーウールヒーヒー、チートウィートホールチールウィウェオウェオウェオウェオウェオウェオ。

鳥語に堪能な人ばかりではないでしょうから、代わりに、測定値、すなわち「信号」を可視化するのが一番でしょう。

まず、音声ファイルをロードします。これには、サンプリングレート（1秒当たりの測定数）と音声データが、(N,2) の形状の配列として入っています。列の数が2なのは、ステレオ録音だからです。

```
from scipy.io import wavfile

rate, audio = wavfile.read('data/nightingale.wav')
```

次に、左右のチャネルの平均を取り、モノラルに変換します。

```
audio = np.mean(audio, axis=1)
```

続いて、断片の長さを計算して音声（図4-5）をプロットします。

```
N = audio.shape[0]
L = N / rate

print(f'Audio length: {L:.2f} seconds')

f, ax = plt.subplots()
ax.plot(np.arange(N) / rate, audio)
ax.set_xlabel('Time [s]')
ax.set_ylabel('Amplitude [unknown]');
```

```
Audio length: 7.67 seconds
```

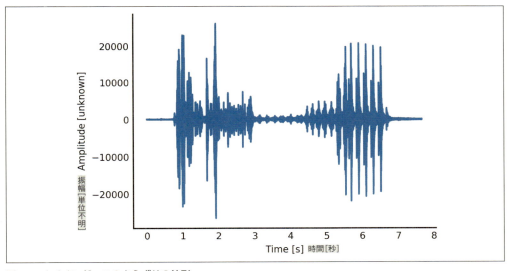

図4-5　ナイチンゲールのさえずりの波形

　これは不満が残りますね。この電圧をスピーカーに送ったら鳥のさえずりが聴こえるかもしれませんが、どう聴こえるか頭の中でイメージできません。起きていることがもっとわかりやすく**見えるよい方法**はないでしょうか。
　それが、あるのです。離散フーリエ変換（DFT）という手法です。**離散**は、時間間隔を空けて測定した音声からなる録音、という意味です。これは、例えば磁気テープ（カセットを覚えていますか？）上の連続的な録音とは異なります。DFT は通常 FFT というアルゴリズムを用いて計算しますが、**FFT** という用語を略式的に DFT そのものの意味で使うこともあります。DFT は、信号に含まれている周波数、つまり「音」が何かを教えてくれるのです。

当然ながら、鳥はさえずる間にたくさんの音を出すので、各音が**いつ**出されるのかも知りたいと思います。フーリエ変換は、時間領域（時間によって変化する測定値のセット）の信号を受け取り、スペクトル、つまり対応する複素数†の値を持つ周波数のセットに変換します。スペクトルには、時間の情報はまったく含まれないのです‡。

というわけで、音の周波数と音が出された時間の両方を知るためには、少し工夫が必要です。我々の戦略は、以下の通りです。音声信号を、重複部分のある短いスライスに切り分け、各スライスにフーリエ変換を行います（この手法は**短時間フーリエ変換**として知られています）。

以下では 1,024 個のサンプルを含むスライスに分割してみます。これは約 0.02 秒の音声に相当します。1,000 ではなく 1,024 分割を選んだ理由は、この後すぐ、性能を評価する際に説明します。2 つのスライスは、以下に示すように 100 個分のサンプルがずれるようにします。

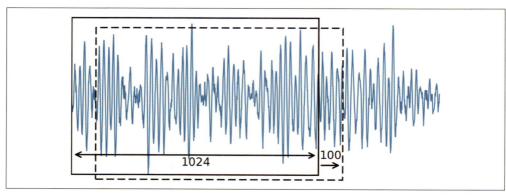

図4-6　スライスに分割

まず、信号を、1,024 個のサンプル値で構成され、1 つ前のスライスとサンプル 100 個分ずれるようなスライスに分割します。その結果得られる `slices` オブジェクトは、各行に 1 個のスライスを含みます。

```
from skimage import util

M = 1024

slices = util.view_as_windows(audio, window_shape=(M,), step=100)
print(f'Audio shape: {audio.shape}, Sliced audio shape: {slices.shape}')

Audio shape: (338081,), Sliced audio shape: (3371, 1024)
```

窓関数（基になる仮定とその解釈についての議論は、「4.6.2　窓を掛ける」を参照）を生成し、

---

† フーリエ変換は、要するに、様々な周波数の正弦波の集まりがどのように重ね合わさって入力信号が生成されているか、を教えてくれるものです。スペクトルは複素数で構成され、各複素数はそれぞれ 1 つの正弦波に対応します。1 つの複素数は、大きさと位相の 2 つの要素を表しています。大きさは信号中に含まれる正弦波の強さを、位相は時間シフトを表します。ここでは大きさにだけ興味があるので、`np.abs` で求めます。

‡ （近似的な）周波数と発生時間の両方を計算する技術の詳細を知りたい読者は、ウェーブレット解析を勉強してみてください。

信号に掛け合わせます。

```
win = np.hanning(M + 1)[:-1]
slices = slices * win
```

列ごとに1つのスライスがある方が便利なので、データを転置しておきます。

```
slices = slices.T
print('Shape of `slices`:', slices.shape)

Shape of `slices`: (1024, 3371)
```

各スライスのDFTを計算します。正負の周波数の両方が返されるので（詳細は「4.6.1　周波数とその並び順」で解説）、とりあえずは正のM2周波数だけを取り出しておきます。

```
spectrum = np.fft.fft(slices, axis=0)[:M // 2 + 1:-1]
spectrum = np.abs(spectrum)
```

（余談ですが、`scipy.fftpack.fft`と`np.fft`を同じ意味で使っています。NumPyが基本的なFFTの機能を提供し、SciPyがそれをさらに拡張しますが、どちらにもFortranで書かれたFFTPACKに基づいた`fft`関数が用意されています。）

スペクトルには、非常に大きい値と非常に小さい値の両方が含まれます。対数を取っておくと、範囲がかなり圧縮されます。

以下に、信号を信号の最大値で割った比の対数プロットを表示します（図4-7に表示）。比の単位はデシベル、すなわち $20 \log_{10}(振幅の比)$ にします。

```
f, ax = plt.subplots(figsize=(4.8, 2.4))

S = np.abs(spectrum)
S = 20 * np.log10(S / np.max(S))

ax.imshow(S, origin='lower', cmap='viridis',
          extent=(0, L, 0, rate / 2 / 1000))
ax.axis('tight')
ax.set_ylabel('Frequency [kHz]')
ax.set_xlabel('Time [s]');
```

かなりそれらしくなりましたね。これで周波数が時間とともに変化し、スペクトログラムが音声の聴こえ方に対応することがわかります。前述のさえずりの表現「チーチーウールヒーヒー、チートウィートホールチールウィウェオウェオウェオウェオウェオウェオ」と一致するでしょうか（3〜5秒の間の音声は、別の鳥のものなので、書き起こしていません）。

なお、SciPyパッケージにはこれまでの手順の実装がすでに`scipy.signal.spectrogram`（図4-8）として用意されており、以下のように呼び出します。

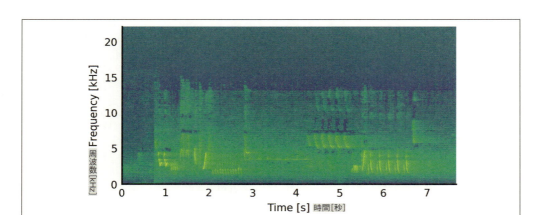

図4-7　鳥のさえずりのスペクトログラム

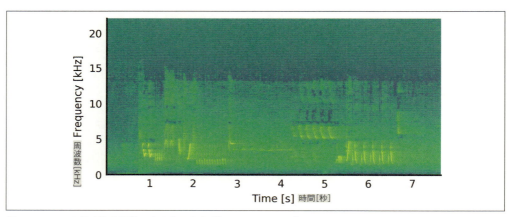

図4-8　SciPyの組み込み関数による鳥のさえずりのスペクトログラム

```
from scipy import signal

freqs, times, Sx = signal.spectrogram(audio, fs=rate, window='hanning',
                                      nperseg=1024, noverlap=M - 100,
                                      detrend=False, scaling='spectrum')

f, ax = plt.subplots(figsize=(4.8, 2.4))
ax.pcolormesh(times, freqs / 1000, 10 * np.log10(Sx), cmap='viridis')
ax.set_ylabel('Frequency [kHz]')
ax.set_xlabel('Time [s]');
```

我々が手作業で作成したスペクトログラムとSciPyの組み込み関数のスペクトログラムの唯一の違いは、SciPyがスペクトルの大きさの2乗（これにより電圧の測定値がエネルギーの測定値に

変換される）を返し、正規化係数†を掛けている点です。

4.3 歴史

フーリエ変換の正確な起源をたどるのは困難です。一部の手順はバビロニア時代まで遡りますが、1800 年代の初めにいくつかの突破口が開かれたのは、当時注目の話題であった隕石の軌道計算や熱（伝導）方程式の解を求めるためでした。クレロー、ラグランジュ、オイラー、ガウス、ダランベールのうち正確に誰に感謝すべきなのかははっきりしていませんが、高速フーリエ変換（DFT を計算するためのアルゴリズム。1965 年にクーリーとテューキーによって有名になった）を最初に表現したのはガウスでした。フーリエ変換の命名の基になったジョセフ・フーリエは、**任意の周期‡関数は三角関数の和で表されることを最初に主張した人**です。

4.4 実装

SciPy にある DFT の機能は、`scipy.fftpack` モジュールにあります。このモジュールは、以下の DFT 関連のコード群などを提供します。

`fft, fft2, fftn`
FFT のアルゴリズムを用いて DFT を 1、2、もしくは n 次元で計算する。

`ifft, ifft2, ifftn`
DFT の逆変換を計算する。

`dct, idct, dst, idst`
コサインおよびサイン変換とそれらの逆変換を計算する。

`fftshift, ifftshift`
周波数ゼロの成分をスペクトルの中央にシフトし（`fftshift`）、元の位置に戻す（`ifftshift`、詳細はのちほど）。

`fftfreq`
DFT のサンプリング周波数を返す。

`rfft`
実数列の DFT を計算する。その際、得られるスペクトルの対称性を利用して動作を向上させる。該当する場合、内部で `fft` が使用する。

このリストは以下の NumPy の関数によって補足されます。

`np.hanning, np.hamming, np.bartlett, np.blackman, np.kaiser`
テーパ窓関数。

---

† SciPy の処理ルーチンはスペクトル内のエネルギーの保存に努めています。このため、半分の成分（N が偶数）だけを取る場合は、最初と最後の成分以外の残りの成分に 2 を掛けます（最初と最後の成分は、スペクトルの両半分に「共有」されています）。また、窓をその総数で割って正規化しています。

‡ 実は、周期は無限でも構いません。今日の一般的な連続フーリエ変換は、対応できます。一般に DFT は有限幅において定義されますが、この幅は変換する時間領域関数の周期を暗に表します。つまり、逆 DFT を行うと、**常に**周期的な信号が得られます。

またDFTは、`scipy.sfignal.fftconvolve`が、大量の入力に高速畳み込みを実行する際にも使われます。

SciPyでは、FortranのFFTPACKライブラリを採用しています。このライブラリは世界最速ではありませんが、FFTWなどのパッケージと違って、許容的フリーソフトウェアライセンスで許諾されています。

4.5 DFTの長さを決定する

まともにDFTを計算しようとすると$O(N^2)$回の操作が必要です[†]。なぜでしょうか。異なる周波数（$2\pi f \times 0, 2\pi f \times 1; 2\pi f \times 3, ..., 2\pi f \times (N-1)$）を持つ$N$個の（複素）正弦波があって、信号が各正弦波とどのくらいよく一致するかを調べたいわけです。最初の正弦波から順に、信号との内積を取ります（この操作自体にもN回の乗法操作が伴います）。各正弦波に対してこの操作を1回ずつ、計N回繰り返すと、操作の合計はN^2回となるわけです。

では、これをFFTと比較します。FFTの場合は、理想的な場合では$O(N \log N)$回になります。計算を賢く再利用しているおかげです。すばらしく改良されましたね。しかし、FFTPACKに実装されている（ひいてはSciPyが使用する）古典的なクーリー-テューキー型アルゴリズムでは、変換をサイズが小さい素数の断片に分割統治するので、「滑らかな」入力長の場合にだけ改良の効果が出ます（入力長が滑らかとみなされるのは、図4-9に示されるように最大素因数が小さい場合）。サイズが大きな素数の断片の場合には、BluesteinのアルゴリズムやRaderのアルゴリズムをクーリー-テューキー型アルゴリズムと組み合わせて使えますが、この最適化はFFTPACKには実装されていません[‡]。

以下に例を示します。

```
import time

from scipy import fftpack
from sympy import factorint

K = 1000
lengths = range(250, 260)

# Calculate the smoothness for all input lengths   すべての入力長の「滑らかさ」（最大素因数）を求める。
smoothness = [max(factorint(i).keys()) for i in lengths]

exec_times = []
```

[†] コンピュータ科学の世界では、アルゴリズムの計算コストはよく「大文字のO」の記法で表されます。この記法は、アルゴリズムの実行時間が要素の増加にどのように比例するかの指標となります。アルゴリズムが$O(N)$ならば、実行時間は入力要素数Nに比例して増えます（例えば、ソートされていないリスト中から特定の値を探すのは、$O(N)$です）。バブルソートは、$O(N^2)$のアルゴリズムの一例で、実行される正確な操作数は理論上$N + 1/2N^2$となり、計算コストは入力要素数の2乗に比例して増えることを意味します。

[‡] 既存のアルゴリズムの再実装はなるべく避けたいものですが、時には可能である最高の実行速度を得るために必要な場合もあります。その際には、PythonをCにコンパイルするCython（http://cython.org）や、Pythonコードの実行時コンパイルを行うNumba（http://numba.pydata.org）などのツールを使うと、とても楽に（そして高速に）なります。GPLライセンスで許諾されたソフトウェアが使えるなら、PyFFTW（https://github.com/hgomersall/pyFFTW）を使ってさらに高速なFFTを行うことを検討してもよいでしょう。

```
for i in lengths:
    z = np.random.random(i)

    # For each input length i, execute the FFT K times
    # and store the execution time    各入力長 i について、FFT を K 回実行し実行時間を格納する。

    times = []
    for k in range(K):
        tic = time.monotonic()
        fftpack.fft(z)
        toc = time.monotonic()
        times.append(toc - tic)

    # For each input length, remember the *minimum* execution time
    exec_times.append(min(times))    各入力長について、最短実行時間を記録する。

f, (ax0, ax1) = plt.subplots(2, 1, sharex=True)
ax0.stem(lengths, np.array(exec_times) * 10**6)
ax0.set_ylabel('Execution time (µs)')

ax1.stem(lengths, smoothness)
ax1.set_ylabel('Smoothness of input length\n(lower is better)')
ax1.set_xlabel('Length of input');
```

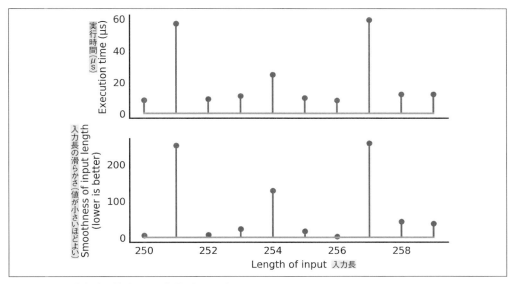

図4-9　FFTの実行時間対異なる入力長の滑らかさ

　直観的な説明は、N が「滑らかな」数の場合は、FFTを多数の小さな断片に分割できます。最初の断片に対してFFTを行った後は、その結果をそれ以降の計算に再利用できます。これが前出の音声のスライスの例で長さに1,024を選んだ理由です。この数は「滑らかさ」（最大素因数）が

2 なので、最適な radix-2 クーリー - テューキー型アルゴリズムを適用でき、FFT の計算を $N^2 =$ 1,048,576 回ではなく $(N/2) \log_2 N = 5{,}120$ 回の複素乗算で実行できるのです。$N = 2^m$ を選ぶと、常に最大限に滑らかな N（したがって最高速の FFT）が保証されます。

4.6　さらなるDFTの概念

続いて、フーリエ変換という大ワザを使う前に知っておくとよい一般的な概念を 2 つ紹介します。それが済んだら、いよいよ、レーダデータの目標検知解析という実世界の問題に挑戦します。

4.6.1　周波数とその並び順

歴史的な理由で、ほとんどの実装が返す配列は、周波数が低高低という順番に並んでいます（周波数のより詳しい解説は次ページの囲み「離散フーリエ変換（DFT）」を参照）。例えば、すべての値が 1 である信号に実フーリエ変換を行うとします。この入力は変化しないので、最もゆっくりした、定数のフーリエ成分（別名は DC（direct current）、または直流と呼ばれる成分で、「信号の平均値」を表す電子用語）が最初の要素に登場します。

```
from scipy import fftpack
N = 10

fftpack.fft(np.ones(N))  # The first component is np.mean(x) * N    第1成分は np.mean(x) * N

array([ 10.+0.j,    0.+0.j,    0.+0.j,    0.+0.j,    0.+0.j,    0.+0.j,
         0.-0.j,    0.-0.j,    0.-0.j,    0.-0.j])
```

高速で変化する信号に FFT を行うと、高周波数の成分が現れます。

```
z = np.ones(10)
z[::2] = -1

print(f'Applying FFT to {z}')
fftpack.fft(z)

Applying FFT to [-1.  1. -1.  1. -1.  1. -1.  1. -1.  1.]

array([  0.+0.j,    0.+0.j,    0.+0.j,    0.+0.j,    0.+0.j, -10.+0.j,
         0.-0.j,    0.-0.j,    0.-0.j,    0.-0.j])
```

FFT は複素スペクトルを返し、これは入力が実数の場合、共役対称（つまり実部が対称で虚部が非対称）であることに注意してください。

```
x = np.array([1, 5, 12, 7, 3, 0, 4, 3, 2, 8])
X = fftpack.fft(x)

np.set_printoptions(precision=2)
```

```
print("Real part:      ", X.real)
print("Imaginary part:", X.imag)

np.set_printoptions()

Real part:       [ 45.     7.09 -12.24  -4.09  -7.76 -1.    -7.76  -4.09 -12.24
                    7.09]
Imaginary part: [  0.   -10.96  -1.62  12.03   6.88  0.    -6.88 -12.03   1.62
                   10.96]
```

（ここでも、第 1 成分が np.mean(x) * N であることを思い出してください。）
fftfreq 関数を用いると、具体的にどの周波数を見ているのかがわかります。

```
fftpack.fftfreq(10)

array([ 0. ,  0.1,  0.2,  0.3,  0.4, -0.5, -0.4, -0.3, -0.2, -0.1])
```

上の結果から、周波数が 0.5 サイクル毎サンプルのところで最大成分が発生したことがわかります。これは入力に合致します。入力は、マイナス 1、プラス 1 のサイクルが 2 サンプルごとに反復されるからです。

場合によっては、負の大きな値、正の小さな値、正の大きな値、というように並べ方を少し変えたスペクトルを眺める方が便利なことがあります（現時点では、負の周波数の概念については、実世界の正弦波は正負の周波数の重ね合わせでできていると述べておく以外は、あまり深入りしないでおきます）。スペクトルを並べ替えるには、fftshift 関数を用います。

離散フーリエ変換（DFT）

DFT は、時間（もしくは用途によっては別の変数）の関数 $x(t)$ の、等間隔に並んだ N 個の実数または複素数のサンプル $x_0, x_1, ...x_{N-1}$ を、以下の総和によって N 個の複素数 X_k の列に変換します。

$$X_k = \sum_{n=0}^{N-1} x_n e^{-j2\pi kn/N}, \ k = 0, 1, \ldots, N-1$$

X_k の値がわかっている場合、逆 DFT は以下の総和でサンプルの値 x_n を**正確**に復元します。

$$x_n = \frac{1}{N} \sum_{k=0}^{N-1} X_k e^{j2\pi kn/N}$$

$e^{j\theta} = \cos\theta + j\sin\theta$ であることを念頭に置くと、直前の方程式は、DFT が数列 x_n を、係数 X_k の複素離散フーリエ級数に分解したことがわかります。DFT を以下の複素フーリエ級数と比較してみましょう。

$$x(t) = \sum_{n=-\infty}^{\infty} c_n e^{jn\omega_0 t}$$

DFTはN個の項を持つ有限級数で、各項は$[0, 2\pi)$（すなわち0を**含み**2πを**含まない**）の間で、等間隔の離散的な**位相**$(\omega_0 t_n) = 2\pi \frac{k}{N}$において定義されます。これによりDFTは自動的に正規化されるので、正変換でも、逆変換でも時間は陽に現れません。

元の関数$x(t)$の周波数がサンプリング周波数の半分（いわゆるナイキスト周波数）未満に限られる場合は、逆DFTが生成するサンプル値を補間すると、通常は$x(t)$のデータが忠実に復元されます。$x(t)$の周波数にこの制限が**ない**場合は、通常、逆DFTを使った補間による復元はできません。ただ、この制限は、復元させる手法が**まったくない**ことを意味するわけではないことに注意してください。興味のある方は、例えば、圧縮センシングや、有限イノベーションレートのサンプリングを参照してください。

関数$e^{j2\pi k/N} = (e^{j2\pi/N})^k = w^k$は、複素平面上の単位円の円周上で0と$2\pi \frac{N-1}{N}$の間で離散的な値を取ります。関数$e^{j2\pi kn/N} = w^{kn}$は、原点を$n\frac{N-1}{N}$回周るので、$n = 1$である基本の正弦波の高調波を生成します。

本章におけるDFTの定義では、Nが偶数の場合には、$n > \frac{N}{2}$において、興味深いことになります[†]。図4-9では、関数$e^{j2\pi kn/N}$を、$N = 16$の場合に$n=1$と$n=N-1$においてkの増加とともにプロットしています。kがkから$k+1$に増加すると、位相は$2\pi n/N$だけ増加します。$n=1$の場合は、増加は$2\pi/N$になります。$n=N-1$の場合には、位相は$2\pi\frac{N-1}{N} = 2\pi - \frac{2\pi}{N}$だけ増加します。$2\pi$は正確に円の周りを1周するので、この増加は$-2\pi n/N$と同値です。つまり、負の周波数の方向です。$N/2$までの成分は**正**の周波数を表し、$N/2$より大きく$N-1$以下の成分は**負**の周波数を表します。Nが偶数の場合の$N/2$成分の位相の増加量は、kが1増えるごとに円周を正確に半周するので、正か負どちらの周波数とも解釈できます。DFTのこの成分はナイキスト周波数（つまりサンプリング周波数の半分）を表し、DFTの画像を見る際の方向付けに役立ちます。

一方、FFTは、単にDFTを計算するための特殊で高度に効率的なアルゴリズムなのです。DFTをまともに計算すると、完了までN^2回の計算が必要ですが、FFTのアルゴリズムは$N \log N$のオーダーの計算で済むのです。DFTがリアルタイムアプリケーションに広く使われるようになったのは、FFTが要でした。FFTは2000年に、IEEEの学術誌「Computing in Science & Engineering」の20世紀のトップ10アルゴリズムのリストに入りました。

[†] Nが奇数である場合の考察は、読者の演習問題としておきます。本章のすべての例では偶次数のDFTを用います。

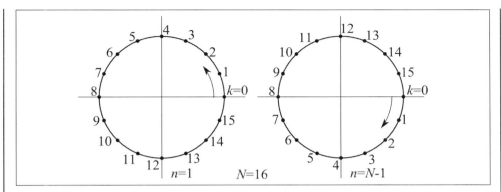

図4-10 単位円上のサンプル

ノイズの多い画像（**図4-11**）の周波数成分を調べてみましょう。静止画像には時間変化する成分はありませんが、**空間**的に変化することに注意してください。DFTは時空間どちらの場合にも同様に適用できます。

まず、画像を読み込んで表示します。

```
from skimage import io
image = io.imread('images/moonlanding.png')
M, N = image.shape

f, ax = plt.subplots(figsize=(4.8, 4.8))
ax.imshow(image)

print((M, N), image.dtype)

(474, 630) uint8
```

おかしいのは画像なので、モニタの調整は不要です！ ご覧の画像は本物ですが、測定機か送信機のどちらかで明らかに歪められています。

画像は多次元なので、スペクトルを調べるには（fftではなく）fftnを使ってDFTを計算します。2次元のFFTは、1次元のFFTを最初に各行に対して行い、続いて各列に対して行うことと同値です。順番が逆でも同じ結果になります。

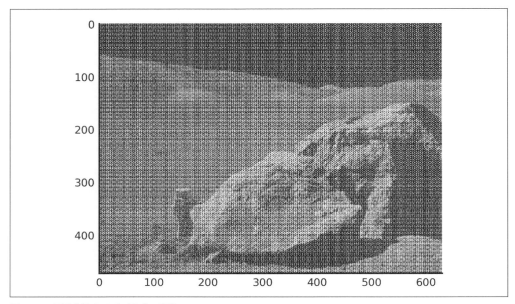

図4-11 月面着陸のノイズの多い画像

```
F = fftpack.fftn(image)

F_magnitude = np.abs(F)
F_magnitude = fftpack.fftshift(F_magnitude)
```

ここでも、表示する前に、スペクトルの対数を取って値の範囲を圧縮しておきます。

```
f, ax = plt.subplots(figsize=(4.8, 4.8))

ax.imshow(np.log(1 + F_magnitude), cmap='viridis',
          extent=(-N // 2, N // 2, -M // 2, M // 2))
ax.set_title('Spectrum magnitude');
```

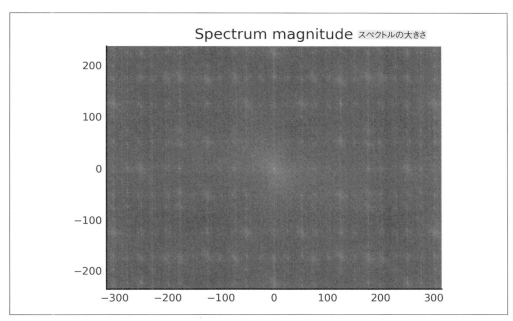

図4-12 ノイズの多い画像のスペクトル（月面着陸の画像）

　スペクトルの原点（中央）の周りに大きな値があることに注目してください。中央付近の係数は、低い周波数を、つまり画像の滑らかな部分を表しています。写真のぼんやりしたキャンバスの部分です。スペクトルの全体に広がっている高周波成分が、輪郭や細部を埋めています。高い周波数の周りにあるピーク値は、周期的なノイズに相当します。

　写真から、測定由来のノイズが非常に周期的であることがわかるので、スペクトルの相当する部分をゼロにすることでノイズの除去を試みます（**図4-13**）。

　ピーク部分を抑制した画像は、確かにすいぶん違って見えます。

```
# Set block around center of spectrum to zero     スペクトルの中心周辺のブロックをゼロに置き換える。
K = 40
F_magnitude[M // 2 - K: M // 2 + K, N // 2 - K: N // 2 + K] = 0

# Find all peaks higher than the 98th percentile  98パーセンタイルより高いピークをすべて見つける。
peaks = F_magnitude < np.percentile(F_magnitude, 98)

# Shift the peaks back to align with the original spectrum
peaks = fftpack.ifftshift(peaks)                  ピークをシフトして元のスペクトルの値に揃える。

# Make a copy of the original (complex) spectrum  元の（複素）スペクトルのコピーを取る。
F_dim = F.copy()

# Set those peak coefficients to zero             見つけたピークの係数をゼロにする。
```

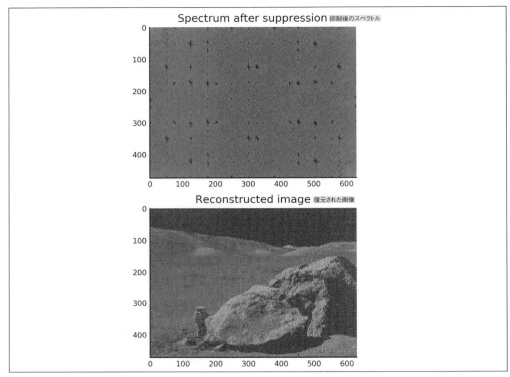

図4-13　フィルタをかけた月面上陸の画像とスペクトル

```
F_dim = F_dim * peaks.astype(int)

# Do the inverse Fourier transform to get back to an image.
# Since we started with a real image, we only look at the real part of
# the output.     逆フーリエ変換を行い画像に戻す。実数の画像を基にしたので、出力の実部だけを取り出す。
image_filtered = np.real(fftpack.ifft2(F_dim))

f, (ax0, ax1) = plt.subplots(2, 1, figsize=(4.8, 7))
ax0.imshow(np.log10(1 + np.abs(F_dim)), cmap='viridis')
ax0.set_title('Spectrum after suppression')

ax1.imshow(image_filtered)
ax1.set_title('Reconstructed image');
```

4.6.2　窓を掛ける

矩形パルスのフーリエ変換を調べると、スペクトル中にかなりのサイドローブが見えます。

```
x = np.zeros(500)
x[100:150] = 1
```

```
X = fftpack.fft(x)

f, (ax0, ax1) = plt.subplots(2, 1, sharex=True)

ax0.plot(x)
ax0.set_ylim(-0.1, 1.1)

ax1.plot(fftpack.fftshift(np.abs(X)))
ax1.set_ylim(-5, 55);
```

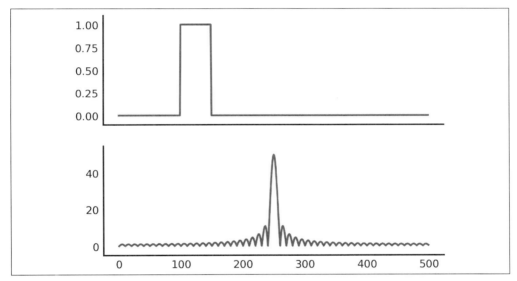

図4-14　矩形パルスとそのフーリエ変換

　急激な変化を表すには、理論上は無限個の正弦波（周波数）の重ね合わせが必要になります。係数は、典型的に、上のパルスの例と同じようなサイドローブの構造を持ちます。

　ここで重要なのは、DFT自体が入力信号は周期的という仮定をしていることです。この仮定があるため、断片的な信号の場合は、信号の終点から、最初の値に跳んで戻ることになります。以下のような関数 $x(t)$ を考えてみましょう。

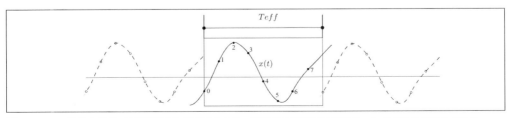

図4-15　DFTは入力信号x(t)が周期的と仮定するため、断片的な信号では端でジャンプが生じる場合がある

信号を、図4-15にT_{eff}とラベル付けした短い時間だけ測定します。フーリエ変換は、$x(8) = x(0)$であることを仮定するため、シグナルは実線ではなく破線のように続いていくと仮定されます。したがって、端で大きなジャンプが導入されてしまい、予期されるスペクトルの振動は以下のようになってしまいます。

```
t = np.linspace(0, 1, 500)
x = np.sin(49 * np.pi * t)

X = fftpack.fft(x)

f, (ax0, ax1) = plt.subplots(2, 1)

ax0.plot(x)
ax0.set_ylim(-1.1, 1.1)

ax1.plot(fftpack.fftfreq(len(t)), np.abs(X))
ax1.set_ylim(0, 190);
```

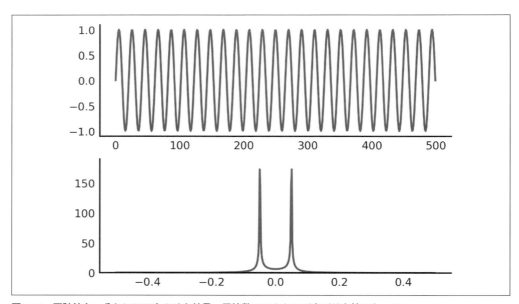

図4-16　正弦波と、それにDFTをかけた結果、周波数スペクトルが広がりを持つケース

ピークは、期待した2本の線ではなく、スペクトルの中で広がりを持ってしまいます。

この現象に対処するには、**窓を掛ける**という処理を行います。具体的には、元の関数にカイザー窓$K(N, \beta)$などの窓関数を掛け合わせます。ここでは、結果をβが0から5の範囲で可視化してみます。

```
f, ax = plt.subplots()

N = 10
beta_max = 5
colormap = plt.cm.plasma

norm = plt.Normalize(vmin=0, vmax=beta_max)

lines = [
    ax.plot(np.kaiser(100, beta), color=colormap(norm(beta)))
    for beta in np.linspace(0, beta_max, N)
    ]

sm = plt.cm.ScalarMappable(cmap=colormap, norm=norm)

sm._A = []

plt.colorbar(sm).set_label(r'Kaiser $\beta$');
```

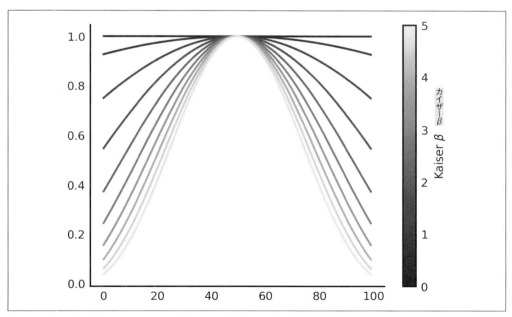

図4-17　カイザー窓

パラメータ β の値を変えることにより、窓の形を矩形（$\beta = 0$、窓がない）から、サンプリングした区間の端でゼロから滑らかに増加して、またゼロまで減少するシグナルを生成し、サイドローブが非常に低い窓（典型的な β の範囲は5から10の間）まで変化させることができます[†]。

先ほどの例でカイザー窓を適用すると、メインローブがわずかに広がるという代償は払いましたが、サイドローブが劇的に減少したことがわかります。

先ほどの例で窓関数を掛けた効果は一目瞭然でしょう。

```
win = np.kaiser(len(t), 5)
X_win = fftpack.fft(x * win)

plt.plot(fftpack.fftfreq(len(t)), np.abs(X_win))
plt.ylim(0, 190);
```

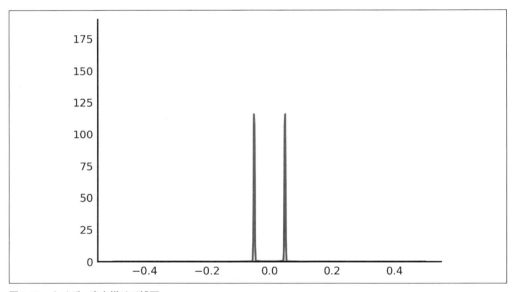

図4-18　カイザー窓を掛けて補正

[†] 古典的な窓関数には、ハン窓、ハミング窓、ブラックマン窓などがあります。それぞれの窓関数は、（フーリエ領域の）サイドローブの振幅とメインローブの幅に違いがあります。現代的かつ柔軟で、たいていの用途で最適に近い結果が得られる窓関数は、カイザー窓です。これは、最も多くのエネルギーをメインローブに集める最適扁長楕円体窓のよい近似になっています。カイザー窓は、パラメータ β を調節すれば、先ほど解説したように特定の用途に合わせたチューニングができます。

4.7　実世界の応用例：レーダデータの解析

　線形変調した FMCW（FM 連続波、Frequency-Modulated Continuous-Wave）レーダは、信号処理に FFT アルゴリズムを広く利用しており、FFT の様々な応用例を提供してくれます。本節では FMCW レーダから得られた実際のデータを使い、代表的な応用の 1 つである目標検知を紹介します。

　おおまかに言うと、FMCW レーダは以下のように機能します（詳しくは次ページの囲み「簡単な FMCW レーダシステム」と図 4-19 を参照）。

1. まず、周波数が変動する信号が生成されます。この信号がアンテナから送信され、レーダから離れる方向に外向きに伝搬します。信号が対象物にぶつかると、信号の一部が反射されてレーダに戻り受信され、送信された信号の複製と掛け合わせられたのち、サンプリングされ、数値として配列に格納されます。レーダ信号の解析の目的は、この数値を解釈して意味のある結果を得ることです。
2. 信号の掛け合わせのステップは重要です。学校で勉強した三角関数の公式を思い出してください。

$$\sin(xt)\sin(yt) = \frac{1}{2}\left[\sin\left((x-y)t + \frac{\pi}{2}\right) - \sin\left((x+y)t + \frac{\pi}{2}\right)\right]$$

3. 公式により、受信した信号を送信した信号と掛け合わせると、送信した信号と受信した信号の周波数の差と和の 2 つの周波数成分がスペクトルに現れることが予期されます。
4. 差の成分は、信号が反射されてからレーダに戻るまでの時間（つまり、対象物と我々との距離）の指標となるため、特に重要です。それ以外の信号は、高周波を除去するローパスフィルタをかけて除去します。

注意点を以下にまとめました。

- コンピュータに到達するデータは、（掛け合わされてフィルタリングされた信号を）サンプリング周波数 f_s でサンプリングした N 個のサンプルで構成される。
- 戻ってきた信号の**振幅**は、**反射の強度**によって決まる（つまり、標的の物体の特性と標的とレーダの距離による）。
- **測定された周波数**が、標的の物体とレーダの**距離**の指標となる。

　我々のレーダデータの解析は、初めにまず人工的な信号を生成します。続いて、実測されたレーダの出力に焦点を当てます。

　レーダは送信しながら周波数を S Hz/s の割合で増加させていることを思い出してください。時間 t の経過後には、周波数が tS だけ高くなっています（図 4-20）。この間に、レーダ信号は $d = t/v$ m だけ進みます。ここで v は、送信された波が大気を進む速度です（光速と同じ 3×10^8 m/s）。

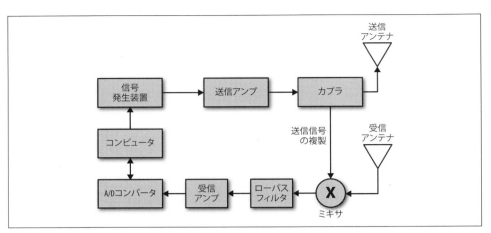

図4-19　簡単なFMCWレーダシステムのブロック図

　上に、送信と受信に別のアンテナを使う簡単なFMCWレーダのブロック図を示しました。レーダは、必要な送信周波数の付近で線形的に変化する正弦波信号を生成する信号発生装置で構成されます。生成された信号は送信アンプによって必要な電力に増幅され、送信信号の複製がタップオフされるカプラ回路を経由して送信アンテナに送られます。送信アンテナは、送信信号を細い電磁波ビームとして、検知すべき標的に向けて放射します。波が電磁波を反射する対象物にぶつかると、標的を照射したエネルギーの一部が、2つ目の電磁波として受信機に向かって反射され、レーダに向かって伝搬します。この波が受信アンテナにぶつかると、アンテナに衝突した波のエネルギーを集めて、電圧信号に変換し、それがミキサに送られます。ミキサは、受信信号を送信信号の複製と掛け合わせて、送信信号と受信信号の周波数の差に等しい周波数を持つ正弦波を生成します。ローパスフィルタは受信した信号を確実に帯域制限（興味のない周波数が含まれないこと）し、受信アンプがA/Dコンバータに適した振幅に信号を増幅し、A/Dコンバータがコンピュータにデータを送ります。

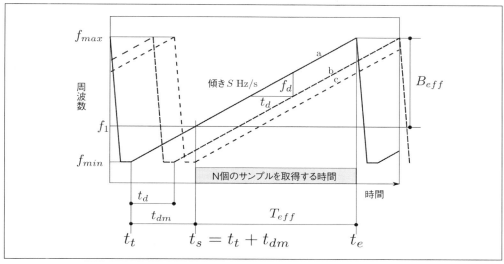

図4-20 線形周波数変調のあるFMCWレーダの周波数の関係

上記の観測値を総合すると、信号が距離 R だけ離れた標的に到達し、反射し、戻ってくる時間を計算できます。

$$t_R = 2R/v$$

```
pi = np.pi

# Radar parameters     レーダのパラメータ
fs = 78125          # Sampling frequency in Hz, i.e., we sample 78125
                    # times per second
                        サンプリング周波数、単位はヘルツ、1秒間に78,125回サンプリングする。
ts = 1 / fs         # Sampling time, i.e., one sample is taken each
                    # ts seconds    サンプリング時間、ts秒ごとに1個のサンプルを取得する。

Teff = 2048.0 * ts  # Total sampling time for 2048 samples
                    # (AKA effective sweep duration) in seconds.
                    2,048個のサンプルを取得するのにかかる総サンプリング時間（有効掃引時間）、単位は秒。
Beff = 100e6        # Range of transmit signal frequency during the time the
                    # radar samples, known as the "effective bandwidth"
                    # (given in Hz)
                            レーダがサンプリングする間の送信信号の帯域幅（有効帯域）、単位はヘルツ。
S = Beff / Teff     # Frequency sweep rate in Hz/s     周波数掃引速度、単位はヘルツ/秒。

# Specification of targets.  We made these targets up, imagining they
# are objects seen by the radar with the specified range and size.
        標的の仕様。本例では指定したレンジと大きさを持つ、レーダが捉えた対象物を想像して標的を創作した。
R = np.array([100, 137, 154, 159, 180])  # Ranges (in meter)   レンジ（標的までの距離、単位はメートル）
M = np.array([0.33, 0.2, 0.9, 0.02, 0.1]) # Target size        標的の大きさ。
```

```python
P = np.array([0, pi / 2, pi / 3, pi / 5, pi / 6])  # Randomly chosen phase offsets
                                                   # 無作為に選んだ位相のオフセット。
t = np.arange(2048) * ts  # Sample times
                          # サンプリングした時刻。

fd = 2 * S * R / 3E8      # Frequency differences for these targets   この標的の場合の周波数の差。

# Generate five targets    5個の標的を生成する。
signals = np.cos(2 * pi * fd * t[:, np.newaxis] + P)

# Save the signal associated with the first target as an example for
# later inspection          最初の標的に関連する信号を後で調べるために保存する。
v_single = signals[:, 0]

# Weigh the signals, according to target size and sum, to generate
# the combined signal seen by the radar.   標的の大きさに合わせて信号に重みを付けて総和を取り、
v_sim = np.sum(M * signals, axis=1)        レーダから見える信号の総和を生成する。

## The above code is equivalent to:        上記のコードは以下と同値。
# v0 = np.cos(2 * pi * fd[0] * t)
# v1 = np.cos(2 * pi * fd[1] * t + pi / 2)
# v2 = np.cos(2 * pi * fd[2] * t + pi / 3)
# v3 = np.cos(2 * pi * fd[3] * t + pi / 5)
# v4 = np.cos(2 * pi * fd[4] * t + pi / 6)
#
## Blend them together     信号を重ね合わせる。
# v_single = v0
# v_sim = (0.33 * v0) + (0.2 * v1) + (0.9 * v2) + (0.02 * v3) + (0.1 * v4)
```

上の例では、単一の標的を見ている時に受信した人工的な信号 v_single を生成してみました（図 4-21 を参照）。所定の期間に見えたサイクルの数を数えれば、信号の周波数、ひいては標的までの距離を計算できます。

しかし、実物のレーダが単一のエコーを受信することは稀です。シミュレートした信号 v_sim は、異なるレンジ（そのうち 2 個は 154 m、159 m と近接している）に 5 個の標的がある時にレーダの信号がどう見えるかを示しています。また、$v_\mathrm{actual}(t)$ は、実際のレーダで得られた出力信号を示しています。複数のエコーの総和を取ってしまうと、結果の意味がわかりませんが（図 4-21）、DFT のメガネを通してより注意深く眺めると、わかるようになります。

実世界のレーダデータは NumPy 形式の .npz ファイル（軽量で、複数のプラットフォームに対応し、複数のバージョン間の互換性がある記録フォーマット）から読み込まれます。この形式のファイルは、関数 np.savez や np.savez_compressed を使って保存します。また、SciPy の io サブモジュールを使えば、MATLAB 形式や NetCDF 形式のファイルも簡単に読めます。

```python
data = np.load('data/radar_scan_0.npz')

# Load variable 'scan' from 'radar_scan_0.npz'   変数 'scan' を 'radar_scan_0.npz' からロードする。
scan = data['scan']
```

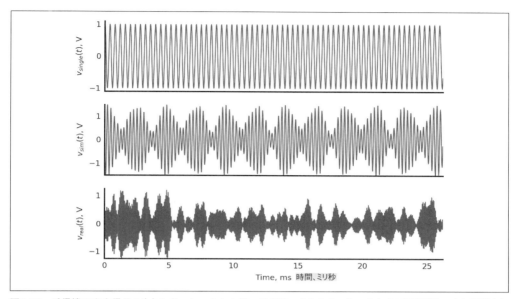

図4-21 受信機の出力信号：(a) シミュレートした単一の標的、(b) シミュレートした5個の標的、(c) 実測されたレーダデータ

```
# The dataset contains multiple measurements, each taken with the
# radar pointing in a different direction.  Here we take one such as
# measurement, at a specified azimuth (left-right position) and elevation
# (up-down position).  The measurement has shape (2048,).
```
データセットには、レーダがそれぞれ異なる方向を向いている時に測定された複数の観測値が格納されている。ここではその1つを使用する。ある特定の方位角（左右の位置）と仰角（上下の位置）に対応するもの。観測値の形状は (2048,)。
```
v_actual = scan['samples'][5, 14, :]

# The signal amplitude ranges from -2.5V to +2.5V.  The 14-bit
# analogue-to-digital converter in the radar gives out integers
# between -8192 to 8192.  We convert back to voltage by multiplying by
# $(2.5 / 8192)$.
```
信号の振幅は -2.5V と +2.5V の間で変化する。レーダの 14 ビットの A/D コンバータは、-8192 と 8192 の間の整数を出力するので、ここではそれに (2.5 / 8192) を掛けて電圧に戻す。
```
v_actual = v_actual * (2.5 / 8192)
```

.npz ファイルには複数の変数を保存できるので、取り出したい変数を選択する必要があります。例えば data['scan'] とすれば、以下のフィールドを持つ**構造化された NumPy 配列**が返されます。

time
    符号なし64ビット（8バイト）整数（np.uint64）
size
    符号なし32ビット（4バイト）整数（np.uint32）

```
position
    az
        32 ビット浮動小数点数（np.float32）
    el
        32 ビット浮動小数点数（np.float32）
    region_type
        符号なし 8 ビット（1 バイト）整数（np.uint8）
    region_ID
        符号なし 16 ビット（2 バイト）整数（np.uint8）
    gain
        符号なし 8 ビット（1 バイト）整数（np.uint8）
    samples
        2,048 個の符号なし 16 ビット（2 バイト）整数（np.uint8）
```

NumPy 配列は**均一**（内部の全要素の型が同じ）であることは確かですが、上の例のように、データが複合要素であっても構いません。

個々のフィールドデータには、辞書の構文規則を使ってアクセスできます。

```
azimuths = scan['position']['az']   # Get all azimuth measurements すべての方位角の測定値を取得する。
```

本節では、測定値 v_{sim} と v_{actual} は、複数ある対象物のそれぞれに反射された正弦波信号の総和だということがわかりました。次の作業は、レーダの複合信号を構成する個々の成分を判定することです。それをやってくれるツールこそが FFT です。

4.7.1　周波数領域の信号特性

まず最初に、上の例の 3 つの信号（人工的な単一の標的、人工的な複数の標的、実測値）に対して FFT を行い、正の周波数成分（0 から $N/2$ までの成分。**図 4-22** を参照）を表示します。レーダ業界用語ではこれを**レンジトレース**と呼びます。

```
fig, axes = plt.subplots(3, 1, sharex=True, figsize=(4.8, 2.4))

# Take FFTs of our signals.  Note the convention to name FFTs with a
# capital letter.      信号に FFT をかける。慣習としては、FFT をかけた出力の変数名の先頭は大文字にする。

V_single = np.fft.fft(v_single)
V_sim = np.fft.fft(v_sim)
V_actual = np.fft.fft(v_actual)

N = len(V_single)

with plt.style.context('style/thinner.mplstyle'):
    axes[0].plot(np.abs(V_single[:N // 2]))
```

```
axes[0].set_ylabel("$|V_\mathrm{single}|$")
axes[0].set_xlim(0, N // 2)
axes[0].set_ylim(0, 1100)

axes[1].plot(np.abs(V_sim[:N // 2]))
axes[1].set_ylabel("$|V_\mathrm{sim} |$")
axes[1].set_ylim(0, 1000)

axes[2].plot(np.abs(V_actual[:N // 2]))
axes[2].set_ylim(0, 750)
axes[2].set_ylabel("$|V_\mathrm{actual}|$")

axes[2].set_xlabel("FFT component $n$")

for ax in axes:
    ax.grid()
```

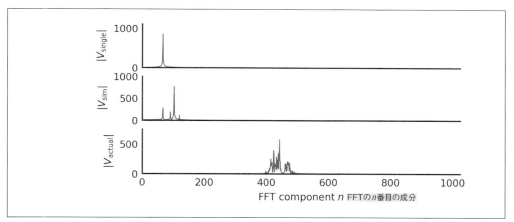

図4-22 レンジトレース。(a) 単一標的のシミュレーション、(b) 複数標的のシミュレーション、(c) 実際の標的からの応答

情報が急に現実味を帯びましたね。

$|V_\mathrm{single}|$ のプロットでは、明らかに 67 番目の成分に標的が見えます。$|V_\mathrm{sim}|$ のプロットには、時間領域では解釈不能だった信号を生成した標的が見えます。本物のレーダ信号 $|V_\mathrm{actual}|$ には、400番から500番目の成分に多数の標的が見え、443番目の成分には大きなピークが見えます。これは、露天掘り鉱山の高い壁を照射したレーダからの反射波として戻ってきたエコーです。

プロットから有用な情報を得るには、「レンジ」と呼ばれる、標的までの距離を判定する必要があります。再び、以下の公式を使います。

$$R_n = \frac{nv}{2B_\mathrm{eff}}$$

レーダ業界用語では、DFT の各成分のことを**レンジビン**と呼びます。

この式はまた、レーダのレンジ分解能も定義しています。標的が識別可能なのは、間隔が 2 レ

ンジビンより離れている場合です。例えば、

$$\Delta R > \frac{1}{B_{\text{eff}}}$$

これは、どのレーダに共通する基本的な性質です。

以上の結果はとても満足のいくものですが、ダイナミックレンジがあまりにも大きいので、ピークをいくつか見落とすおそれがあります。本章の前方でしたように、スペクトログラムの対数を取っておきましょう。

```
c = 3e8  # Approximately the speed of light and of
         # electromagnetic waves in air    光速および大気中の電磁波の速度とほぼ同じ。

fig, (ax0, ax1, ax2) = plt.subplots(3, 1)

def dB(y):
    "Calculate the log ratio of y / max(y) in decibel."

    y = np.abs(y)
    y /= y.max()

    return 20 * np.log10(y)

def log_plot_normalized(x, y, ylabel, ax):
    ax.plot(x, dB(y))
    ax.set_ylabel(ylabel)
    ax.grid()

rng = np.arange(N // 2) * c / 2 / Beff

with plt.style.context('style/thinner.mplstyle'):
    log_plot_normalized(rng, V_single[:N // 2], "$|V_0|$ [dB]", ax0)
    log_plot_normalized(rng, V_sim[:N // 2], "$|V_5|$ [dB]", ax1)
    log_plot_normalized(rng, V_actual[:N // 2], "$|V_{\mathrm{actual}}|$ [dB]"
        , ax2)

ax0.set_xlim(0, 300)  # Change x limits for these plots so that
ax1.set_xlim(0, 300)  # we are better able to see the shape of the peaks.
ax2.set_xlim(0, len(V_actual) // 2)  プロットのx軸の範囲を変更してピークの形がよく見えるようにする。
ax2.set_xlabel('range')
```

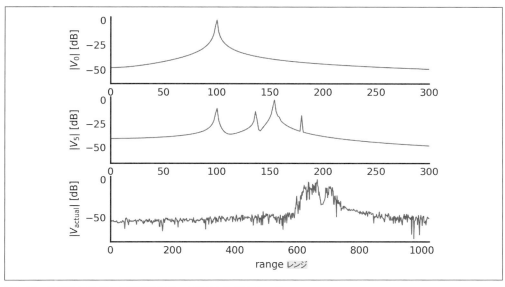

図4-23　スペクトログラムの対数を取った後のレンジトレース

　上のプロットでは、見えるダイナミックレンジがかなり改善されました。例えば、実測されたレーダ信号では、レーダの**ノイズフロア**（レーダの標的検出能力が制限され始めるシステムの電子ノイズレベル）が可視化されました。

4.7.2　窓を掛ける：応用編

　ゴールは目前ですが、シミュレートした信号のスペクトルにおいて 154 m と 159 m のピークが識別できません。これでは実際の信号で何を見落とすかわかりませんね。ピークを明瞭にするため、我々のソフトウェアツールボックスに戻って**窓関数**を利用しましょう。

　これまで使用してきた信号に $\beta = 6.1$ のカイザー窓を掛けると、以下の結果が得られました。

```
f, axes = plt.subplots(3, 1, sharex=True, figsize=(4.8, 2.8))

t_ms = t * 1000  # Sample times in milli-second          サンプリング時間、単位は ms。

w = np.kaiser(N, 6.1)  # Kaiser window with beta = 6.1    beta = 6.1 のカイザー窓。

for n, (signal, label) in enumerate([(v_single, r'$v_0 [V]$'),
                                      (v_sim, r'$v_5 [V]$'),
                                      (v_actual, r'$v_{\mathrm{actual}} [V]$')]):
    with plt.style.context('style/thinner.mplstyle'):
        axes[n].plot(t_ms, w * signal)
        axes[n].set_ylabel(label)
        axes[n].grid()

axes[2].set_xlim(0, t_ms[-1])
```

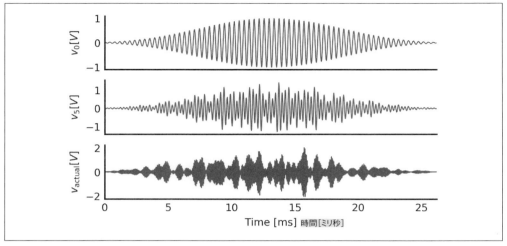

図4-24　カイザー窓を適用

```
axes[2].set_xlabel('Time [ms]');
```

窓を掛けた信号に対応するFFT、すなわちレーダ業界用語で言うところの「レンジトレース」は、

```
V_single_win = np.fft.fft(w * v_single)
V_sim_win = np.fft.fft(w * v_sim)
V_actual_win = np.fft.fft(w * v_actual)

fig, (ax0, ax1,ax2) = plt.subplots(3, 1)

with plt.style.context('style/thinner.mplstyle'):
    log_plot_normalized(rng, V_single_win[:N // 2],
                        r"$|V_{0,\mathrm{win}}|$ [dB]", ax0)
    log_plot_normalized(rng, V_sim_win[:N // 2],
                        r"$|V_{5,\mathrm{win}}|$ [dB]", ax1)
    log_plot_normalized(rng, V_actual_win[:N // 2],
                        r"$|V_\mathrm{actual,win}|$ [dB]", ax2)

ax0.set_xlim(0, 300)  # Change x limits for these plots so that
ax1.set_xlim(0, 300)  # we are better able to see the shape of the peaks.
                      # プロットのxの範囲を変更してピークの形を見やすくする。
ax1.annotate("New, previously unseen!", (160, -35), xytext=(10, 15),
             textcoords="offset points", color='red', size='x-small',
             arrowprops=dict(width=0.5, headwidth=3, headlength=4,
                             fc='k', shrink=0.1));
```

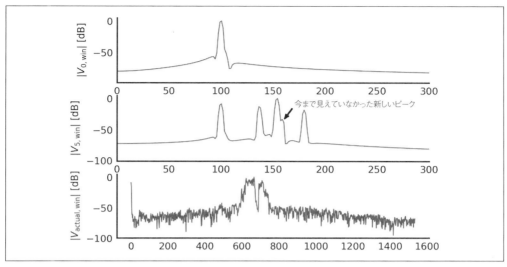

図4-25 窓を掛けた信号のレンジトレース

　以前のレンジトレースと比べてください。サイドローブの振幅が劇的に減少していますが、代償も払っています。ピークの幅が少し広がり、先端がなまってしまいました。このため、レーダの分解能、つまり、レーダが2つの近接する標的を識別する能力も、低下しています。窓関数の選択は、サイドローブの振幅と分解能の折り合いをつけることです。それでも、V_{sim} のトレースを見ると、窓関数によって、小さな標的を隣の大きな標的から識別する能力が格段に向上したと言えるでしょう。

　実測されたレーダデータのレンジトレースでも、窓関数を掛けたおかげでサイドローブが減少しました。この違いは、2つの標的グループ間の溝の深さに最もよく現れています。

4.7.3　レーダ画像

　単一のトレースを解析する方法がわかったので、次にこの手法を拡張してレーダ画像を解析してみましょう。

　本節で使うデータ例は、パラボラアンテナを使用したレーダで生成しました。このアンテナは、半値幅2度の広がり角を持つ、指向性の強い円形のペンシルビームを生成します。レーダが垂直入射の平面信号を受けると、距離60 mにおいて直径約2 mの円形領域が照射されます。この領域外では、エネルギーが急速に減衰しますが、それでも領域外からの強いエコーはまだ見えます。

　ペンシルビームの方位角（左右の位置）と仰角（上下の位置）を変化させることで、ビームをターゲットとなる標的範囲のあちこちをスイープできます。反射波が受信されると、反射物（レーダ信号がぶつかった対象物）までの距離が計算できます。得られた距離とペンシルビームのその時点における放射角と仰角を合わせれば、反射物の位置が3次元的に特定されます。

　岩盤斜面は、何千もの反射物で形成されています。レンジビンは、でこぼこした線に沿って岩盤斜面と交差する、レーダを中心とした仮想的な大きな球と捉えることができます。この線上の反射

物は、このレンジビンの反射を生成します。レーダの波長（1周期に送信波が進む距離）は約 30 mm です。距離の 1/4 波長（約 7.5 mm）の奇数倍の距離で存在する散乱物による反射波は、打ち消されるように干渉しがちな一方、1/2 波長の倍数の距離で存在する散乱物による反射波は、レーダの地点で強め合うように干渉します。反射波が重なって、強い反射があるように見える領域を生成します。本例のレーダは、方位角 20 度、仰角 30 度のビンを 0.5 度間隔で走査する小さい領域を走査するようにアンテナを動かします。

　では、得られたレーダデータの等値線図を描いてみましょう。個々のスライスの取り方については図 4-26 を参照してください。レンジを固定した最初のスライスは、仰角と方位角に対する反射強度を示しています。仰角と方位角をそれぞれ固定した 2 つのスライスは、傾き（図 4-26 と図 4-27 を参照）を示しています。露天掘り鉱山の高い壁の階段状の構造は、方位角平面に見られます。

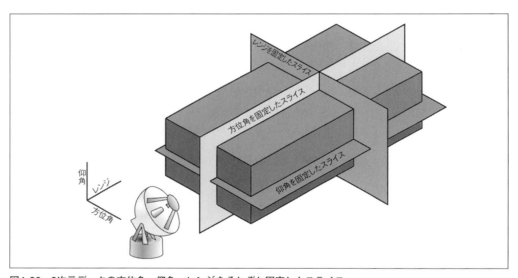

図4-26　3次元データの方位角、仰角、レンジをそれぞれ固定したスライス

```
data = np.load('data/radar_scan_1.npz')
scan = data['scan']

# The signal amplitude ranges from -2.5V to +2.5V.  The 14-bit
# analogue-to-digital converter in the radar gives out integers
# between -8192 to 8192.  We convert back to voltage by multiplying by
# $(2.5 / 8192)$.     信号の振幅のレンジは -2.5V から +2.5V。レーダの 14 ビットの A/D コンバータ
                    は -8192 から 8192 の間の整数を返す。(2.5 / 8192) を掛けて電圧に戻す。
v = scan['samples'] * 2.5 / 8192
win = np.hanning(N + 1)[:-1]

# Take FFT for each measurement    各測定値に対して FFT を行う。
```

```
V = np.fft.fft(v * win, axis=2)[::-1, :, :N // 2]

contours = np.arange(-40, 1, 2)

# ignore MPL layout warnings    MPL のレイアウトの警告を無視する。
import warnings
warnings.filterwarnings('ignore', '.*Axes.*compatible.*tight_layout.*')

f, axes = plt.subplots(2, 2, figsize=(4.8, 4.8), tight_layout=True)

labels = ('Range', 'Azimuth', 'Elevation')

def plot_slice(ax, radar_slice, title, xlabel, ylabel):
    ax.contourf(dB(radar_slice), contours, cmap='magma_r')
    ax.set_title(title)
    ax.set_xlabel(xlabel)
    ax.set_ylabel(ylabel)
    ax.set_facecolor(plt.cm.magma_r(-40))

with plt.style.context('style/thinner.mplstyle'):
    plot_slice(axes[0, 0], V[:, :, 250], 'Range=250', 'Azimuth', 'Elevation')
    plot_slice(axes[0, 1], V[:, 3, :], 'Azimuth=3', 'Range', 'Elevation')
    plot_slice(axes[1, 0], V[6, :, :].T, 'Elevation=6', 'Azimuth', 'Range')
    axes[1, 1].axis('off')
```

3 次元表示

さらにこの 3 次元データを 3 次元的に表示することもできます（図 4-28）。

まず、レンジ方向の argmax（最大値のインデックス）を算出します。これより、レーダのビームが岩盤斜面にぶつかるレンジの指標が得られます。各 argmax インデックスを 3 次元座標（仰角 - 方位角 - レンジ）に変換します。

```
r = np.argmax(V, axis=2)

el, az = np.meshgrid(*[np.arange(s) for s in r.shape], indexing='ij')

axis_labels = ['Elevation', 'Azimuth', 'Range']
coords = np.column_stack((el.flat, az.flat, r.flat))
```

これらの座標系を、（レンジ座標を落として）仰角 - 方位角平面に射影し、ドロネー分割します。分割は、三角形（もしくは単体）を定義するインデックスを我々の座標値として返します。厳密に言うと、これらの三角形は射影された座標上で定義されているのですが、ここでは復元に元の座標系を使うことにします。このため、レンジ成分を戻し加えます。

```
from scipy import spatial

d = spatial.Delaunay(coords[:, :2])
simplexes = coords[d.vertices]
```

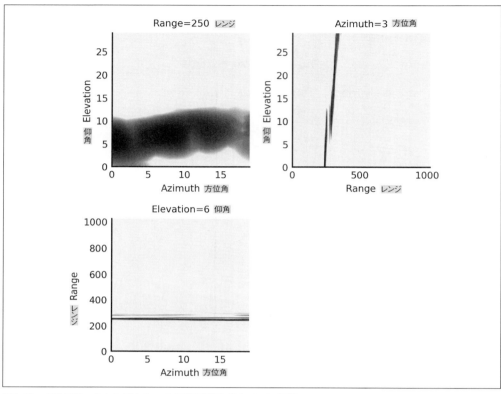

図4-27　各軸に沿ったレンジトレースの等値線図（図4-26を参照）

最終表示用に、レンジの軸が最初に来るように入れ替えます。

```
coords = np.roll(coords, shift=-1, axis=1)
axis_labels = np.roll(axis_labels, shift=-1)
```

では、Matplotlibのtrisurfを使って結果を表示しましょう。

```
# This import initializes Matplotlib's 3D machinery        Matplotlibの3次元プロット用の
from mpl_toolkits.mplot3d import Axes3D                    機能をインポートする。

# Set up the 3D axis    3次元座標軸の設定。
f, ax = plt.subplots(1, 1, figsize=(4.8, 4.8),
                     subplot_kw=dict(projection='3d'))

with plt.style.context('style/thinner.mplstyle'):
    ax.plot_trisurf(*coords.T, triangles=d.vertices, cmap='magma_r')

    ax.set_xlabel(axis_labels[0])
    ax.set_ylabel(axis_labels[1])
```

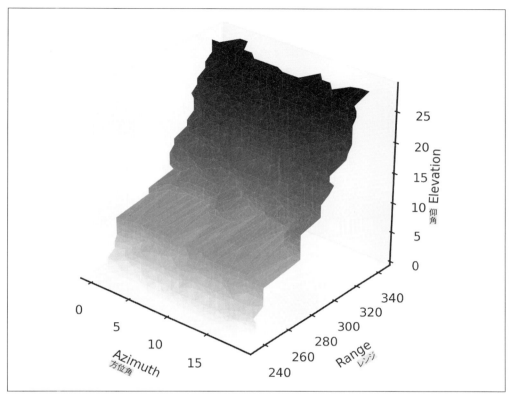

図4-28　岩盤斜面の推定位置の3次元表示

```
ax.set_zlabel(axis_labels[2], labelpad=-3)
ax.set_xticks([0, 5, 10, 15])
```

```
# Adjust the camera position to match our diagram above    前出の図に合わせてカメラ位置を調整する。
ax.view_init(azim=-50);
```

4.7.4　FFTの他の応用例

　これまでに紹介した例は、レーダのFFTの利用法の1つにすぎません。他にも、移動計測（ドップラー効果の見積もり）や標的認識など、多くの利用例があります。FFTは広く普及しており、MRIの画像データ処理から統計学まであらゆるところで見かけることができます。本章で紹介した基本的なテクニックがあれば、FFTを使う準備は十分整っているはずです。

4.7.5　参考文献

フーリエ変換

- Athanasios Papoulis,『*The Fourier Integral and Its Applications*』（New York: McGraw-Hill, 1960、邦題『工学のための応用フーリエ積分：超関数論への入門的アプローチ』オーム社、1967）
- Ronald N. Bracewell,『*The Fourier Transform and Its Applications*』（3rd ed. New York: McGraw-Hill, 2000、第 1 版の邦題は『フーリエ変換とその応用』マグロウヒル好学社、1981）

レーダ信号処理

- Mark A. Richards, James A. Scheer, and William A. Holm, eds.,『*Principles of Modern Radar: Basic Principles*』（Raleigh, NC:SciTech, 2010）
- Mark A. Richards,『*Fundamentals of Radar Signal Processing*』（New York: McGraw-Hill, 2014）

4.7.6　演習：画像の畳み込み

　FFT は、画像の畳み込み（畳み込みとは、スライディングフィルタを適用すること）を高速化するのによく使われます。画像 np.ones((5, 5)) の畳み込みを、NumPy の（a）np.convolve、（b）np.fft.fft2 を使って行いましょう。結果が同一であることを確認しましょう。

ヒント

- x と y の畳み込みは、ifft2(X * Y) と同値です。ここで X と Y はそれぞれ x と y の FFT を指します。
- X と Y を掛け合わせるには、同じ大きさである必要があります。FFT を行う前に、np.pad を使って x と y のゼロ埋めを（右と下の方向に）行いましょう。
- エッジ効果が見られる場合があります。これは、x と y がどちらも shape(x) + shape(y) - 1 の次元になるようにゼロ埋めする領域の大きさを増やすことで除去できます。

　「A.5　解答：画像の畳み込み」を確認しましょう。

5章
疎行列を用いた分割表

疎（まばら）な音はいい。そのミニマリズム感が、何かすると打てば響くように、特別なものを生み出していく。僕はずっとそんな風にやっていくと思う。ただ、方法がわからないんだ。
——ブリット・ダニエル（Spoon のリードボーカル）

現実世界の行列の多くは**疎行列**です。つまり値のほとんどがゼロだということです。

NumPy 配列を使って疎行列を処理しようとすれば、大量にあるゼロとの掛け算に膨大な時間とエネルギーを費やすことになります。代わりに、SciPy の sparse モジュールを使えば、ゼロ以外の値だけを見て、効率よく処理できます。sparse は、「正統な」疎行列問題を解くのに役立つのはもちろんのこと、一見疎行列とは関係なさそうな問題にも使えます。

そんな問題の1つに、画像のセグメンテーションの比較があります（セグメンテーションの定義は、「3章 ndimage を使った画像領域のネットワーク」を復習してみてください）。

本章の話題を取り上げるきっかけとなった以下のコード例では、疎行列を2回利用しています。最初に、Andreas Mueller が推薦したコードを使い、2つのセグメンテーション間のラベルの対応を数える**対応行列**を計算します。続いて、Jaime Fernández del Río と Warren Weckesser の提案に基づき、その対応行列を基に、セグメンテーション間の差を計る**情報変化量**というものを計算します。

```python
def variation_of_information(x, y):
    # compute contingency matrix, aka joint probability matrix
    n = x.size                                              # 対応行列（結合確率行列）を計算する。
    Pxy = sparse.coo_matrix((np.full(n, 1/n), (x.ravel(), y.ravel())),
                            dtype=float).tocsr()

    # compute marginal probabilities, converting to 1D array
    px = np.ravel(Pxy.sum(axis=1))                          # 周辺確率を計算し、1次元配列に変換する。
    py = np.ravel(Pxy.sum(axis=0))

    # use sparse matrix linear algebra to compute VI        # 疎行列の線形代数を使って VI（variation of
    # first, compute the inverse diagonal matrices          # information、情報変化量）を計算する。
    Px_inv = sparse.diags(invert_nonzero(px))               # 最初に、逆対角行列を計算する。
    Py_inv = sparse.diags(invert_nonzero(py))
```

```
# then, compute the entropies     続いてエントロピーを計算する。
hygx = px @ xlog1x(Px_inv @ Pxy).sum(axis=1)
hxgy = xlog1x(Pxy @ Py_inv).sum(axis=0) @ py

# return the sum of these     両者の和を返す。
return float(hygx + hxgy)
```

Python 3.5 のプロのヒント

　上記のコードに登場する@記号は、**行列の乗算**演算子で、2015年にPython 3.5に導入されました。この機能は、科学プログラマがPython 3に移行する動機のうち最も説得力のあるものの1つです。線形代数のアルゴリズムのプログラミングが、元の数学に極めて近いコードを用いてできるようになるのです。以下のPython 3のコード、

```
hygx = px @ xlog1x(Px_inv @ Pxy).sum(axis=1)
```

と、同じことをする以下のPython 2のコードを比較してみてください。

```
hygx = px.dot(xlog1x(Px_inv.dot(Pxy)).sum(axis=1))
```

@演算子を使って数学的な表記に近づけることで、プログラミングのミスを防ぎ、ずっと読みやすいコードが書けるのです。

　実は、SciPyのコードの作者たちは@演算子が導入されるずっと前からその重要性を理解しており、入力がSciPy行列の場合には自動的に*演算子の意味が変わるような機能を追加していました。この機能はPython 2.7に実装されていて、前出のような読みやすい、優れたコードを以下のように書けるようになっています。

```
hygx = -px * xlog(Px_inv * Pxy).sum(axis=1)
```

　しかし、この機能には大きな落とし穴があります。このコードは、pxかPx_invがSciPy行列である場合とそうでない場合で、動作が異なるのです。Px_invとPxyがNumPy配列の場合は、*は要素ごとの積を生成しますが、SciPy行列の場合には、行列同士の積を生成するのです。ご想像通り、これは大量のコーディングエラーの源になっているため、SciPyコミュニティの大部分はこの方法を捨てて、見かけは劣るけれど曖昧さのない「.dot」を使っています。

　つまり、Python 3.5の@演算子は、両者のよいとこ取りをしたというわけです。

5.1 分割表

とは言うものの、まずは簡単なところから始めて、徐々にセグメンテーションに向かって積み上げていきましょう。

仮に、あなたがデータサイエンティストとしてメールのベンチャー企業である Spam-o-matic 社に就職したとしましょう。あなたの仕事は、スパムメールの自動検出器を構築することです。検出器の出力は、スパムでない場合は 0、スパムの場合は 1 となるように符号化します。

今分類すべきメールが 10 通ある場合、**予測値**のベクトルが得られます。

```
import numpy as np
pred = np.array([0, 1, 0, 0, 1, 1, 1, 0, 1, 1])
```

検出器がうまくできたかどうかは、**正解データ**、つまり手作業でメールを 1 つ 1 つ検査して得た分類と比較すれば確かめられます。

```
gt = np.array([0, 0, 0, 0, 0, 1, 1, 1, 1, 1])
```

しかし、コンピュータにとって分類することはとても難しい作業なので、pred と gt の値は完全には一致しないものです。pred が 0 で gt も 0 の位置では、予測はメールがスパムでないことを正しく検出できました。このことを**真陰性**と言います。逆に、どちらも 1 の値を取る位置では、予測は正しくスパムを検出して**真陽性**を見つけました。

次に、ミスには 2 種類あります。スパム（gt が 1）をユーザのインボックス（pred が 0）に入れてしまったら、**偽陰性**のミスです。正当なメール（gt が 0）をスパム（pred が 1）と予測したら、**偽陽性**の予測をしたことになります（その昔、所属する研究所の所長からのメールが、私のスパムフォルダに入ってしまったことがありました。そのわけは、メールの内容がポスドクの研究発表コンテストの告知で、書き出しが「あなたも \$500 が手に入るかも！」だったからです）。

メール分別の成果を測りたければ、先ほどの 4 種類の判断結果を**対応行列**（contingency matrix）を使って数える必要があります（この行列は混同行列（confusion matrix）と呼ばれることもあります。適切な名前だと思います）。対応行列を作成するには、行に予測のラベル、列に正解データのラベルを配置します。続いて、両者が一致する回数を数えます。したがって、例えば、真陽性（pred と gt がともに 1）が 4 つあるので、行列の (1, 1) の位置の値は 4 です。一般に以下の式が成り立ちます。

$$C_{i,j} = \sum_k \mathbb{I}(p_k = i)\mathbb{I}(g_k = j)$$

上の式[†]をわかりやすいけれども非効率的な方法で記述すると、以下のようになります。

```
def confusion_matrix(pred, gt):
    cont = np.zeros((2, 2))
    for i in [0, 1]:
        for j in [0, 1]:
```

[†] 訳注：$\mathbb{I}$ は引数の等号が成立する場合は 1、しない場合は 0 を返します。

```
            cont[i, j] = np.sum((pred == i) & (gt == j))
    return cont
```

正しい回数が得られるか、確認してみましょう。

```
confusion_matrix(pred, gt)
```

```
array([[ 3.,  1.],
       [ 2.,  4.]])
```

5.1.1　演習：対応行列の計算複雑性

著者らはなぜ上記のコードが非効率的だと言ったのでしょうか。
「A.6　解答：対応行列の計算複雑性」を参照してください。

5.1.2　演習：対応行列を計算する別のアルゴリズム

対応行列を計算するのに、pred と gt を 1 回しかパスしない、別の方法でコードを書いてみましょう。

```
def confusion_matrix1(pred, gt):
    cont = np.zeros((2, 2))
    # your code goes here    ここにあなたのコードが入る。
    return cont
```

「A.7　解答：対応行列を計算する別のアルゴリズム」を確認してみましょう。

これまでに取り上げたメールの分別の例は、もう少し一般化できます。スパムと非スパムに分ける代わりに、スパム、ニュースレター、広告や宣伝、メーリングリスト、個人メールに分類してみます。カテゴリは 5 つなので、0 から 4 とラベルを付けましょう。対応行列は 5 × 5 になり、正解の回数は対角成分に、ミスの回数は非対角成分に置きます。

前出の confusion_matrix 関数の定義のままでは、拡大した行列向けにうまく拡張できません。今回は予測結果と正解データの配列を 25 回パスしなければならないからです。この問題は、ソーシャルメディアの通知など、メールのカテゴリを追加するごとに肥大していきます。

5.1.3　演習：多クラス対応行列

前のように、対応行列を 1 回のパスで計算するけれども、カテゴリの数を 2 つと決め打ちする代わりに、入力から推定する関数を書きましょう。

```
def general_confusion_matrix(pred, gt):
    n_classes = None  # replace `None` with something useful    `None` を有用なものに置き換える。
    # your code goes here                                        あなたのコードはここに入る。
    return cont
```

繰り返しのない解法ならば、クラスの数に応じて処理規模を増減できますが、for ループは Python インタプリタ内で実行されるので、文書数が多いと処理が遅くなります。また、一部のクラスは別のものと誤認されやすいので、行列は疎、つまり値がゼロである要素が多くなります。実

際、クラス数の増加に従い、対応行列のゼロの要素に大量のメモリを割り当てるのはますます無駄になります。しかし、その代わりに、疎行列を効率的に表現するオブジェクトを持つ SciPy の sparse モジュール使うことができます。

5.2 scipy.sparseのデータ形式

「1 章　エレガントな NumPy：科学 Python の基礎」では、NumPy 配列の内部データ形式を紹介しました。この形式が、かなり直観的で、n 次元配列データ格納には、ある意味必然的な形式だということに納得していただけたでしょうか。実は、疎行列には、可能な表現形式が幅広くあり、「正しい」フォーマットは解きたい問題に依存してしまうのです。以下では 2 つの最もよく使われる形式を紹介しますが、他の形式の一覧は、本章後出の比較表や、scipy.sparse のオンラインドキュメントを参照してください。

5.2.1 COO形式

おそらく、最も直観的なのは、座標形式（COO 形式）でしょう。この形式は、2 次元配列 A を表すのに 3 つの 1 次元配列を用います。各配列の長さは A のゼロでない要素の長さに等しく、3 つを合わせてすべてのゼロでない要素の座標 (i, j, 値) をリストします。

- row と col の配列は、合わせてゼロでない各要素の行と列の位置を明示します。
- data の配列は、各位置の**値**を明示します。

行列の要素のうち (row, col) の組で表されないものは 0 とみなされます。ずっと効率的ですね。例えば、以下の行列の場合は、

```
s = np.array([[ 4,  0,  3],
              [ 0, 32,  0]], dtype=float)
```

以下のように表せます。

```
from scipy import sparse

data = np.array([4, 3, 32], dtype=float)
row = np.array([0, 0, 1])
col = np.array([0, 2, 1])

s_coo = sparse.coo_matrix((data, (row, col)))
```

scipy.sparse のすべての疎行列形式の .toarray() メソッドは、疎データの NumPy 配列的な表現を返すので、これを使えば、s_coo を正しく作成できたか確認できます。

```
s_coo.toarray()

array([[ 4.,  0.,  3.],
       [ 0., 32.,  0.]])
```

まったく同様に、`.A`プロパティを使うこともできます。プロパティは属性に似ていますが、実は関数を実行するものです。`.A`は特に危険なプロパティなのですが、その理由は、巨大な配列計算になるおそれのある演算を隠してしまうからです。疎行列の密バージョンは、その疎行列自体よりも何桁も大きくなるおそれがあり、キーをたった3つ打つだけでコンピュータを降参させてしまえるのです。

```
s_coo.A

array([[ 4.,  0.,  3.],
       [ 0., 32.,  0.]])
```

本章でも、それ以外でも、読みやすさを損なわない限り `toarray()` メソッドを使うことをお勧めします。計算コストが高くなるおそれのある演算をよりわかりやすく知らせてくれるからです。ただし、短い表記の `.A` を使った方がずっとコードが読みやすくなる場合には、臆せず使って構いません（例えば、数学の式をいくつも実装する場合など）。

5.2.2　演習：COOを使った表現

以下の行列をCOOの表現で書きましょう。

```
s2 = np.array([[0, 0, 6, 0, 0],
               [1, 2, 0, 4, 5],
               [0, 1, 0, 0, 0],
               [9, 0, 0, 0, 0],
               [0, 0, 0, 6, 7]])
```

COO形式はわかりやすい表現なのですが、残念ながら、最小のメモリを使ったり、計算中にできる限り高速に配列を横断するようには最適化されていません（1章で紹介したように、**データの位置関係**は、効率的な数値計算にとってとても重要なのです）。しかし、上で求めたCOOの表現を見れば、重複する情報が見つかります。1がたくさん繰り返されていることに気が付きましたか？

5.2.3　CSR形式

ゼロでない要素に番号付けをする際に、（使っている形式が許す）任意の順序ではなく、COOを使って行ごとに番号を振っていくと、連続的に繰り返す値が多数 `row` 配列に含まれてしまいます。これを圧縮するには、同じ行番号を繰り返し記述する代わりに、`col` 配列中の新たな行が始まる点の**インデックス**を記せばよいのです。これが、**Compressed Sparse Row**（CSR）形式の基になる考え方です。

では、上の例の展開を追ってみましょう。CSR形式では、`col` と `data` の配列はそのままですが、`col` は `indices` に名前が変わります。一方、`row` 配列は、行を示す代わりに、`col` のどこから各行が開始するかを示し、名前も「index pointer」（インデックスポインタ）の意味の `indpr` に変わります。

というわけで、COO形式の `row` と `col` を見てみましょう。とりあえず `data` の値は無視します。

```
row = [0, 1, 1, 1, 1, 2, 3, 4, 4]
col = [2, 0, 1, 3, 4, 1, 0, 3, 4]
```

新しい行は、row が変化するインデックスから開始します。第 0 行は第 0 インデックスから始まり、第 1 行は第 1 インデックスから始まりますが、第 2 行は row で「2」が最初に登場する第 5 インデックスから始まります。続いて、インデックスは第 3 行と第 4 行で 1 ずつ増え、第 6 インデックスと第 7 インデックスになります。行列の終わりを示す最終インデックスは、ゼロでない要素の総数（ここでは 9）です。つまり、以下のようになります。

```
indptr = [0, 1, 5, 6, 7, 9]
```

では、上の手作業で作った配列を使って、SciPy で CSR 行列を構築してみましょう。成果は、我々の COO と CSR の表現の .A の出力と、前に定義した NumPy 配列 s2 を比較すればわかります。

```
data = np.array([6, 1, 2, 4, 5, 1, 9, 6, 7])

coo = sparse.coo_matrix((data, (row, col)))
csr = sparse.csr_matrix((data, col, indptr))

print('The COO and CSR arrays are equal: ',
      np.all(coo.A == csr.A))
print('The CSR and NumPy arrays are equal: ',
      np.all(s2 == csr.A))

The COO and CSR arrays are equal:  True
The CSR and NumPy arrays are equal:  True
```

大きな疎行列を格納し、それに対して演算操作を行うという処理は、非常に強力で、いろいろな分野の問題に応用できます。

例えば、インターネット全体を、大きな $N \times N$ の疎行列とみなすことができます。各要素 X_{ij} は、i 番目のウェブページが j 番目のページにリンクしているか否かを示します。この行列を正規化して解き主固有ベクトルを求めると、Google があなたの検索結果を順序付けるのに使う数、いわゆるページランクが 1 のものが得られます（詳細は次章で解説します）。

別の例として、人間の脳を大きな $m \times m$ のグラフで表すことができます。グラフには m 個のノード（位置）があり、MRI スキャナを使ってその部分の活動量が測定できます。しばらく測定を行うと、相関が計算できて、行列 C_{ij} に格納されます。この行列を閾値でふるい分けると、1 と 0 からなる疎行列が生成されます。この行列の 2 番目に小さい固有値に対応する固有ベクトルが m 個の脳の領域を分割して作るサブグループは、実は脳の機能領域と関係していることが多いのです[†]。

[†] M. E. J. Newman,「Modularity and Community Structure in Networks」（ネットワーク内のモジュラリティとコミュニティ構造、http://dx.doi.org/DOI:10.1073/pnas.0601602103）*PNAS* 103, no. 23 (2006):8577–8582.

	フルネーム	注釈	利用例	欠点
bsr_matrix	Block Sparse Row	CSR に類似	・密な部分行列の格納 ・有限要素法や微分方程式などの離散化問題の数値解析によく使われる	
coo_matrix	Coordinate（座標）	疎行列の作成にのみ使われる。作成された疎行列は、さらなる演算に向けて CSC か CSR 形式に変換される。	・疎行列を構築する高速で単純な方法 ・構築時に、重複する座標の値の総和を取る。有限要素解析などに役立つ	・算術演算不可 ・スライス抽出不可
csc_matrix	Compressed Sparse Column		・算術演算（加減乗除と行列の冪をサポートする） ・効率的な列のスライス処理 ・行列とベクトルの積は高速（問題によっては CSR や BSR の方が高速）	・低速な行スライス抽出（CSR を参照） ・疎行列の構造変更は高コスト（LIL や DOK を参照）
csr_matrix	Compressed Sparse Row		・算術演算 ・効率的な行のスライス抽出 ・行列とベクトルの積は高速	・低速な列スライス抽出（CSC を参照） ・疎行列の構造変更は高コスト（LIL や DOK を参照）
dia_matrix	Diagonal（対角）		・算術演算	・疎行列の構造は対角要素の値に限定される
dok_matrix	Dictionary of Keys（キーの辞書）	疎行列の逐次的な構築に使う。	・疎行列の構造変更は簡単 ・算術演算 ・個々の要素への高速アクセス ・COO 形式への効率的な変換（ただし重複禁止）	・算術演算は高コスト ・行列とベクトルの積は低速
lil_matrix	Row-based linked-list（行ベースの連結リスト）	疎行列の逐次的な構築に使う。	・疎行列の構造変更は簡単 ・柔軟なスライス抽出	・算術演算は高コスト ・列のスライス抽出は低速 ・行列とベクトルの積は低速

5.3　疎行列の適用例：画像変換

scikit-image ライブラリや SciPy ライブラリには、効率的な画像変換（回転やワープ）のためのアルゴリズムが用意されていますが、もしあなたが NumPy 国宇宙局長官で、新たに打ち上げられた木星（Jupyter）軌道の宇宙探査機からストリーミングされてくる何百万という数の画像を回転させる必要があるとしたら、どうすればよいでしょうか。

このような場合には、コンピュータの性能を余すところなく利用したいでしょう。実は、これから紹介する、疎演算子を用いた方法は、同じ変換を繰り返し適用する場合には、SciPy の ndimage の最適化された C のコードすら凌駕するのです。

scikit-image の以下のカメラマンのテスト画像を、データの例として使います。

```
# Make plots appear inline, set custom plotting style
%matplotlib inline        プロットをインライン表示させ、自前のプロットスタイルを設定する。
import matplotlib.pyplot as plt
plt.style.use('style/elegant.mplstyle')
```

5.3 疎行列の適用例：画像変換

図5-1　元の画像

```
from skimage import data
image = data.camera()
plt.imshow(image);
```

試しに、画像を 30 度回転してみます。まずは、変換行列 H を定義しますが、これを入力画像の座標 $[r, c, 1]$ に掛け合わせると、対応する出力の座標 $[r', c', 1]$ が得られます（注：ここで使っているのは同次座標系（https://en.wikipedia.org/wiki/Homogeneous_coordinates）で、通常の座標系に 1 次元が追加されており、より柔軟で線形変換を定義しやすくなっています）。

```
angle = 30
c = np.cos(np.deg2rad(angle))
s = np.sin(np.deg2rad(angle))

H = np.array([[c, -s,  0],
              [s,  c,  0],
              [0,  0,  1]])
```

これがうまくいったかどうかは、H に点 (1, 0) を掛ければ確認できます。点 (1, 0) を原点 (0, 0) を中心に反時計周りに 30 度回転すると、点 $(\frac{\sqrt{3}}{2}, \frac{1}{2})$ に到達します。

```
point = np.array([1, 0, 1])
print(np.sqrt(3) / 2)
print(H @ point)

0.866025403784
[ 0.8660254  0.5        1.       ]
```

同様に、30度の回転を3回適用すると、列座標軸に点 (0, 1) で達します。浮動小数点数の近似誤差が残りますが、うまくいくことがわかります。

```
print(H @ H @ H @ point)

[ 2.77555756e-16  1.00000000e+00  1.00000000e+00]
```

続いて、「疎演算子」を定義する関数を構築します。疎演算子の目的は、出力画像の全ピクセルが、入力画像のどこから来たものかを見つけ、適切な（バイリニア）補間（**図 5-2** を参照）を行って出力画像の値を計算することです。疎演算子を使えば、画像の値に行列の乗算を行うだけなので、非常に高速です。

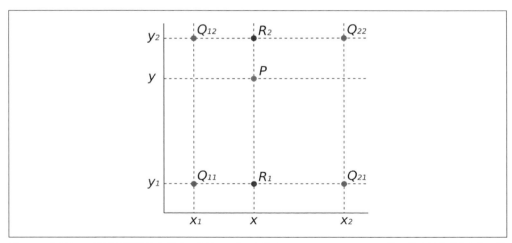

図5-2 バイリニア補間を解説するダイアグラム。点Pの値は、$Q_{11}, Q_{12}, Q_{21}, Q_{22}$ の値の重み付き総和として推計される。

では、本例の疎演算子を構築する関数を見てみましょう。

```
from itertools import product

def homography(tf, image_shape):
    """Represent homographic transformation & interpolation as linear operator.
                                                    メビウス変換と補間を線形演算子で表す。
    Parameters    パラメータ
    ----------
```

```
    tf : (3, 3) ndarray                   (3, 3) の ndarray
        Transformation matrix.            変換行列
    image_shape : (M, N)
        Shape of input gray image.        グレースケールの入力画像の形状

    Returns     戻り値
    -------
    A : (M * N, M * N) sparse matrix      (M * N, M * N) の疎行列
        Linear-operator representing transformation + bilinear interpolation.
                                          変換とバイリニア補間を表現する線形演算子。
    """
    # Invert matrix. This tells us, for each output pixel, where to
    # find its corresponding input pixel.  変換行列の逆行列を求める。これより、出力画像の各ピクセル
                                          に対応する入力画像のピクセルの位置がわかる。
    H = np.linalg.inv(tf)

    m, n = image_shape

    # We are going to construct a COO matrix, often called IJK matrix,
    # for which we'll need row coordinates (I), column coordinates (J),
    # and values (K).     IJK 行列とも呼ばれる COO 行列を構築する。行座標 (I)、列座標 (J)、値 (K) が必要。

    row, col, values = [], [], []

    # For each pixel in the output image...        出力画像の各ピクセルごとにループをまわす。
    for sparse_op_row, (out_row, out_col) in \
            enumerate(product(range(m), range(n))):

        # Compute where it came from in the input image     入力画像での位置を計算する。
        in_row, in_col, in_abs = H @ [out_row, out_col, 1]
        in_row /= in_abs
        in_col /= in_abs

        # if the coordinates are outside of the original image, ignore this
        # coordinate; we will have 0 at this position    座標が元の画像の外にある場合は
        if (not 0 <= in_row < m - 1 or                    この座標を無視しその位置に 0 を置く。
                not 0 <= in_col < n - 1):
            continue

        # We want to find the four surrounding pixels, so that we
        # can interpolate their values to find an accurate
        # estimation of the output pixel value.
        # We start with the top, left corner, noting that the remaining
        # points are 1 away in each direction.   周囲の 4 個のピクセルを見つけ、値を補間して出力ピクセル
        top = int(np.floor(in_row))              値の正確な推定値を求める。左上の角から始める。残りの
        left = int(np.floor(in_col))             点は、各方向に 1 ずつ離れている。

        # Calculate the position of the output pixel, mapped into
        # the input image, within the four selected pixels.
        # https://commons.wikimedia.org/wiki/File:BilinearInterpolation.svg
```

```
        t = in_row - top                入力画像にマップした出力画像のピクセルの、
        u = in_col - left               選んだ4個のピクセル内の位置を計算する。

        # The current row of the sparse operator matrix is given by the
        # raveled output pixel coordinates, contained in sparse_op_row.
        # We will take the weighted average of the four surrounding input
        # pixels, corresponding to four columns. So we need to repeat the row
        # index four times.   疎演算子の現在行は、sparse_op_row が示す、1 次元配列にした出力ピクセル座標
                              により与えられる。4 つの列に対応する、周囲の 4 個の入力ピクセルの重み付き
                              平均を取る。したがって、行インデックス付けを 4 回繰り返す必要がある。
        row.extend([sparse_op_row] * 4)

        # The actual weights are calculated according to the bilinear    実際の重みは、以下に示される
        # interpolation algorithm, as shown at                           ように、バイリニア補間アルゴ
        # https://en.wikipedia.org/wiki/Bilinear_interpolation           リズムで計算される。
        sparse_op_col = np.ravel_multi_index(
                ([top,  top,        top + 1, top + 1 ],
                 [left, left + 1, left,    left + 1]), dims=(m, n))
        col.extend(sparse_op_col)
        values.extend([(1-t) * (1-u), (1-t) * u, t * (1-u), t * u])

    operator = sparse.coo_matrix((values, (row, col)),
                                  shape=(m*n, m*n)).tocsr()
    return operator
```

疎演算子を以下のように適用することを思い出してください。

```
def apply_transform(image, tf):
    return (tf @ image.flat).reshape(image.shape)
```

では、早速やってみましょう。

```
tf = homography(H, image.shape)
out = apply_transform(image, tf)
plt.imshow(out);
```

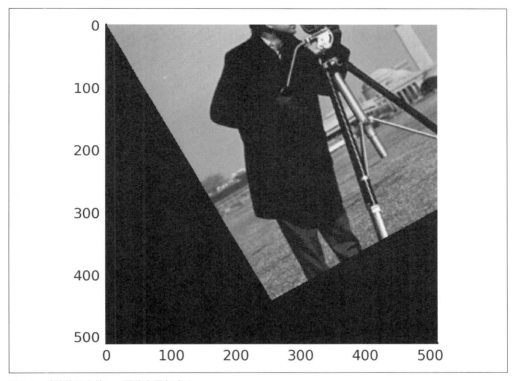

図5-3　疎演算子を使って画像を回転する

思った通りに回転しましたね。

5.3.1　演習：画像の回転

回転は、原点すなわち座標 (0, 0) を中心に行われます。では、画像中央を中心とした回転はできるでしょうか。

平行移動（つまり画像を上下左右にスライドさせる）のための変換行列は、以下のように与えられます。

$$H_{tr} = \begin{bmatrix} 1 & 0 & t_r \\ 0 & 1 & t_c \\ 0 & 0 & 1 \end{bmatrix}$$

これは、画像を t_r ピクセル下に、t_c ピクセル右に動かしたい場合です。

すでに述べましたが、画像変換に疎な線形演算子を使う手法は、高速です。性能を ndimage と比

べてみましょう。比較を公平にするため、ndimage には線形補間することを order=1 で、元の形状の外側のピクセルは無視することを reshape=False で指定します。

```
%timeit apply_transform(image, tf)
```

```
100 loops, average of 7: 3.35 ms +- 270 µs per loop (using standard deviation)
```

```
from scipy import ndimage as ndi
%timeit ndi.rotate(image, 30, reshape=False, order=1)
```

```
100 loops, average of 7: 19.7 ms +- 988 µs per loop (using standard deviation)
```

著者らのコンピュータでは、約10倍の高速化が見られます。この例では回転しか行いませんが、画像処理でレンズ歪みを補正したり、人の顔を変顔にするなどの複雑な変形処理も可能です。一旦変換の計算ができれば、別の画像に繰り返し適用することも、疎行列代数のおかげで高速にできます。

SciPy の疎行列の「標準的な」使い方がわかったところで、本章の着想をもたらした少し変わった使い方を見てみましょう。

5.4 分割表再び

我々が、SciPy の疎行列形式を使って、疎な結合確率行列を手軽に構築しようとしていることを思い出してください。COO 形式は疎なデータを格納するのに、ゼロでない要素の行と列の座標と値を入れた3つの配列を用いることはすでに学びましたが、COO のあまり知られていない機能を使えば、目的の行列を極めて高速に求められるのです。

以下のデータをよく見てください。

```
row = [0, 0, 2]
col = [1, 1, 2]
dat = [5, 7, 1]
S = sparse.coo_matrix((dat, (row, col)))
```

(row, col) が (0, 1) である要素が、最初に 5、続いて 7 の 2 回現れることに注目してください。この行列の (0, 1) の値は何でしょうか。最初と最後の要素のどちらなのか議論もできますが、正解は和です。

```
print(S.toarray())
```

```
[[ 0 12  0]
 [ 0  0  0]
 [ 0  0  1]]
```

つまり、COO 形式は反復する要素の総和を取るようになっています。これは、まさに対応行列の作成に必要な操作です。実際、我々の作業は済んだも同然です。行に pred を、列に gt を、値には単純に 1 を設定すればよいのです。行列の位置 i, j における 1 の和は、pred の i 番目のラベルが gt の j 番目のラベルと同時に起こる回数を数えることと同じです。では、やってみましょう。

```python
from scipy import sparse

def confusion_matrix(pred, gt):
    cont = sparse.coo_matrix((np.ones(pred.size), (pred, gt)))
    return cont
```

疎行列の NumPy 配列的表現を見るには、上記のように .toarray メソッドを使います。

```
cont = confusion_matrix(pred, gt)
print(cont)

  (0, 0)    1.0
  (1, 0)    1.0
  (0, 0)    1.0
  (0, 0)    1.0
  (1, 0)    1.0
  (1, 1)    1.0
  (1, 1)    1.0
  (0, 1)    1.0
  (1, 1)    1.0
  (1, 1)    1.0

print(cont.toarray())

[[ 3.  1.]
 [ 2.  4.]]
```

うまくいきましたね。

5.4.1　演習：必要なメモリ容量を減らす

1 章で学んだように、NumPy には、ブロードキャスティングを使って配列を反復する組み込みツールがあることを思い出してください。対応行列の計算に必要なメモリ容量を減らすにはどうしたらよいでしょうか。

関数 np.broadcast_to のドキュメントを確認しましょう。

5.5　セグメンテーションにおける分割表

画像のセグメンテーションを、前出の分類問題と同じように考えることもできます。つまり、各ピクセルが位置するセグメントのラベルを、そのピクセルが所属する**クラス**の**予測**とみなします。そして、NumPy 配列は、この処理を透過的に実行させてくれます。その理由は、NumPyの .ravel() メソッドが、元データの 1 次元表記を返すからです。

以下の小さな3×3の画像のセグメンテーションの例を見てみましょう。

```
seg = np.array([[1, 1, 2],
                [1, 2, 2],
                [3, 3, 3]], dtype=int)
```

そして、以下に正解データ、すなわち誰かが決めた、この画像をセグメンテーションする正しい方法を示します。

```
gt = np.array([[1, 1, 1],
               [1, 1, 1],
               [2, 2, 2]], dtype=int)
```

以前と同様に、この2つを分類として処理することができます。どのピクセルも、別個の予測なのです。

```
print(seg.ravel())
print(gt.ravel())
```

```
[1 1 2 1 2 2 3 3 3]
[1 1 1 1 1 1 2 2 2]
```

すると、前出の例と同様に、対応行列が以下のように与えられます。

```
cont = sparse.coo_matrix((np.ones(seg.size),
                          (seg.ravel(), gt.ravel())))
print(cont)
```

```
  (1, 1)    1.0
  (1, 1)    1.0
  (2, 1)    1.0
  (1, 1)    1.0
  (2, 1)    1.0
  (2, 1)    1.0
  (3, 2)    1.0
  (3, 2)    1.0
  (3, 2)    1.0
```

いくつかのインデックスは複数回登場しますが、COO形式の総和機能を使えば、以下が我々が求める行列を表していることが確認できます。

```
print(cont.toarray())
```

```
[[ 0.  0.  0.]
 [ 0.  3.  0.]
 [ 0.  3.  0.]
 [ 0.  0.  3.]]
```

この表をどう変換すれば、seg が gt を「どれほどよく表しているか」の指標になるでしょうか。セグメンテーション処理は難問なので、出力結果と人間が手作業で生成した「正解データ」を比較してセグメンテーションのアルゴリズムの性能を計るのは、大事なことなのです。

しかし、この比較も決して容易な作業ではありません。「自動化されたセグメンテーションが正解データにどれくらい近いか」をいったいどう定義すればよいのでしょう。ここでは、**情報変化量**、略して VI（Meila, 2005）と呼ばれる手法を紹介します。この手法は、次の質問の答えとして定義されています。1つのセグメンテーションにおいて、あるピクセルのセグメント ID が与えられたら、もう一方のセグメンテーションにおけるそのピクセルの ID を判定するのに、平均してさらにどれだけ多くの**情報**が必要でしょうか。

直観的には、2つのセグメンテーションがそっくりなら、片方のセグメント ID を知ればもう片方のセグメント ID がわかり、情報量は増えません。しかし、セグメンテーション間の差が大きくなると、片方の ID がわかっていても、他の情報がなければ、もう一方の ID はわかりません。

5.6 情報理論の概要

この問いに答えるためには、情報理論入門が必要になります。ここでは簡単な紹介しかできませんが、さらに詳しく知りたいなら、Christopher Olah のすばらしいブログ記事「Visual Information Theory」（視覚情報理論、https://colah.github.io/posts/2015-09-Visual-Information/）をご覧ください。

情報の基本単位は**ビット**と言い、通常 0 と 1 で表し、等確率の 2 つの選択肢を表します。これは単純な話で、コインを投げたら表と裏のどちら側が出たかを伝えたいなら、1 ビットが必要だということです。1 ビットは、例えば、（モールス信号のような）電線を伝わる長いまたは短いパルス、2 色のうち 1 色が点滅する光、0 か 1 の値を取る数値など、いろいろな形を取ります。重要なのは、コイン投げの結果は無作為なので、**常に** 1 ビットが必要だということです。

実は、無作為性が**低い**現象の場合には、この概念を**端数**ビットに拡張できます。例えば、今日のロサンゼルスの降雨の有無を送信する必要があるとします。一見、この事例の場合にも、降らなかった場合は 0、降った場合は 1 として 1 ビットが必要に思えます。ところが、ロサンゼルスの降雨は稀な事象なので、実際には長期的にはずっと少ない情報量の送信で済みます。つまり、0 は**時々**、通信手段が壊れていないことを確認するためだけに送信し、それ以外の時は、単に信号は 0 であると**仮定**して、稀に雨が降ったときにだけ 1 を送信すればよいのです。

したがって、2 つの事象の確率が等しく**ない**場合は、1 ビットより**少ない**量で事象を表すことができます。一般に、（2 通りより多いの値を取り得る）任意の無作為変数 X が要するビット数を計るには、**エントロピー関数** H を使います。

$$H(X) = \sum_x p_x \log_2 \left(\frac{1}{p_x}\right)$$
$$= -\sum_x p_x \log_2 (p_x)$$

ここで、x は X の取り得る値で、p_x は X が値 x を取る確率です。

したがって、値が表（h）と裏（t）を取り得るコイン投げ T のエントロピーは次のようになります。

$$\begin{aligned}H(T) &= p_h \log_2(1/p_h) + p_t \log_2(1/p_t) \\ &= 1/2 \log_2(2) + 1/2 \log_2(2) \\ &= 1/2 \cdot 1 + 1/2 \cdot 1 \\ &= 1\end{aligned}$$

ロサンゼルスで任意の日に雨が降る長期的な確率は約 6 分の 1 なので、雨（r）か晴れ（s）の値を取るロサンゼルスの降雨 R のエントロピーは以下の通りです。

$$\begin{aligned}H(R) &= p_r \log_2(1/p_r) + p_s \log_2(1/p_s) \\ &= 1/6 \log_2(6) + 5/6 \log_2(6/5) \\ &\fallingdotseq 0.65 \text{ビット}\end{aligned}$$

他にも、特別な種類のエントロピーに**条件付き**エントロピーがあります。これは、ある変数に関する他の情報を持っていると**仮定した**上での、その変数のエントロピーです。例えば、何月かわかっている**としたら**、降雨のエントロピーはどうなるでしょうか。これは以下のように記述できます。

$$H(R|M) = \sum_{m=1}^{12} p(m) H(R|M=m)$$

そして

$$\begin{aligned}H(R|M=m) &= p_{r|m} \log_2\left(\frac{1}{p_{r|m}}\right) + p_{s|m} \log_2\left(\frac{1}{p_{s|m}}\right) \\ &= \frac{p_{rm}}{p_m} \log_2\left(\frac{p_m}{p_{rm}}\right) + \frac{p_{sm}}{p_m} \log_2\left(\frac{p_m}{p_{sm}}\right) \\ &= -\frac{p_{rm}}{p_m} \log_2\left(\frac{p_{rm}}{p_m}\right) - \frac{p_{sm}}{p_m} \log_2\left(\frac{p_{sm}}{p_m}\right)\end{aligned}$$

これで、情報変化量を理解するのに必要な情報理論をすべて学びました。前出の例では、事象は日で、以下の 2 つの特性を持ちます。

- rain/shine
- month

多くの日を観測することで、前出の分類の例と同様に、その日の月と降雨の有無を計測して**対応行列**を構築できます。このためにわざわざロサンゼルスまで観測に行くことはせず（行けば楽

しいでしょうけど）、代わりに以下の年表を使います。WeatherSpark（http://bit.ly/2sXj4D9）から見積もったものです。

月	P（雨）	P（晴）
1	0.25	0.75
2	0.27	0.73
3	0.24	0.76
4	0.18	0.82
5	0.14	0.86
6	0.11	0.89
7	0.07	0.93
8	0.08	0.92
9	0.10	0.90
10	0.15	0.85
11	0.18	0.82
12	0.23	0.77

したがって、`month` が与えられたときの `rain` の条件付きエントロピーは、以下のようになります。

$$H(R|M) = -\frac{1}{12}\left(0.25\log_2(0.25) + 0.75\log_2(0.75)\right) - \frac{1}{12}\left(0.27\log_2(0.27) + 0.73\log_2(0.73)\right)$$
$$- \cdots - \frac{1}{12}\left(0.23\log_2(0.23) + 0.77\log_2(0.77)\right)$$
$$\simeq 0.626 \text{ ビット}$$

したがって、月の情報を用いると信号の無作為性は減りますが、たいして減りません。

また、`rain` が与えられた場合の `month` の条件付きエントロピーも計算できます。これは、雨が降ったとわかっていれば、月を特定するのにどれだけの情報が必要かを計るものです。直観的には、何の前知識もなく臨むよりはマシだということはわかります。なぜなら、冬季の方が降雨確率が高いからです。

5.6.1　演習：条件付きエントロピーの計算

降雨情報が与えられた場合の月の条件付きエントロピーを計算してみましょう。月変数のエントロピーはいくらでしょうか（月によって日数が異なることは無視してください）。どちらが大きいでしょうか。

表中の降雨確率は、月が与えられた場合の降雨の条件付き確率です。

```
prains = np.array([25, 27, 24, 18, 14, 11, 7, 8, 10, 15, 18, 23]) / 100
pshine = 1 - prains
p_rain_g_month = np.column_stack([prains, pshine])
# replace 'None' below with expression for nonconditional contingency
# table. Hint: the values in the table must sum to 1.

p_rain_month = None
# Add your code below to compute H(M|R) and H(M)
```

> 以下の 'None' を条件付きではない分割表の表現で置き換える。
> ヒント：表中の値の総和は1にならなければならない。
> 以下にH(M|R)とH(M)を計算する自分のコードを追加。

この2つの値は、合わせて、情報変化量（variation of information：VI）を定義します。

$$VI(A, B) = H(A|B) + H(B|A)$$

5.7　セグメンテーションにおける情報理論：情報変化量

　画像のセグメンテーションの話に戻ると、「日」は「ピクセル」に、「雨」と「月」は「自動セグメンテーションのラベル（S）」と「正解データのラベル（T）」に対応します。すると、正解データが与えられた場合の自動セグメンテーションの条件付きエントロピーは、あるピクセルのTでのラベルがわかっている場合に、そのピクセルのSでのラベルを判定するのに、どれだけ追加の情報が必要かを計るものになります。例えば、Tのすべてのセグメントgが、Sでは2つの同じ大きさのセグメントa_1とa_2に分割されるとすると、$H(S|T) = 1$になります。なぜなら、あるピクセルがg内にあるとわかっても、まだa_1かa_2のどちらに属するかを知るためには、さらに1ビット必要だからです。しかし、$H(T|S) = 0$です。なぜなら、あるピクセルがa_1かa_2のどちらに属するかに関わらず、g内にあることは保証されているので、Sのセグメント以上の情報は不要だからです。

したがって、合わせると、この場合は以下のようになります。

$$VI(S, T) = H(S|T) + H(T|S) = 1 + 0 = 1 ビット$$

以下に簡単な例を示します。

```
S = np.array([[0, 1],
              [2, 3]], int)

T = np.array([[0, 1],
              [0, 1]], int)
```

　これは、4個のピクセルからなる画像の2つのセグメンテーションSとTを表しています。Sはすべてのピクセルを自身のセグメントに入れ、一方Tは左の2つのピクセルを第0セグメントに、右の2つのピクセルを第1セグメントに入れます。では、ピクセルのラベルの分割表を、スパム予測のラベルと同様に作ってみましょう。唯一の違いは、スパム予測ではラベルの配列が1次元でしたが、この例では2次元になることですが、実のところ、これはどうでもよいことです。NumPy配列は、実際は、形状などのメタデータが付随している1次元データの塊であることを思い出してください。前述の通り、形状は配列の.ravel()メソッドを使って無視できます。

```
S.ravel()

array([0, 1, 2, 3])
```

これで、スパム予測の例と同じ方法で分割表を作ればよいだけです。

```
cont = sparse.coo_matrix((np.broadcast_to(1., S.size),
                          (S.ravel(), T.ravel())))
cont = cont.toarray()
cont

array([[ 1.,  0.],
       [ 0.,  1.],
       [ 1.,  0.],
       [ 0.,  1.]])
```

この表を、数ではなく、確率の表にするには、ピクセルの総数で割るだけです。

```
cont /= np.sum(cont)
```

最後に、この表の軸ごとの総和をとれば、SとTのどちらかのラベルの確率が計算できます。

```
p_S = np.sum(cont, axis=1)
p_T = np.sum(cont, axis=0)
```

ところで、Python のコードを書いてエントロピーを計算するには、ちょっと回り道をする必要があります。数学的には 0 log(0) は 0 に等しいと定義されますが、Python では未定義で、結果が nan(not a number、非数値) になってしまうのです。

```
print('The log of 0 is: ', np.log2(0))
print('0 times the log of 0 is: ', 0 * np.log2(0))

The log of 0 is:  -inf
0 times the log of 0 is:  nan
```

このため、NumPy のインデックス付けを用いて、0 値にマスクをかけて隠しておく必要があります。さらに、入力が NumPy 配列か SciPy の疎行列かによって若干異なる処理が必要になります。以下のヘルパー関数を書いてみます。

```
def xlog1x(arr_or_mat):
    """Compute the element-wise entropy function of an array or matrix.
                            配列や行列の要素ごとのエントロピー関数を計算する。
    Parameters    パラメータ
    ----------
    arr_or_mat : numpy array or scipy sparse matrix
        The input array of probabilities. Only sparse matrix formats with a
        `data` attribute are supported.    numpy 配列、もしくは scipy 疎行列。確率値の入力配列。
                                           疎行列形式は、`data` 属性を持つ場合のみサポートする。
```

```
    Returns
    -------
    out : array or sparse matrix, same type as input
        The resulting array. Zero entries in the input remain as zero,
        all other entries are multiplied by the log (base 2) of their
        inverse.
    """
    out = arr_or_mat.copy()
    if isinstance(out, sparse.spmatrix):
        arr = out.data
    else:
        arr = out
    nz = np.nonzero(arr)
    arr[nz] *= -np.log2(arr[nz])
    return out
```

> 入力と同じ型の配列、もしくは疎行列。結果の配列。入力配列がゼロの要素はゼロのまま、それ以外の要素は値の逆数の log（底は 2）を掛けた値になる。

では、正しく動くことを確認してみましょう。

```
a = np.array([0.25, 0.25, 0, 0.25, 0.25])
xlog1x(a)

array([ 0.5,  0.5,  0. ,  0.5,  0.5])

mat = sparse.csr_matrix([[0.125, 0.125, 0.25,    0],
                         [0.125, 0.125,    0, 0.25]])
xlog1x(mat).A

array([[ 0.375,  0.375,  0.5 ,  0.  ],
       [ 0.375,  0.375,  0.  ,  0.5 ]])
```

したがって、T が与えられた場合の S の条件付きエントロピーは以下のようになります。

```
H_ST = np.sum(np.sum(xlog1x(cont / p_T), axis=0) * p_T)
H_ST

1.0
```

また、逆の場合は、

```
H_TS = np.sum(np.sum(xlog1x(cont / p_S[:, np.newaxis]), axis=1) * p_S)
H_TS

0.0
```

5.8　疎行列を使うようにNumPy配列のコードを変換する

　上のいくつかの例では NumPy 配列とブロードキャスティングを使いました。これはすでに何度も見てきたように、Python を使ってデータ解析をするための強力な手段です。しかし、何千ものセグメントを含む複雑な画像のセグメンテーションに使うと、急速に効率が落ちます。そこで

代わりに、計算の最初から最後までsparse（疎行列）を使い、さらに、NumPyの魔法の一部を焼き直して線形代数の操作に利用することができます。この方法は、StackOverflowでWarren Weckesserが提案（http://bit.ly/2trePTS）してくれたものです。

線形代数を使うこの方法は、数十億個までの点からなる大量のデータの対応行列を効率的に計算できる上に、エレガントなまでに簡潔です。

```python
import numpy as np
from scipy import sparse

def invert_nonzero(arr):
    arr_inv = arr.copy()
    nz = np.nonzero(arr)
    arr_inv[nz] = 1 / arr[nz]
    return arr_inv

def variation_of_information(x, y):
    # compute contingency matrix, aka joint probability matrix   対応行列（結合確率行列）を計算する。
    n = x.size
    Pxy = sparse.coo_matrix((np.full(n, 1/n), (x.ravel(), y.ravel())),
                            dtype=float).tocsr()

    # compute marginal probabilities, converting to 1D array   周辺確率を計算し、1次元配列に変換する。
    px = np.ravel(Pxy.sum(axis=1))
    py = np.ravel(Pxy.sum(axis=0))

    # use sparse matrix linear algebra to compute VI            疎行列の線形代数を使ってVIを計算する。
    # first, compute the inverse diagonal matrices              最初に、逆数を対角要素に入れた行列を作成する。
    Px_inv = sparse.diags(invert_nonzero(px))
    Py_inv = sparse.diags(invert_nonzero(py))

    # then, compute the entropies   続いて、エントロピーを計算する。
    hygx = px @ xlog1x(Px_inv @ Pxy).sum(axis=1)
    hxgy = xlog1x(Pxy @ Py_inv).sum(axis=0) @ py

    # return the sum of these   それらの和を返す。
    return float(hygx + hxgy)
```

結果が、我々のおもちゃのSとTの正しいVIの値（1）が得られるか、確認してみましょう：

```
variation_of_information(S, T)

1.0
```

3種類の疎行列（COO、CSR、対角行列）を使って、疎対応行列のエントロピーの計算を効率的に行っている様子がおわかりでしょう。この計算はNumPyで行うと非効率的です（この手法は、まさにPythonの`MemoryError`から思い付いたものです）。

5.9　情報変化量の使い方

最後に、VIを使って、できる限りの最高な画像の自動セグメンテーションの推定方法を紹介します。「3章　ndimageを使った画像領域のネットワーク」に登場した、闊歩する人懐こいトラを覚えていますか（図5-4参照。もし覚えていないなら、危険察知能力を鍛えた方がよいかもしれませんよ！）。3章で学んだワザを使って、トラの画像のセグメンテーションをいくつもの可能な方法で生成し、どれが一番よいか評価してみましょう。

```
from skimage import io

url = ('http://www.eecs.berkeley.edu/Research/Projects/CS/vision/bsds'
       '/BSDS300/html/images/plain/normal/color/108073.jpg')
tiger = io.imread(url)

plt.imshow(tiger);
```

図5-4　BSDSのトラの画像108073番

画像のセグメンテーションの結果を評価するには、何らかの正解データが必要です。実は、ヒトはトラを検知するのがすばらしく上手なので（自然淘汰最高！）、ヒトにトラを見つけてもらいさえすればよいのです。運のよいことに、カリフォルニア大学バークレー校の研究者がすでに何十人ものヒトにこの画像を見せて手作業でセグメンテーションしてもらっています[†]。

まずは、Berkeley Segmentation Dataset and Benchmark（http://bit.ly/2sdHN92）からセグメンテーションされた画像を取ってきましょう（図5-5参照）。注目に値するのは、ヒトによるセグメンテーションのバリエーションが広いことです。様々なトラのセグメンテーション事例

[†] Pablo Arbelaez, Michael Maire, Charless Fowlkes, and Jitendra Malik, 「Contour Detection and Hierarchical Image Segmentation」（輪郭検出と階層的画像セグメンテーション）*IEEE TPAMI* 33, no. 5 (2011): 898–916.

（http://bit.ly/2sdWtoH）を眺めると、一部のヒトは他のヒトたちより杓子定規に葦の輪郭をなぞる一方、別のヒトたちは水面の反射もセグメンテーションして池の残りの部分から切り出す方がよいと考えていることがわかります。著者らがよいと思うセグメンテーションを選びました（葦の周りを杓子定規になぞっているやつです。著者らは完璧主義な科学者タイプなので）が、実際のところ、これこそが唯一の正解データ、というものはないと明言しておきます。

```
from scipy import ndimage as ndi
from skimage import color

human_seg_url = ('http://www.eecs.berkeley.edu/Research/Projects/CS/'
                 'vision/bsds/BSDS300/html/images/human/normal/'
                 'outline/color/1122/108073.jpg')
boundaries = io.imread(human_seg_url)
plt.imshow(boundaries);
```

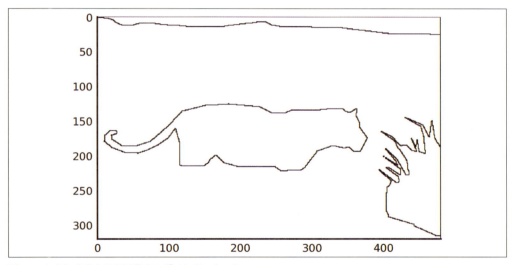

図5-5　ヒトによるトラの画像のセグメンテーション

トラの画像にヒトによるセグメンテーションを重ねてみると、（やはり）この方はトラを見つけるのがなかなかうまいことがわかります（**図 5-6**）を参照）。川岸と葦の穂も切り出しています。ヒト1122番、よくできました！

```
human_seg = ndi.label(boundaries > 100)[0]
plt.imshow(color.label2rgb(human_seg, tiger));
```

図5-6 ヒトによるトラの画像のセグメンテーションをトラの画像に重ねたもの

次は、3章から画像セグメンテーションのコードを入手して、Pythonがどれだけうまくトラを識別するか見てみましょう（**図5-7**）。

```python
# Draw a region adjacency graph (RAG) - all code from Ch3
import networkx as nx                        領域隣接グラフ（RAG）を描く。コードはすべて第3章のもの。
import numpy as np
from skimage.future import graph

def add_edge_filter(values, graph):
    current = values[0]
    neighbors = values[1:]
    for neighbor in neighbors:
        graph.add_edge(current, neighbor)
    return 0. # generic_filter requires a return value, which we ignore!
                                 generic_filterには戻り値が必要なので返すが、実際は使わない。
def build_rag(labels, image):
    g = nx.Graph()
    footprint = ndi.generate_binary_structure(labels.ndim, connectivity=1)
    for j in range(labels.ndim):
        fp = np.swapaxes(footprint, j, 0)
        fp[0, ...] = 0  # zero out top of footprint on each axis
    _ = ndi.generic_filter(labels, add_edge_filter, footprint=footprint,
                           mode='nearest', extra_arguments=(g,))
    for n in g:
        g.node[n]['total color'] = np.zeros(3, np.double)
        g.node[n]['pixel count'] = 0
    for index in np.ndindex(labels.shape):
        n = labels[index]
```

```
            g.node[n]['total color'] += image[index]
            g.node[n]['pixel count'] += 1
    return g

def threshold_graph(g, t):
    to_remove = [(u, v) for (u, v, d) in g.edges(data=True)
                        if d['weight'] > t]
    g.remove_edges_from(to_remove)

# Baseline segmentation    基準のセグメンテーション
from skimage import segmentation
seg = segmentation.slic(tiger, n_segments=30, compactness=40.0,
                        enforce_connectivity=True, sigma=3)
plt.imshow(color.label2rgb(seg, tiger));
```

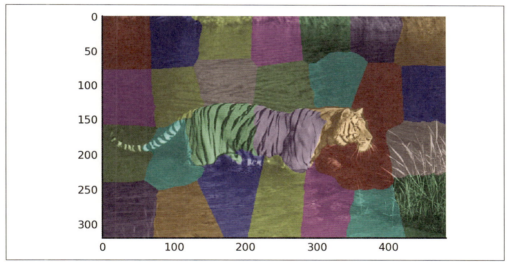

図5-7　トラの画像の基準のSLICセグメンテーション

3章では、閾値は80に設定して詳しい説明は省きました。ここでは、この閾値がセグメンテーションの正確さにどう影響するかを、もう少し詳しく調べてみましょう。セグメンテーションのコードを関数にして、自在に操れるようにしておきましょう。

```
def rag_segmentation(base_seg, image, threshold=80):
    g = build_rag(base_seg, image)
    for n in g:
        node = g.node[n]
        node['mean'] = node['total color'] / node['pixel count']
    for u, v in g.edges():
        d = g.node[u]['mean'] - g.node[v]['mean']
        g[u][v]['weight'] = np.linalg.norm(d)
```

```
        threshold_graph(g, threshold)

    map_array = np.zeros(np.max(seg) + 1, int)
    for i, segment in enumerate(nx.connected_components(g)):
        for initial in segment:
            map_array[int(initial)] = i
    segmented = map_array[seg]
    return(segmented)
```

では、閾値をいくつか試して、結果を比べてみましょう（図5-8 と図5-9 を参照）。

```
auto_seg_10 = rag_segmentation(seg, tiger, threshold=10)
plt.imshow(color.label2rgb(auto_seg_10, tiger));
```

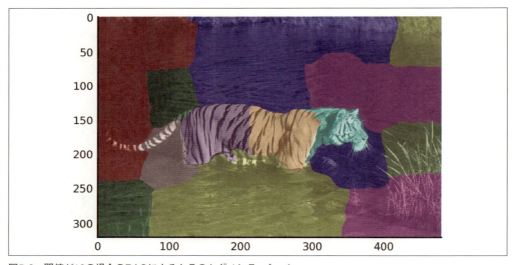

図5-8　閾値が10の場合のRAGによるトラのセグメンテーション

```
auto_seg_40 = rag_segmentation(seg, tiger, threshold=40)
plt.imshow(color.label2rgb(auto_seg_40, tiger));
```

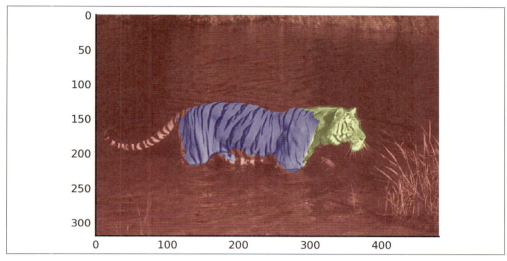

図5-9 閾値が40の場合のRAGによるトラのセグメンテーション

　実は、3章では、異なる閾値を与えて何度もセグメンテーションを繰り返した上で、よくできたセグメンテーションを選んでいます（ヒトだからこそできることです）。これは、画像セグメンテーションのプログラミングとしてはまったく満足のいかない方法です。自動化するすべが必要なのは明らかです。

　閾値が高いほどセグメンテーションがよさそうなことは見てとれます。しかし、比較すべき正解データがあるので、具体的な数値を決められるはずです。我々が持てる疎行列のすべてのスキルを駆使すれば、それぞれのセグメンテーションのVIを計算できます。

```
variation_of_information(auto_seg_10, human_seg)

3.44884607874861

variation_of_information(auto_seg_40, human_seg)

1.0381218706889725
```

　高い閾値の情報変化量は小さいので、より優れたセグメンテーションと言えます。では、取り得る閾値の範囲でVIを計算し、ヒトによる正解データに最も近いセグメンテーションを選んでみます（図5-10）。

```
# Try many thresholds    多数の閾値を試してみる。
def vi_at_threshold(seg, tiger, human_seg, threshold):
    auto_seg = rag_segmentation(seg, tiger, threshold)
    return variation_of_information(auto_seg, human_seg)
```

```
thresholds = range(0, 110, 10)
vi_per_threshold = [vi_at_threshold(seg, tiger, human_seg, threshold)
                    for threshold in thresholds]

plt.plot(thresholds, vi_per_threshold);
```

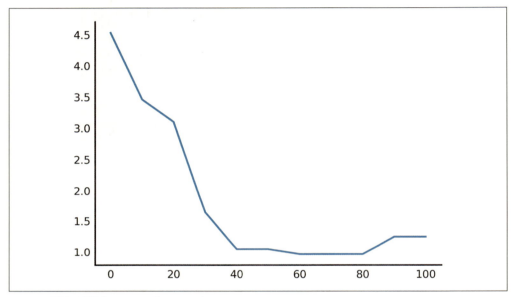

図5-10　閾値の関数としてのセグメンテーションのVI

やはり、目測で選んだ threshold=80 でのセグメンテーションで、最もよい結果が得られました（**図 5-11**）。その上、我々にはもう、どんな画像にも対応するようにこの処理を自動化する手段があるのです。

```
auto_seg = rag_segmentation(seg, tiger, threshold=80)
plt.imshow(color.label2rgb(auto_seg, tiger));
```

5.9.1　追加の課題：セグメンテーションの実践

　Berkeley Segmentation Dataset and Benchmark（http://bit.ly/2sdHN92）にある他の画像の最適な閾値を探してみましょう[†]。これらの閾値の平均値か中央値を使って、新たな画像を領域分割してみましょう。妥当なセグメンテーションが得られましたか？

　疎行列は、隙間が多いデータを表す効率的な方法ですが、そのような状況は意外とよくあります。本章を読んだ後では、疎行列が使えそうな機会が頻繁に見つかるようになることでしょう。そして、使い方もわかっているでしょう。

[†] Pablo Arbelaez, Michael Maire, Charless Fowlkes, and Jitendr Malik, "Contour Detection and Hierarchical Image Segmentation"（輪郭検出と階層的画像セグメンテーション）*IEEE TPAMI*, 33, no. 5, (2011): 898–916.

図5-11 VI曲線に基づいたトラの最適なセグメンテーション

疎線形代数は、疎行列が非常に役に立つ例の1つです。詳細を知りたい読者のみなさんは、続けて次章も読んでください。

6章
SciPyで行う線形代数

> マトリックスが何なのか、教わることは誰にもできない。自分の目で見るしかないのだ。
> ——モーフィアス『マトリックス』

　FFTを解説した「4章　周波数と高速フーリエ変換」のように、本章でもエレガントな**手法**を取り上げます。線形代数は、科学計算の基礎の大部分をなすものです。本章では線形代数を使いこなすためにSciPyに用意されているパッケージに焦点を当てていきます。

6.1　線形代数の基本

　線形代数そのものを学ぶ場所として、プログラミングの本の1つの章では不十分なので、読者のみなさんが線形代数の概念にすでに慣れていると仮定して話を進めます。最低でも、線形代数にはベクトル（順番が付けられた数の集合）と、ベクトルに行列（ベクトルの集合）を掛け合わせて行うベクトル変換が関わっていることを知っている必要があります。ここまでの話がちんぷんかんぷんなら、本章を読む前に、線形代数入門の教科書を手に取ってみてください。Gil Strangの『Linear Algebra and Its Applications』（Pearson, 1994、邦題『線形代数とその応用』産業図書）は、特にお勧めです。でも、心配は無用で、入門的な知識だけで十分です。実際の操作は比較的単純なものに留めたまま、線形代数の威力を紹介していきます。

　なお本章では、線形代数の慣習に合わせるため、Python業界の表記法の慣習を破っています。通常、Pythonでは、変数名は小文字で始まることになっています。しかし、線形代数では、行列は大文字で、ベクトルやスカラー値は小文字で表示します。ここでは多くの行列やベクトルを取り扱うので、線形代数の慣習に従った方が区別をつけやすいでしょう。このため、行列を表す変数は大文字で、ベクトルや数値は小文字で始めます。

```
import numpy as np

m, n = (5, 6)  # scalars            スカラー
M = np.ones((m, n))  # a matrix     行列
v = np.random.random((n,))  # a vector  ベクトル
w = M @ v  # another vector         別のベクトル
```

　数学分野の表記法では、ベクトルは**v**や**w**のように通常ボールド体で表示する一方、スカラー

の変数や定数にはボールド体を使わずmやnのように表します。Pythonのコードではその方法で識別できないので、文脈に頼ってスカラーとベクトルを区別することになります。

6.2　グラフのラプラシアン行列

　本書ではグラフを「3章　ndimageを使った画像領域のネットワーク」で取り上げました。そこでは、エッジで接続するノードとして画像領域を表現しました。しかし、用いたのは、グラフを**閾値でふるいにかけ**、特定の値を超えたエッジを除去するという、非常に単純な解析手法でした。閾値でふるいにかける手法は、単純な事例ではうまくいきますが、いとも簡単に失敗することもあります。失敗は、たった1つの値が閾値の間違った側に含まれるだけで起きるのです。

　例えば、戦争をしていて、味方の軍と川一本をはさんで敵陣が野営しているとしましょう。敵を孤立させるため、川に架かる橋を全部爆破することにします。諜報機関によると、川に架かる橋1本につき爆破にt kgのTNTが必要ですが、自陣内の橋は$t+1$ kgに耐えられます。3章を読んでいたあなたは、兵士達にその地域にあるすべての橋をt kgのTNTで起爆するように命じるかもしれません。しかし、もし諜報機関の情報が、川に架かる橋のうちたった1本について間違っていたとしたら、そしてその橋が破壊されずに残ったとしたら、敵軍が進撃してくることができます。そうなれば一大事です！

　そこで、本章では、線形解析に基づいた、「グラフ解析」という別のアプローチを探っていきます。グラフGは**隣接行列**とみなせるため、グラフのノードに0から$n-1$までの番号を振り、第iノードと第jノードを接続するエッジがあれば、行列の第i行、第j列の点に1を置きます。要するに、隣接行列をAと呼ぶとすると、エッジ(i, j)がGにあるときのみ$A_{i,j}=1$となります。そうすれば、この行列を調べるのに線形代数の技が使えて、目を見張るような結果を伴うことがよくあります。

　ノードの次数は、そのノードに接続するエッジの数で定義されます。例えば、あるノードがグラフの他の5つのノードに接続していれば、次数は5です（注：本章の後方では、入ってくるエッジと出て行くエッジがある場合には、入次数と出次数を区別します）。行列の用語で言うと、次数は特定の行や列の値の**総和**に対応します。

　グラフの**ラプラシアン**行列（略して単に「ラプラシアン」とも呼ぶ）の定義は、対角要素が各ノードの次数で、それ以外はゼロである**次数行列 D**と、隣接行列Aの差です。

$$L = D - A$$

　この行列の特性を理解するために必要な線形代数理論のすべてを本章に詰め込むことは無理ですが、この行列には**優れた**特性があるとだけ言っておきましょう。続く数段落で、その特性のいくつかを利用してみます。

　まずは、Lの**固有ベクトル**を見てみましょう。行列Mの固有ベクトルvは、固有値と呼ぶある定数λについて、$Mv = \lambda v$を満たします。つまり、vはMにとって特別なベクトルなのです。Mvという演算の結果得られるベクトルλvは、vと比べて単に大きさだけが変わり、向きは変わらないからです。以下の例で紹介するように、固有ベクトルには数多くの便利な特性があって、すてきな魔法みたいな力もあります。

例えば、3×3の回転行列 R を任意の3次元ベクトル p に掛けると、p は z 軸の周りを 30 度回転します。R は、z 軸上にあるベクトル以外のすべてのベクトルを回転させます。z 軸上にあるベクトルは、何の影響も受けません。すなわち、固有値が $\lambda = 1$ の場合に $Rp = p$（つまり、$Rp = \lambda p$）となります。

6.2.1　演習：回転行列

以下の回転行列を考えます。

$$R = \begin{bmatrix} \cos\theta & -\sin\theta & 0 \\ \sin\theta & \cos\theta & 0 \\ 0 & 0 & 1 \end{bmatrix}$$

R を 3 次元の列ベクトル $p = [x\ y\ z]^T$ に掛け合わせると、その結果得られるベクトル Rp は、z 軸を中心に θ 度回転します。

- 問題 1.　$\theta = 45°$ の場合に、行列 R によってベクトルが z 軸を中心に回転することを、いくつかのベクトルで試して確かめましょう。なお Python の行列の掛け算は @ で記されることを思い出してください。
- 問題 2.　行列 $S = RR$ は何をするものでしょうか。Python を使って確かめましょう。
- 問題 3.　R を掛けても、ベクトル $[0\ 0\ 1]^T$ が不変であることを確かめましょう。言い換えると、$Rp = 1p$ であり、つまり p は R の固有値が 1 である場合の固有ベクトルです。
- 問題 4.　`np.linalg.eig` を使って R の固有値と固有ベクトルを求め、$[0\ 0\ 1]^T$ が固有ベクトルの 1 つであり、固有値 1 に対応することを確かめましょう。

さて、ラプラシアンの話に戻りましょう。ネットワーク解析で起きがちなのは、可視化に関する問題です。ノードとエッジをどのように描いたら、**図 6-1** のようなぐちゃぐちゃな図にならずに済むでしょうか。

よい方法の 1 つは、多数のエッジを共有するノード同士を近くに描くことです。実は、ラプラシアン行列の 2 番目に小さい固有値とその固有ベクトルを使うと、それが実現できるのです。この固有ベクトルは重要なので、特別にフィードラーベクトル（http://bit.ly/2tji13N）という名前が付いています。

では、最小限のネットワークを使って、その様子を見てみましょう。まずは、隣接行列を作ります。

```
import numpy as np
A = np.array([[0, 1, 1, 0, 0, 0],
              [1, 0, 1, 0, 0, 0],
              [1, 1, 0, 1, 0, 0],
              [0, 0, 1, 0, 1, 1],
              [0, 0, 0, 1, 0, 1],
              [0, 0, 0, 1, 1, 0]], dtype=float)
```

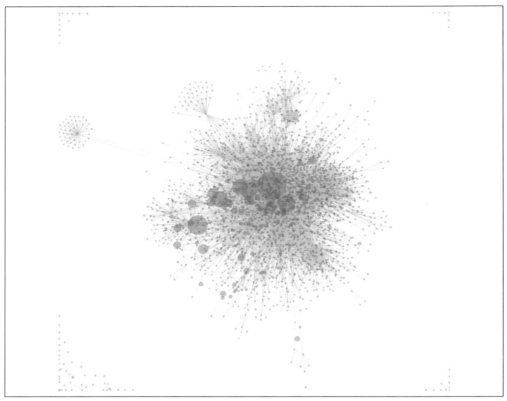

図6-1　ウィキペディアの構造の可視化（Chris Davis作成、[CC-BY-SA-3.0]（http://bit.ly/2tj5tcA）のライセンス下でリリース）

NetworkXを使ってこのネットワークを描画できます。まずは、いつものようにMatplotlibを初期化します。

```
# Make plots appear inline, set custom plotting style
                        プロットをインライン表示させ、本書独自のプロットスタイルを設定する。
%matplotlib inline
import matplotlib.pyplot as plt
plt.style.use('style/elegant.mplstyle')
```

では、プロットしてみましょう。

```
import networkx as nx
g = nx.from_numpy_matrix(A)
layout = nx.spring_layout(g, pos=nx.circular_layout(g))
nx.draw(g, pos=layout,
        with_labels=True, node_color='white')
```

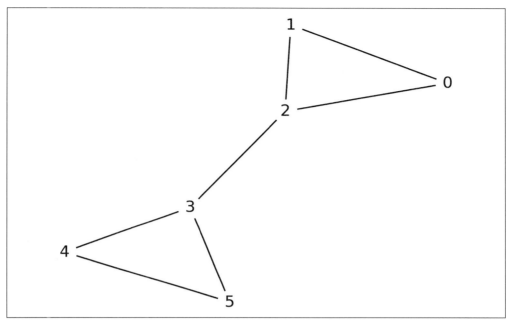

図6-2　Aのネットワーク

　ノードが自然と、(0、1、2) と (3、4、5) の2グループに分かれることが見てとれます。フィードラーベクトルを使っても、これがわかるのでしょうか。最初に、次数行列とラプラシアンを計算する必要があります。まず、次数を、A のどちらか一方の軸に沿って総和を取ることで求めます（A は対称なので、どちらの軸でも大丈夫です）。

```
d = np.sum(A, axis=0)
print(d)
```

```
[ 2.  2.  3.  3.  2.  2.]
```

　次に、この次数を、A と同じ形状の対角行列である**次数行列**に格納します。この操作は、以下のように `np.diag` 関数を使ってできます。

```
D = np.diag(d)
print(D)
```

```
[[ 2.  0.  0.  0.  0.  0.]
 [ 0.  2.  0.  0.  0.  0.]
 [ 0.  0.  3.  0.  0.  0.]
 [ 0.  0.  0.  3.  0.  0.]
 [ 0.  0.  0.  0.  2.  0.]
 [ 0.  0.  0.  0.  0.  2.]]
```

　最後に、以下の定義からラプラシアンを求めます。

```
L = D - A
print(L)

[[ 2. -1. -1.  0.  0.  0.]
 [-1.  2. -1.  0.  0.  0.]
 [-1. -1.  3. -1.  0.  0.]
 [ 0.  0. -1.  3. -1. -1.]
 [ 0.  0.  0. -1.  2. -1.]
 [ 0.  0.  0. -1. -1.  2.]]
```

行列 L は対称行列なので、`np.linalg.eigh` 関数を使って固有値と固有ベクトルを計算できます。

```
val, Vec = np.linalg.eigh(L)
```

求めた値が固有値と固有ベクトルの定義を満たすことは、以下のように確認できます。例えば、固有値の 1 つは 3 です。

```
np.any(np.isclose(val, 3))

True
```

また、行列 L に対応する固有ベクトルを掛けることは、固有ベクトルに 3 を掛けることと同じであることも確かめられます。

```
idx_lambda3 = np.argmin(np.abs(val - 3))
v3 = Vec[:, idx_lambda3]

print(v3)
print(L @ v3)

[ 0.         0.37796447 -0.37796447 -0.37796447  0.68898224 -0.31101776]
[ 0.         1.13389342 -1.13389342 -1.13389342  2.06694671 -0.93305329]
```

前述の通り、フィードラーベクトルは、L の 2 番目に小さい固有値に対応する固有ベクトルです。固有値をソートすると、2 番目に小さいものがわかります。

```
plt.plot(np.sort(val), linestyle='-', marker='o');
```

ゼロでない最初の固有値で、値は約 0.4 ですね。フィードラーベクトルは、この固有値に対応する固有ベクトルです（**図 6-4** を参照）。

```
f = Vec[:, np.argsort(val)[1]]
plt.plot(f, linestyle='-', marker='o');
```

これはすごいですね。フィードラーベクトルの要素の**符号**のみから、先ほどの図で見えた 2 つのグループに分けることができました（**図 6-5** を参照）。

```
colors = ['orange' if eigv > 0 else 'gray' for eigv in f]
nx.draw(g, pos=layout, with_labels=True, node_color=colors)
```

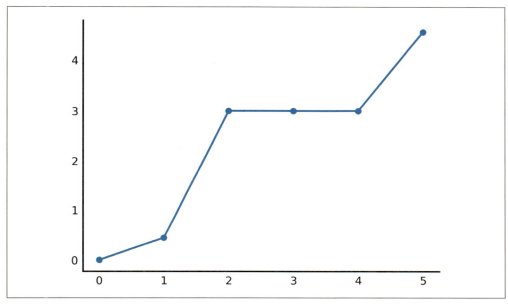

図6-3　Aの固有値をソート

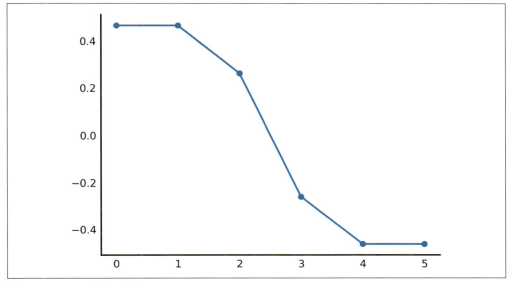

図6-4　Lのフィードラーベクトル

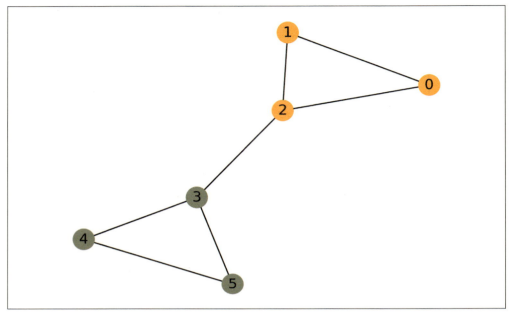

図6-5　Lのフィードラーベクトルの符号で色分けしたノード

6.3　脳データのラプラシアン

　この操作を、現実世界の事例に基づいて実演してみましょう。3章で紹介したVarshneyらの論文（http://bit.ly/2s9unuL）の図2のように、線虫の脳細胞の配置図を描いてみます（手法は、論文のsupplementary material（http://bit.ly/2sdZLIK）に解説されています）。線虫の脳の神経細胞の配置を得るために、Varshneyらは**ノードの次数によって正規化したラプラシアン行列**という、関連した行列を用いました。

　この解析では神経細胞の順番が重要なため、本章をデータクリーニングの話で難解にしないように、処理済みのデータセットを使います。元データはLav Varshneyのウェブサイト（http://www.ifp.illinois.edu/~varshney/elegans）から入手し、処理済みデータは本書の data/ ディレクトリに置いてあります。

　まずは、データを読み込みましょう。データは以下の4つの構成部分からなります。

- 化学シナプスのネットワーク。これを通して、**シナプス前細胞**が化学信号を**シナプス後細胞**に送る。
- ギャップ結合ネットワーク。神経細胞間の直接的な電気接触で形成される。
- 神経細胞のID（名前）
- 3種類の神経細胞。
    - **感覚神経細胞**。外部世界から来る信号を検知する。0に符号化。
    - **運動神経細胞**。筋肉を活性化して線虫が動くことを可能にする。2に符号化。

○ **介在神経細胞**。感覚神経細胞と運動神経細胞の間に存在し、複雑な信号処理を可能にする。1 に符号化。

```
import numpy as np
Chem = np.load('data/chem-network.npy')
Gap = np.load('data/gap-network.npy')
neuron_ids = np.load('data/neurons.npy')
neuron_types = np.load('data/neuron-types.npy')
```

続いて、ネットワークを簡略化するために、2種類の接続を合併し、神経細胞に入って来る接続と出て行く接続の平均を取って方向性を除去します。ズルをしているみたいですが、ここではグラフの神経細胞の**配置**を知りたいだけなので、神経細胞同士が接続**しているかどうか**だけに興味があり、方向性には興味がないのです。そうして得られる行列のことを**接続**行列と呼ぶことにしますが、これは単なる隣接行列の一種です。

```
A = Chem + Gap
C = (A + A.T) / 2
```

ラプラシアン行列 L を求めるには、次数行列 D が必要です。次数行列には、$[i, i]$ の位置に第 i ノードの次数が、それ以外の要素にはゼロが格納されています。

```
degrees = np.sum(C, axis=0)
D = np.diag(degrees)
```

これで、前と同じようにラプラシアンを求めることができます。

```
L = D - C
```

なお論文の図 2 (http://bit.ly/2s9unuL) の縦座標は、信号の流れにおいて、神経細胞がその下流の神経細胞群の「すぐ上」の位置の平均値になるべく近くなるようにノードを配置しています。Varshney らは、縦座標のこの尺度を「処理の深さ」と呼び、その値はラプラシアンを使った線形方程式を解いて求められます。本節では、擬似逆行列（https://ja.wikipedia.org/wiki/擬似逆行列）である scipy.linalg.pinv を使ってこれを解きます。

```
from scipy import linalg
b = np.sum(C * np.sign(A - A.T), axis=1)
z = linalg.pinv(L) @ b
```

（ここで @ 記号を用いていることに注意してください。これは、行列の乗算を表すために Python 3.5 で導入された演算子です。本書の「まえがき」と「5 章　疎行列を用いた分割表」で紹介したように、Python の古いバージョンでは、関数 np.dot を使う必要があります。）

次数で正規化したラプラシアン Q を求めるには、行列 D の逆数平方根が必要です。

```
Dinv2 = np.diag(1 / np.sqrt(degrees))
Q = Dinv2 @ L @ Dinv2
```

最後に、神経細胞の x 座標を抽出して、密に接続した神経細胞同士が近くになるようにします。Q の2番目に小さい固有値に対応する固有ベクトルを次数で正規化したものは、

```
val, Vec = linalg.eig(Q)
```

numpy.linalg.eig のドキュメントの以下の警告に気を付けてください。

> 固有値は、必ずしも順に並んでいない。

SciPy の eig 関数には、この警告が欠落しているので、注意が必要です。要するに手動で固有値と対応する固有ベクトルの列をソートする必要があるのです。

```
smallest_first = np.argsort(val)
val = val[smallest_first]
Vec = Vec[:, smallest_first]
```

これで、神経細胞の接続の近さ（affinity）の座標を計算するのに必要な固有ベクトルが求められます。

```
x = Dinv2 @ Vec[:, 1]
```

（このベクトルを使う理由は長すぎてここでは説明できませんが、上でリンクを張った論文の補足資料に詳しい説明があります。端的に言うと、このベクトルを選ぶと、神経細胞間のリンクの総距離が最小になるということです。）

さて、これより先に進む前に対処しないといけない、小さな回り道がもう1つあります。実は、固有ベクトルが定義されるのは、1つの乗法定数までなのです。これは、単純に固有ベクトルの定義によるものです。仮に、v が行列 M の固有ベクトルで、対応する固有値が λ とします。すると、任意のスカラー数 α について、αv もまた M の固有ベクトルになります。理由は、$Mv = \lambda v$ は $M(\alpha v) = \lambda (\alpha v)$ を意味するからです。したがって、M の固有ベクトルを求める際に、特定のソフトウェアパッケージが v を返すのかそれとも $-v$ を返すのかは、マニュアルを読まなければわかりません。本節で Varshney らの論文の配置を確実に再現するために、ベクトルが論文と同じ向きであり逆向きではないことを確かめる必要があります。それには、論文の図2から任意の神経細胞を選んで、その位置での x の符号を確かめます。論文の図2の符号と合っていなければ、符号を逆にすればよいだけです。

```
vc2_index = np.argwhere(neuron_ids == 'VC02')
if x[vc2_index] < 0:
    x = -x
```

後は、ノードとエッジを描くだけです。neuron_types に格納されているタイプに応じて、「colorblind」（色覚異常）という名の美しく機能的な colorbrewer palette（https://chrisalbon.

com/python/data_visualization/seaborn_color_palettes/）というカラーパレットを使って、色付けします。

```python
from matplotlib.colors import ListedColormap
from matplotlib.collections import LineCollection

def plot_connectome(x_coords, y_coords, conn_matrix, *,
                    labels=(), types=None, type_names=('',),
                    xlabel='', ylabel=''):
    """Plot neurons as points connected by lines.    神経細胞を、直線で接続する点としてプロットする。
    Neurons can have different types (up to 6 distinct colors).
                            異なるタイプの神経細胞をプロットできる（明瞭に区別できる色は 6 色まで）。
    Parameters    パラメータ
    ----------
    x_coords, y_coords : array of float, shape (N,)
                            浮動小数点数の配列、形状は (N,)。神経細胞の x および y 座標。
        The x-coordinates and y-coordinates of the neurons.
    conn_matrix : array or sparse matrix of float, shape (N, N)
        The connectivity matrix, with nonzero entry (i, j) if and only
        if node i and node j are connected.    浮動小数点数の配列もしくは疎行列、形状は (N, N)。
                                               連結行列で、第 i ノードと第 j ノードが接続する場合のみ、
                                               要素 (i, j) がゼロでない値を取る。
    labels : array-like of string, shape (N,), optional    文字列の array-like、形状は (N,)、任意指定。
        The names of the nodes.    ノードの名前
    types : array of int, shape (N,), optional     整数型の配列、形状は (N,)、任意指定。
        The type (e.g. sensory neuron, interneuron) of each node.
                            各ノードの種類（例えば、感覚神経細胞、介在神経細胞）。
    type_names : array-like of string, optional    文字列の array-like、任意指定。
        The name of each value of `types`. For example, if a 0 in
        `types` means "sensory neuron", then `type_names[0]` should
        be "sensory neuron".    `types` の各値の名前。例えば、`types` の値 0 が「感覚神経細胞」に
                                対応するなら、`type_names[0]` は "sensory neuron" になる。
    xlabel, ylabel : str, optional    文字列、任意指定。
        Labels for the axes.    座標軸のラベル。
    """
    if types is None:
        types = np.zeros(x_coords.shape, dtype=int)
    ntypes = len(np.unique(types))
    colors = plt.rcParams['axes.prop_cycle'][:ntypes].by_key()['color']
    cmap = ListedColormap(colors)

    fig, ax = plt.subplots()

    # plot neuron locations:    神経細胞の位置をプロットする。
    for neuron_type in range(ntypes):
        plotting = (types == neuron_type)
        pts = ax.scatter(x_coords[plotting], y_coords[plotting],
                         c=cmap(neuron_type), s=4, zorder=1)
        pts.set_label(type_names[neuron_type])

    # add text labels:    テキストラベルを追加。
```

```
    for x, y, label in zip(x_coords, y_coords, labels):
        ax.text(x, y, '  ' + label,
                verticalalignment='center', fontsize=3, zorder=2)

    # plot edges    エッジをプロットする。
    pre, post = np.nonzero(conn_matrix)
    links = np.array([[x_coords[pre], x_coords[post]],
                      [y_coords[pre], y_coords[post]]]).T
    ax.add_collection(LineCollection(links, color='lightgray',
                                     lw=0.3, alpha=0.5, zorder=0))

    ax.legend(scatterpoints=3, fontsize=6)

    ax.set_xlabel(xlabel, fontsize=8)
    ax.set_ylabel(ylabel, fontsize=8)

    plt.show()
```

では、この関数を使って神経細胞をプロットしてみましょう。

```
plot_connectome(x, z, C, labels=neuron_ids, types=neuron_types,
                type_names=['sensory neurons', 'interneurons',
                            'motor neurons'],
                xlabel='Affinity eigenvector 1', ylabel='Processing depth')
```

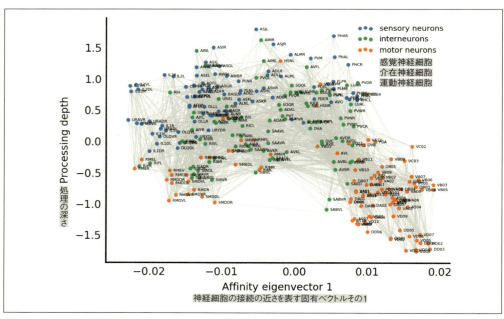

図6-6　線虫の脳の神経回路図

線虫の脳の神経回路図が描けましたね。原論文で解説されているように、感覚神経細胞から介在神経細胞のネットワークを通じて運動神経細胞へ、上位下達式な処理の様子が可視化されています。また、運動神経細胞が2つのグループにはっきり区別されています。2つのグループは線虫の体節のうち、首（左）と体（右）に対応します。

6.3.1　演習：神経細胞の接続の近さを表す図を描く

上記のコードをどのように変更すれば、論文の図2Bのように、神経細胞同士の接続の近さ（affinity）によって神経細胞を配置した図を描けるでしょうか。

6.3.2　チャレンジ問題：疎行列を扱う線形代数

前出のコードは、NumPy 配列を用いて行列を格納して必要な計算を行っています。これが可能なのは、300ノード未満の小さなグラフを使っているためです。ところが、もっと大きなグラフの場合には、この方法ではうまくいきません。

例えば、1万個以上のパッケージを含む Python Package Index、略称 PyPI に列挙されたライブラリの関係性を分析したいとします。このグラフのラプラシアン行列を保持するには、$8(100 \times 10^3)^2 = 8 \times 10^{10}$ バイト、すなわち 80 GB の RAM が必要です。さらに、隣接行列、対称隣接行列、擬似逆行列、そして計算時に使われる2つの一時的な行列も加えると、480 GB に達し、多くのデスクトップコンピュータのメモリ容量を超えてしまいます。

「自分のデスクトップは 512 GB の RAM があるから、このいわゆる「大きな」グラフも素早く描けるはず！」と思った読者もいることでしょう。

それはそうかもしれません。でも、Association for Computing Machinery（ACM）の引用グラフの解析もしたいとなるとどうでしょう。ACM は2百万を超える学術的な著作と参考文献のネットワークです。このラプラシアンは、32テラバイトの RAM を使い切るでしょう。

しかし、我々はすでに依存性グラフや参照グラフが疎であることを知っています。パッケージは通常、他の数個のパッケージに依存するだけで、PyPI のすべてに依存するわけではありません。論文や書籍も、通常は、他の数編の論文や書籍を参照するだけです。ですから、上記の行列を、`scipy.sparse`（5章を参照）に用意されているデータ構造を使って格納し、`scipy.sparse.linalg` の線形代数関数を使って必要な値を計算することができます。

`scipy.sparse.linalg` のドキュメントを研究して、上記の計算の疎バージョンをコーディングしてみましょう。

 疎行列の擬似逆行列は、一般に疎ではないので、ここでは使えません。同様に、疎行列のすべての固有ベクトルを得ることもできません。その理由は、それらを合わせると密行列になってしまうからです。

解法の一部を以下に（もちろん「付録　演習の解答」にも）示しますが、まずは自分で試してみることを強くお勧めします。

> ### ソルバ
>
> SciPy には、疎行列用の反復ソルバがいくつかありますが、どれを使うべきかは必ずしも自明ではありません。残念ながら、ソルバの選択は簡単ではありません。それぞれのアルゴリズムには、収束の速さ、安定性、正確さ、メモリの使用量をはじめとするいろいろな面で、それぞれの強みがあるのです。また、入力データを見ただけで、どのアルゴリズムが最も性能よく機能するか予測することもできないのです。
>
> とりあえず、反復ソルバの選び方のおおまかな指針を挙げておきます。
>
> - 入力行列 *A* が対称で正定値であるなら、共役勾配 (conjugate gradient) ソルバ `cg` を使う。一方、*A* が対称であるが特異行列に近い場合や不定値である場合は、最小残差反復法 (minimum residual iteration method) `minres` を試してみる。
> - システムが非対称の場合は、安定化双共役法 (biconjugate gradient stabilized method) `bicgstab` を使う。2乗共役勾配法 (conjugate gradient squared method) `cgs` は若干高速だが、収束がより不安定。
> - 多数の類似したシステムを解く必要がある場合は、LGMRES (左前処理付き GMRES 法) アルゴリズム `lgmres` を使う。
> - *A* が正方行列でない場合は、最小二乗アルゴリズム `lsmr` を使う。
>
> さらに詳しく知りたい場合は、以下を参照してください。
>
> - Noël M. Nachtigal, Satish C. Reddy, and Lloyd N. Trefethen, "HowFast Are Nonsymmetric Matrix Iterations?" *SIAM Journal on Matrix Analysis and Applications* 13, no. 3 (1992): 778–95. 778-795.
> - Jack Dongarra, "Survey of Recent Krylov Methods" (http://www.netlib.org/linalg/html_templates/node50.html)、November 20, 1995.

6.4 ページランク：評判と重要度のための線形代数

線形代数と固有ベクトルが適用された別の事例に、Google のページランクアルゴリズムがあります。ページランクという名前は、「ウェブページ」と、Google の共同創立者の一人である Larry Page の苗字の両方をもじって付けられたものです。

ウェブページを重要度でランク付けするには、そのページにリンクしている他のウェブページの数を数えればよいと思うかもしれません。みんながそのページにリンクを張っているんだから、よいページということでしょう？ しかし、この尺度は、簡単にズルをされてしまいます。自分のウェブページのランキングを上げたければ、できるだけたくさん他のウェブページを作って、それが全部元のページにリンクを張るようにすればよいのですから。

Google の初期の成功を駆動した鍵となった洞察は、重要なウェブページというのは、ただ多数のウェブページにリンクされているのではなく、**重要な**ウェブページにリンクされているのだ、というものでした。では、どうすればこれらの他のページが重要だとわかるのでしょう。それは、そ

れら自身が重要なページにリンクされているからです。この繰り返しです。

　この再帰的な定義なら、ページの重要度は、ウェブページ間のリンクが格納された、いわゆる**遷移行列**の固有ベクトルで計れます。仮に、重要度のベクトル r があり、リンクの行列が M とします。まだ r はわかりませんが、ページの重要度は、そのページにリンクするページの重要度の総和に比例することはわかっています。つまり、$\lambda = 1/\alpha$ について、$r = \alpha Mr$、もしくは $Mr = \lambda r$ となります。これは、まさに固有値の定義そのものです！

　遷移行列がいくつかの特別な性質を必ず満たすようにすることで、必要な固有値は 1 でそれが M の最大固有値であることをさらに特定できます。

　遷移行列は、とある仮想的なネットサーファー（Webster という名であることが多い）が、訪れるウェブページのリンクを無作為にクリックしていくことを想像し、問います。彼が特定のページに到達する確率は？　この確率を、ページランクと呼びます。

　Google の興隆以来、研究者はページランクをありとあらゆるネットワークに適用してきました。ここでは、Stefano Allesina と Mercedes Pascual が「*PLoS Computational Biology*」に載せた論文（https://journals.plos.org/ploscompbiol/article?id=10.1371/journal.pcbi.1000494）事例を紹介します。彼らは、この手法を生態学的な**フードウェブ**という、生物種をそれが食べる生物種にリンクするネットワークに適用することを思い付いたのです。

　素朴に考えると、ある生物種がエコシステムにどのくらい重要なのかを知りたければ、いくつの生物種がその生物種を食べるのかを調べるでしょう。それが多数の場合、もしその生物種が絶滅したら、それに「依存する」生物種も一緒に絶滅するかもしれません。ネットワーク用語で言うと、その生物種の**入次数**が、その生物種の生態学的な重要度を決定すると言えます。

　ページランクは、エコシステムの重要度の、より優れた尺度となるでしょうか。

　Allesina 教授は、ありがたいことに、我々が試せるフードウェブをいくつか提供してくださいました。著者らは、その 1 つ、すなわちフロリダ州の St. Marks National Wildlife Refuge からのものを、Graph Markup Language 形式で保存しました。このフードウェブは、1999 年に Robert R. Christian と Joseph J. Luczovich によって解説された（http://bit.ly/2sdWJEc）ものです。このデータセットでは、第 i 種が第 j 種を食べる場合には、第 i ノードは第 j ノードに向かうエッジを持ちます。

　まずはデータの読み込みから始めましょう。NetworkX はデータの読み方を知っています。

```
import networkx as nx

stmarks = nx.read_gml('data/stmarks.gml')
```

続いて、グラフに対応する疎行列を求めます。行列は数値的な情報しか保持しないので、行列の行と列に対応するパッケージのリストを別個のデータとして保持する必要があります。

```
species = np.array(list(stmarks.nodes()))  # array for multiindexing　マルチインデックス用の配列
Adj = nx.to_scipy_sparse_matrix(stmarks, dtype=np.float64)
```

隣接行列からは、**遷移確率**行列を得ることができます。これは、すべてのエッジが「その生物種

から外に向かうエッジの数」分の 1 の**確率**に置き換えられたものです。フードウェブにおいては、昼食確率行列と呼ぶ方が意味が通るかもしれませんね。

我々の行列にある生物種の総数は、頻繁に使われることになるので、n で表すことにしましょう。

```
n = len(species)
```

続いて、次数が要りますが、特に、各ノードの出次数の逆数を対角要素に入れた**対角行列**が必要になります。

```
np.seterr(divide='ignore')  # ignore division-by-zero errors   ゼロ除算によるエラーを無視する。
from scipy import sparse

degrees = np.ravel(Adj.sum(axis=1))
Deginv = sparse.diags(1 / degrees).tocsr()

Trans = (Deginv @ Adj).T
```

通常、ページランクのスコアは、単純に遷移行列の第 1 固有ベクトルになります。遷移行列を M、ページランクの値のベクトルを r で表すと、以下の関係が成り立ちます。

$$r = Mr$$

しかし、`np.seterr` の呼び出しは、実はそれほど話が簡単ではないことの証です。ページランクの手法は、遷移行列が**列確率**行列、つまり列ごとの総和が 1 になる場合にのみ功を奏するのです。さらに、どのページも、他のどのページからも、パスがどんなに長かろうとも、到達できなければなりません。

我々のフードウェブの場合は、そこが問題になります。なぜなら、食物連鎖の一番下、すなわち、論文の著者らが**有機堆積物**と呼ぶ（平たく言うと海底泥）種は、実際には何も**食べ**ないので（「命の輪」のはずなのに）、そこからは他の生物種に到達できないのです。

> **若いシンバ**：でもお父さん、僕たちはレイヨウを食べるよね？
> **ムファサ**：そうだね、シンバ、でも説明してあげよう。我々が死んだら、身体は草になり、レイヨウがそれを食べる。だから我々は皆、大きな命の輪でつながっているんだよ。
> ――『ライオンキング』

これに対処するために、ページランクアルゴリズムは、いわゆる「減衰係数」を使います。よく使われる値は 0.85 です。これにより、85% の時間は、アルゴリズムは無作為にリンクをたどりますが、残りの 15% の時間は、無作為に任意のページに飛ぶのです。すべてのページに、他のすべてのページへの低確率のリンクがあるようなものです。もしくは、本例では、エビが、稀にサメを食べたようなものです。一見ナンセンスなようですが、もう少しお付き合いください。実は、これは、命の輪の数学的な表現なのです。ここでは値を 0.85 に設定しますが、値は本例の解析にはあまり影響せず、幅広い減衰係数について同様の結果が得られます。

減衰係数を d で表すと、改変されたページランク方程式は以下のようになります。

$$r = dMr + \frac{1-d}{n}\mathbf{1}$$

変形すると、

$$(\mathbf{I} - dM)r = \frac{1-d}{n}\mathbf{1}$$

この方程式は、scipy.sparse.linalg の直接ソルバである spsolve を使って解くことができます。ただし、線形代数問題の構造と大きさにより、反復ソルバを使う方が効率がよい場合もあります。詳しくは、scipy.sparse.linalg のドキュメント（http://bit.ly/2se21Qg）を参照してください。

```
from scipy.sparse.linalg import spsolve

damping = 0.85
beta = 1 - damping

I = sparse.eye(n, format='csc')  # Same sparse format as Trans   Transと同じ疎形式

pagerank = spsolve(I - damping * Trans,
                   np.full(n, beta / n))
```

これで、St. Marks のフードウェブの「フードランク」が得られました。
では、ある生物種のフードランクは、それを食べる他の生物種の数と比べてどうでしょうか。

```
def pagerank_plot(in_degrees, pageranks, names, *,
                  annotations=[], **figkwargs):
    """Plot node pagerank against in-degree, with hand-picked node names."""
    # ノードのページランクを入次数に対してプロットし、厳選したノード名を付ける。
    fig, ax = plt.subplots(**figkwargs)
    ax.scatter(in_degrees, pageranks, c=[0.835, 0.369, 0], lw=0)
    for name, indeg, pr in zip(names, in_degrees, pageranks):
        if name in annotations:
            text = ax.text(indeg + 0.1, pr, name)

    ax.set_ylim(0, np.max(pageranks) * 1.1)
    ax.set_xlim(-1, np.max(in_degrees) * 1.1)
    ax.set_ylabel('PageRank')
    ax.set_xlabel('In-degree')
```

では、プロットを描いてみましょう。この部分を執筆する前にデータセットを調べて、プロット中の興味深いノードには、あらかじめラベルを付けておきました。

```
interesting = ['detritus', 'phytoplankton', 'benthic algae', 'micro-epiphytes',
               'microfauna', 'zooplankton', 'predatory shrimps', 'meiofauna',
               'gulls']
in_degrees = np.ravel(Adj.sum(axis=0))
pagerank_plot(in_degrees, pagerank, species, annotations=interesting)
```

海底泥（有機堆積物）は、それを食べる生物種の数（15）と、ページランク（0.003 以上）の両

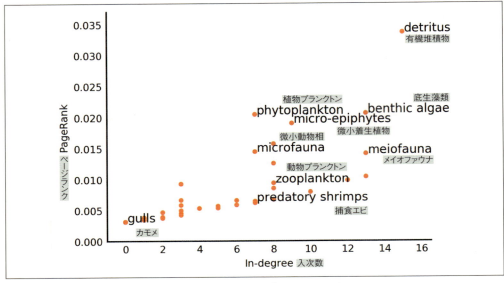

図6-7 St. Marks National Wildlife Refugeのフードウェブのフードランク

方で、最も重要な要素となりました。しかし、2番目に重要な要素は、他の13種の生物を養う底生藻類**ではなく**、たった7種の生物を養う植物プランクトンでした。理由は、他の**重要な**生物種が、植物プランクトンを食べるからです。最も左下に位置するカモメは、エコシステムのためにまったく何もしていないことがこれで確認されました。獰猛な**捕食エビ**（著者らの作り話ではありませんよ）は、植物プランクトンと同じ数の生物種を支えてはいるものの、エビの方が不可欠性が低い生物種なので、フードランクはより低くなっています。

本章では行いませんが、AllesinaとPascualの研究では、さらに発展させて生物種の絶滅の生態学的な影響のモデリングをしており、ページランクが入次数より上手に重要性を予測することを発見しています。

締めくくりに、ページランクはいくつかの異なる方法で計算できることに触れておきます。1つの方法は、上で解説した方法に補足的なもので、**パワー法**と呼ばれており、実際かなり強力です。ペロン＝フロベニウスの定理（http://bit.ly/2seyshv）に起源を持ちますが、この定理が述べることの1つは、確率行列は1を固有値にとり、それがこの行列の**最大の**固有値だということです（対応する固有ベクトルがページランクベクトルです）。これが意味するところは、任意のベクトルにMを掛けると、この主固有ベクトルを指す成分はそのままですが、乗算係数の分だけ**他の全成分は縮み**ます。その結果、何かの任意の開始ベクトルにMを繰り返し掛けると、いずれページランクベクトルにたどり着くことになります。

SciPyは、疎行列モジュールを使うことで、この処理を非常に効率よく行ってくれます。

```
def power(Trans, damping=0.85, max_iter=10**5):
    n = Trans.shape[0]
    r0 = np.full(n, 1/n)
    r = r0
    for _iter_num in range(max_iter):
        rnext = damping * Trans @ r + (1 - damping) / n
        if np.allclose(rnext, r):
            break
        r = rnext
    return r
```

6.4.1 演習：ぶら下がりノードの処理法

前出の反復処理では、Trans が列確率行列では**ない**ので、ベクトル r は反復のたびに縮むことに注意してください。確率行列にするには、すべての 0 の列を、全要素が $1/n$ の列に置き換える必要があります。この処理はとても高コストですが、反復を用いた計算はより簡単になります。上のコードをどう変更すれば、r がずっと確率ベクトルであることを保証できるでしょうか。

6.4.2 演習：異なる固有ベクトルの手法の等価性

これらの 3 つの手法から、同じノードのランキングが得られることを確かめましょう。numpy.corrcoef 関数が役立つでしょう。

6.5 まとめ

線形代数という分野は、たった 1 つの章で十分網羅するには広すぎますが、本章では、その威力の片鱗と、Python、NumPy、SciPy のライブラリのおかげで、線形代数のエレガントなアルゴリズムが手軽に利用できることを紹介しました。

7章
SciPyを使って関数を最適化する

「何が新しいか？」という問いは、人の興味を引き、広がりがあり、止むことがありませんが、それだけを追求すると、明日には沈泥となるどうでもよいものや流行ものが、次から次へと無限に登場するだけになってしまいます。それよりも、私は「何が最適か？」という問いに拘りたい。これは、広く浅くではなく深く切り込む問いで、その答えは往々にして底にたまった泥を下流に流してくれます。

——ロバート・M・パーシグ『禅とオートバイ修理技術』

壁に絵を掛けようとすると、なかなかまっすぐに掛からないことがあります。そんな時は、少し調整して、壁から一歩下がり、絵が水平かどうか確認する、という作業を繰り返します。これは、**最適化**という処理を行っているのです。水平からの角度のずれがゼロという要求を満たすまで、壁に掛けた人物画の傾きを変えていくわけです。

数学では、この要求を「費用関数」[†]、人物画の角度を「パラメータ」と呼びます。典型的な最適化問題では、費用関数が最小になるまでパラメータを変化させていきます。

例えば、放物線を平行移動させた関数 $f(x) = (x - 3)^2$ を思い浮かべてください。この費用関数を最小にする x の値を知りたいのです。パラメータが x であるこの関数は、3で最小値を取ることがわかっています。理由は、導関数を計算してゼロと置くと、$2(x - 3) = 0$（つまり $x = 3$）となるからです。

しかし、もしこの関数がとても複雑だったら（例えば、多項式だったり、導関数を計算してゼロになる点が複数あったり、非線形性を含んでいたり、多くのパラメータに依存していたりなど）、手計算では面倒になってきます。

費用関数は、ある地形の海抜高度の最も低い地点を探しているような場合の、地形を表すと考えることができます。この例えは、最適化問題の難所の1つを直ちに炙り出してくれます。山に囲まれているどこかの谷に立っている場合、自分が最も低い谷にいるのか、それともこの谷が低く見えるのは単に特に高い山に囲まれているからなのかを、どうやって判断すればよいのでしょうか。最適化の用語で言うと、**極小値**にひっかかっているのかそれとも最小値が見えているのか、どうしたらわかるのでしょう。ほとんどの最適化アルゴリズムは、この問題に対処すべく何らかのワ

[†] 訳注：または「コスト関数」、「目的関数」、「誤差関数」など。

ザを使っています†。

 図7-1 は、SciPy に用意されているすべての手法を示しています。この一部は本章で取り上げますが、それ以外は読者のみなさんがご自身で発見すべく残しておきます。

最適化アルゴリズムには、多数の異なる選択肢があります（図7-1 を参照）。費用関数がスカラーとベクトルのどちらを入力とするか（つまり、最適化するパラメータは1つかそれとも複数か）を選ぶことができます。費用関数の勾配を与える必要があるアルゴリズムも、自動的に推測するものもあります。一部のアルゴリズムはパラメータの探索を指定の領域内でのみ行い（**制約付き最適化**）、別のアルゴリズムではパラメータ空間全体を探索します。

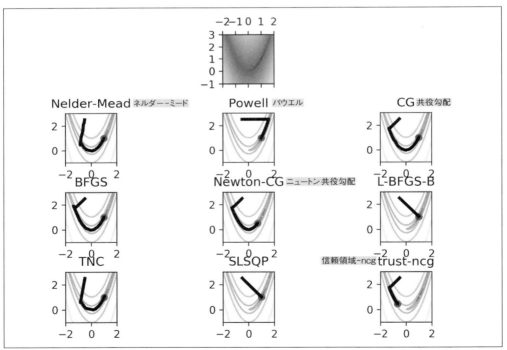

図7-1　（上）ローゼンバック関数を最適化するのに、各最適化アルゴリズムがたどる最適化の道筋の比較。パウエル法は、1つ目の次元に沿って直線探査を行ってから勾配降下を行う。一方、共役勾配（CG）法では、開始地点から勾配降下を行う。

---

† 最適化のアルゴリズムは、この問題を様々な方法で処理していますが、中でもよく使われる2つの手法は、直線探索と信頼領域です。**直線探索**では、特定の次元に沿って費用関数の最小値を探し、続けて他の次元でも同じことを行います。**信頼領域**では、最小値点の予測を、それがあると予期される方向に動かします。期待通りに最小値点に近づいているとわかれば、より確信を強めてこの操作を繰り返します。そうでなければ、確信を弱めて、もっと広い領域を探します。

7.1 SciPyの最適化関数：scipy.optimize

本章の残りの部分では、SciPyのoptimizeモジュールを使って、2枚の画像の位置合わせを行います。画像の位置合わせ、つまり**レジストレーション**の用途には、パノラマ合成、複数の脳スキャンの合併、超解像処理などがあり、天文学の分野では、複数の露出を組み合わせて行う天体写真のノイズ除去（ノイズ低減）などもあります。

まずは、いつものように、プロットの環境を設定します。

```
# Make plots appear inline, set custom plotting style
%matplotlib inline
import matplotlib.pyplot as plt
plt.style.use('style/elegant.mplstyle')
```

> プロットをインライン表示させ、本書独自のプロットスタイルを設定する。

では、最も単純な例から始めましょう。2枚の画像があり、1枚が相対的にずれています。2枚の画像の位置合わせが最適になるようにずれを戻したいと思います。

本例で用いる最適化関数は、片方の画像を「小刻みに動かし」ます。ある方向または別の方向に小刻みに動かすと、2枚の画像の違いが減少するかどうかを調べます。この操作を繰り返すことで、正しい位置合わせを探索することができます。

7.1.1 事例：画像の最適な移動距離を計算する

「3章 ndimageを使った画像領域のネットワーク」に登場した宇宙飛行士Eileen Collinsに再登場してもらいましょう。この画像を50ピクセルだけ右にずらしてから、最適な一致を見つけるまで元の画像と比較することを繰り返します。元の位置は当然わかっているので、無駄な操作ではありますが、実際に試してみることで真の値がわかるので、アルゴリズムの性能を調べることができるのです。以下に元画像とずらした画像を示します。

```
from skimage import data, color
from scipy import ndimage as ndi

astronaut = color.rgb2gray(data.astronaut())
shifted = ndi.shift(astronaut, (0, 50))

fig, axes = plt.subplots(nrows=1, ncols=2)
axes[0].imshow(astronaut)
axes[0].set_title('Original')
axes[1].imshow(shifted)
axes[1].set_title('Shifted');
```

最適化アルゴリズムが機能するには、「相違点」を定義する何らかの方法、つまり費用関数が必要です。最も簡単な方法は、差の二乗の平均、すなわち**平均二乗誤差**（mean squared error：MSE）を計算することです。

図7-2　元の画像と50ピクセル右にずらした画像

```
import numpy as np

def mse(arr1, arr2):
    """Compute the mean squared error between two arrays."""
    return np.mean((arr1 - arr2)**2)
```
2個の配列間の平均二乗誤差を計算する。

　この関数は、画像の位置が完璧に合っている場合には0、それ以外の場合には0より大きい値を返します。この費用関数を使えば、2つの画像の位置が合っているかを確認できます。

```
ncol = astronaut.shape[1]

# Cover a distance of 90% of the length in columns,
# with one value per percentage point
shifts = np.linspace(-0.9 * ncol, 0.9 * ncol, 181)
mse_costs = []

for shift in shifts:
    shifted_back = ndi.shift(shifted, (0, shift))
    mse_costs.append(mse(astronaut, shifted_back))

fig, ax = plt.subplots()
ax.plot(shifts, mse_costs)
ax.set_xlabel('Shift')
ax.set_ylabel('MSE');
```
列の長さの90%を、1%間隔の点で網羅する。

　費用関数の定義が済んだので、`scipy.optimize.minimize` にパラメータの最適値を探索してもらいましょう。

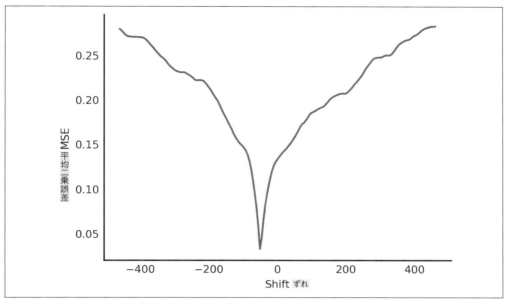

図7-3 50ピクセルずらした画像のずれの平均二乗誤差

```
from scipy import optimize

def astronaut_shift_error(shift, image):
    corrected = ndi.shift(image, (0, shift))
    return mse(astronaut, corrected)

res = optimize.minimize(astronaut_shift_error, 0, args=(shifted,), method='Powell')

print(f'The optimal shift for correction is: {res.x}')

The optimal shift for correction is: -49.99997565757551
```

うまくいきましたね。+50 ピクセルずらしたら、ものさしである MSE のおかげで、SciPy の optimize.minimize 関数は、元の位置に戻すために必要な正しい移動距離（−50）を返しました。

実を言うと、上の例はとりわけ簡単な最適化問題だったのです。では続いて、この種の位置合わせ処理の筆頭の難所を紹介します。MSE は、良くなる前に悪くなる必要がある場合があるのです。

では再度、画像をずらしてみましょう。変更前の画像から始めます。

```
ncol = astronaut.shape[1]

# Cover a distance of 90% of the length in columns,
# with one value per percentage point    列の長さの 90% を、1% 間隔の点で網羅する。
shifts = np.linspace(-0.9 * ncol, 0.9 * ncol, 181)
mse_costs = []
```

```
for shift in shifts:
    shifted1 = ndi.shift(astronaut, (0, shift))
    mse_costs.append(mse(astronaut, shifted1))

fig, ax = plt.subplots()
ax.plot(shifts, mse_costs)
ax.set_xlabel('Shift')
ax.set_ylabel('MSE');
```

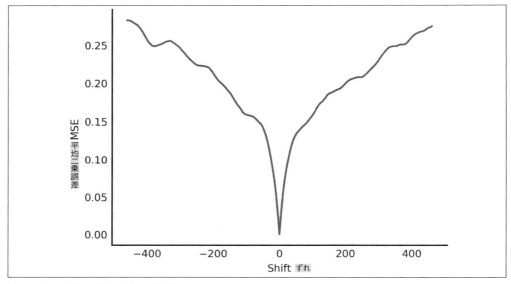

図7-4　元の画像のずれの平均二乗誤差

ずれがゼロの状態から始めて、負の方向にずれの量を拡大した場合のMSEの値を追ってみましょう。MSEは増加を続けますが、−300ピクセルの当たりで減少に転じます。ほんのわずかですが、減少していますね。そして−400ピクセル当たりで最小になり、そこから再び増加します。これを**極小値**と呼びます。最適化の手法は、費用関数の「近くの」値にしか到達できないので、「間違った」方向に動かすことで費用関数が向上するなら、`minimize`処理はそちらに動かしてしまうのです。ですから、−340ピクセルずれた画像から開始すると、

```
shifted2 = ndi.shift(astronaut, (0, -340))
```

`minimize`は、元画像を復元する代わりに、さらに約40ピクセルずらしてしまいます。

```
res = optimize.minimize(astronaut_shift_error, 0, args=(shifted2,), method='Powell')

print(f'The optimal shift for correction is {res.x}')

The optimal shift for correction is -38.51778619397471
```

これを解決する一般的な方法は、画像を平滑化もしくは粗くすることです。これにより、目的関数が平滑化されるという二重の効果があります。ガウシアンフィルタを使って画像を平滑化した後の、同じプロットを見てみましょう。

```
from skimage import filters

astronaut_smooth = filters.gaussian(astronaut, sigma=20)

mse_costs_smooth = []
shifts = np.linspace(-0.9 * ncol, 0.9 * ncol, 181)
for shift in shifts:
    shifted3 = ndi.shift(astronaut_smooth, (0, shift))
    mse_costs_smooth.append(mse(astronaut_smooth, shifted3))

fig, ax = plt.subplots()
ax.plot(shifts, mse_costs, label='original')
ax.plot(shifts, mse_costs_smooth, label='smoothed')
ax.legend(loc='lower right')
ax.set_xlabel('Shift')
ax.set_ylabel('MSE');
```

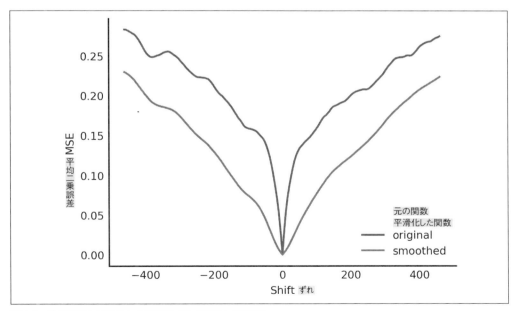

図7-5　元の画像と平滑化した画像のずれの平均二乗誤差

ご覧のように、かなり極端な平滑化を行うと、誤差関数の「じょうご」の部分は、幅が広がって滑らかになります。関数自体を平滑化する代わりに、比較の前に画像をぼかすことで同様の効果が得られるのです。このため、最近の位置合わせソフトウェアには、**ガウシアンピラミッド**と呼ばれるものが使われています。これは、同じ画像から生成した複数の低解像度版で、少しずつ異なる解像度の画像をセットにしたものです。最初に解像度のより低い（よりぼやけた）画像の位置合わせを行うことでおおまかな位置を決めて、続いて少しずつ解像度が高くなる画像を使って徐々に位置合わせを改良していきます。

```python
def downsample2x(image):
    offsets = [((s + 1) % 2) / 2 for s in image.shape]
    slices = [slice(offset, end, 2)
              for offset, end in zip(offsets, image.shape)]
    coords = np.mgrid[slices]
    return ndi.map_coordinates(image, coords, order=1)

def gaussian_pyramid(image, levels=6):
    """Make a Gaussian image pyramid.    画像のガウシアンピラミッドを構築する。

    Parameters    パラメータ
    ----------
    image : array of float    浮動小数点数の配列
        The input image.    入力画像
    max_layer : int, optional    整数型、任意指定
        The number of levels in the pyramid.    ピラミッドのレベル数

    Returns    戻り値
    -------
    pyramid : iterator of array of float    浮動小数点数の配列のイテレータ
        An iterator of Gaussian pyramid levels, starting with the top
        (lowest resolution) level.
    """    ガウシアンピラミッドのレベルのイテレータ。最上レベル（最低解像度）から開始。
    pyramid = [image]

    for level in range(levels - 1):
        blurred = ndi.gaussian_filter(image, sigma=2/3)
        image = downsample2x(image)
        pyramid.append(image)

    return reversed(pyramid)
```

1次元の位置合わせがこのピラミッドに沿ってどう見えるか調べてみましょう。

```python
shifts = np.linspace(-0.9 * ncol, 0.9 * ncol, 181)
nlevels = 8
costs = np.empty((nlevels, len(shifts)), dtype=float)
astronaut_pyramid = list(gaussian_pyramid(astronaut, levels=nlevels))
for col, shift in enumerate(shifts):
```

```
            shifted = ndi.shift(astronaut, (0, shift))
            shifted_pyramid = gaussian_pyramid(shifted, levels=nlevels)
            for row, image in enumerate(shifted_pyramid):
                costs[row, col] = mse(astronaut_pyramid[row], image)

    fig, ax = plt.subplots()
    for level, cost in enumerate(costs):
        ax.plot(shifts, cost, label='Level %d' % (nlevels - level))
    ax.legend(loc='lower right', frameon=True, framealpha=0.9)
    ax.set_xlabel('Shift')
    ax.set_ylabel('MSE');
```

ご覧のように、ピラミッドの最上レベルでは、約−325 ピクセルの位置にあるでこぼこが消えています。したがって、このレベルでおおよその位置を合わせたのち、下位レベルに降りていって位置合わせを改良することができます（図 7-6 を参照）。

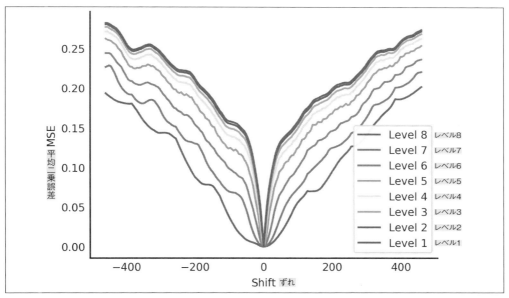

図7-6　ガウシアンピラミッドの様々なレベルにおける、ずれの平均二乗誤差

7.2　optimizeを使った画像のレジストレーション

　では、この処理を自動化して、回転、行次元の平行移動、列次元の平行移動の3つのパラメータを使った「本物の」位置合わせを試してみましょう。これは、どんな変形（拡大縮小、歪みなどの伸縮）も伴わないため、「**剛体レジストレーション**」と呼ばれます。対象物は剛体とみなされ、一致が見つかるまで移動（回転を含む）されます。

　コードを簡単にするため、scikit-image の `transform` モジュールを使って、画像の平行移動と回転を行います。SciPy の `optimize` ルーチンには、入力としてパラメータをベクトルの形で与える

必要があります。まずは、そのようなベクトルを受け取って正しいパラメータを使った剛体変換を生成する関数を作成しましょう。

```python
from skimage import transform

def make_rigid_transform(param):
    r, tc, tr = param
    return transform.SimilarityTransform(rotation=r, translation=(tc, tr))

rotated = transform.rotate(astronaut, 45)

fig, axes = plt.subplots(nrows=1, ncols=2)
axes[0].imshow(astronaut)
axes[0].set_title('Original')
axes[1].imshow(rotated)
axes[1].set_title('Rotated');
```

次に、費用関数が必要です。これはただの MSE ですが、SciPy は決まった形式しか受け取りません。第 1 引数は、最適化する**パラメータのベクトル**である必要があります。それ以降の引数はタプルとして args キーワードに渡すことができますが、これらの値は固定されたままで、最適化できるのはパラメータだけです。本例のパラメータのベクトルは、回転角度と 2 つの平行移動のパラメータだけです。

```python
def cost_mse(param, reference_image, target_image):
    transformation = make_rigid_transform(param)
    transformed = transform.warp(target_image, transformation, order=3)
    return mse(reference_image, transformed)
```

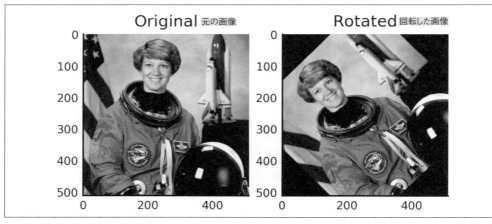

図7-7　元の画像と45度回転した画像

最後に、本例の費用関数を**ガウシアンピラミッドの各レベル**で最適化する、位置合わせ関数を作成します。この関数は、前のレベルの結果を、次のレベルの開始点として利用します。

```python
def align(reference, target, cost=cost_mse):
    nlevels = 7
    pyramid_ref = gaussian_pyramid(reference, levels=nlevels)
    pyramid_tgt = gaussian_pyramid(target, levels=nlevels)

    levels = range(nlevels, 0, -1)
    image_pairs = zip(pyramid_ref, pyramid_tgt)

    p = np.zeros(3)

    for n, (ref, tgt) in zip(levels, image_pairs):
        p[1:] *= 2

        res = optimize.minimize(cost, p, args=(ref, tgt), method='Powell')
        p = res.x

        # print current level, overwriting each time (like a progress bar)
        # 現在のレベルを表示する。毎回上書きする（進捗バーのように）。
        print(f'Level: {n}, Angle: {np.rad2deg(res.x[0]) :.3}, '
              f'Offset: ({res.x[1] * 2**n :.3}, {res.x[2] * 2**n :.3}), '
              f'Cost: {res.fun :.3}', end='\r')

    print('')  # newline when alignment complete  位置合わせが完了したら改行。
    return make_rigid_transform(p)
```

では、例の宇宙飛行士の画像で試してみましょう。60度回転し、ノイズを加えてみます。さて、SciPyは正しい変換を復元できるでしょうか（図7-8を参照）。

```python
from skimage import util

theta = 60
rotated = transform.rotate(astronaut, theta)
rotated = util.random_noise(rotated, mode='gaussian', seed=0, mean=0, var=1e-3)

tf = align(astronaut, rotated)
corrected = transform.warp(rotated, tf, order=3)

f, (ax0, ax1, ax2) = plt.subplots(1, 3)
ax0.imshow(astronaut)
ax0.set_title('Original')
ax1.imshow(rotated)
ax1.set_title('Rotated')
ax2.imshow(corrected)
ax2.set_title('Registered')
for ax in (ax0, ax1, ax2):
    ax.axis('off')

Level: 1, Angle: -60.0, Offset: (-1.87e+02, 6.98e+02), Cost: 0.0369
```

図7-8　画像の位置合わせを復元するために用いた最適化

いい調子です。しかし実を言うと、上でパラメータに選んだ値が、最適化の難しさを隠してしまっていたのです。では、元の画像にもっと近い、50度回転したものがどうなるかを見てみましょう。

```
theta = 50
rotated = transform.rotate(astronaut, theta)
rotated = util.random_noise(rotated, mode='gaussian', seed=0, mean=0, var=1e-3)

tf = align(astronaut, rotated)
corrected = transform.warp(rotated, tf, order=3)

f, (ax0, ax1, ax2) = plt.subplots(1, 3)
ax0.imshow(astronaut)
ax0.set_title('Original')
ax1.imshow(rotated)
ax1.set_title('Rotated')
ax2.imshow(corrected)
ax2.set_title('Registered')
for ax in (ax0, ax1, ax2):
    ax.axis('off')
```

```
Level: 1, Angle: 0.414, Offset: (2.85, 38.4), Cost: 0.141
```

元の画像により近いところから始めたにも関わらず、正しい回転の復元に失敗しました（図7-9）。理由は、最適化の手法を用いると、成功へと続く道の途中にある小さなでこぼこの極小値にひっかかることがあるからです。これは、本章の前方で紹介した、ずらしただけの画像の位置合わせの例でも見られましたね。そのため、最適化の手法は、パラメータの初期値にとても敏感なことがあるのです。

図7-9　最適化の失敗

7.3　ベイスン-ホッピング法で極小値を避ける

1997 年に David Wales と Jonathan Doyle によって考案された[†]ベイスン - ホッピング法は、極小値を避ける手法です。まず、パラメータの何らかの初期値から最適化を始めて、見つかった極小値から無作為の方向に遠ざかり、再び最適化を試みるというやり方です。この無作為の移動に適切なステップサイズを選ぶことで、このアルゴリズムは同じ極小値に 2 度ひっかかることを避けられるため、勾配に基づく単純な最適化手法よりも、ずっと広いパラメータ空間を探索できるのです。

ベイスン - ホッピングの SciPy の実装を組み込むのは、読者のみなさんの演習に任せます。これは本章の後方で必要になるので、もしつまずいたら本書の終わりにある解答を覗いても構いません。

7.3.1　演習：align 関数を修正する

極小値を避けるための明示的な戦略を持つ scipy.optimize.basinhopping を使えるように align 関数を修正してみましょう。

　ベイスン - ホッピング法の適用を、ガウシアンピラミッドの上位レベルに限定しましょう。この最適化手法は遅いため、元画像の高い解像度で走らせるとかなり時間がかかるからです。

7.4　「何が最適か？」：適切な目的関数の選び方

現時点で、すばらしいことに、我々は実際に役立つレジストレーションの手法を手にしています。しかし、実は、同じモダリティの画像の位置合わせをするという、最も簡単なレジストレーションの問題しか解いていないのです。つまり、参照元の画像の明るいピクセルが、テスト画像の明るいピクセルと一致することを期待しているわけです。

次は、同じ画像の異なる色チャネルの位置合わせ処理に移ります。この場合、チャネル同士のモ

[†] David J. Wales and Jonathan P.K. Doyle, "Global Optimization by Basin-Hopping and the Lowest Energy Structures of Lennard-Jones Clusters Containing up to 110 Atoms", *Journal of Physical Chemistry* 101, no. 28 (1997): 5111–16.

ダリティが同じであると期待することはできません。この操作には歴史的意義があります。1909年から1915年の間に、写真家のセルゲイ・ミハイロヴィチ・プロクジン＝ゴルスキーは、カラー写真が発明される以前のロシア帝国のカラー写真を生み出したのです。彼は、ある情景の3つの異なるモノクロ写真を、それぞれ異なるカラーフィルタをレンズの前に置いて撮影することで、それを実現したのです。

　この場合には、MSE が陰に行っているように、明るいピクセル同士の位置合わせをしてもうまくいきません。例として、アメリカ議会図書館プロクジン＝ゴルスキー収蔵品（http://www.loc.gov/pictures/item/prk2000000263/）の、神学者聖ヨハネ修道院の3枚のステンドグラス窓を見てみましょう（図7-10 を参照）。

```
from skimage import io                      # [0, 1] 間の値を取る浮動小数点数の配列に格納した画像を使う。
stained_glass = io.imread('data/00998v.jpg') / 255  # use float image in [0, 1]
fig, ax = plt.subplots(figsize=(4.8, 7))
ax.imshow(stained_glass)
ax.axis('off');
```

聖ヨハネの衣を見てください。1枚の画像では黒、別の画像ではグレー、もう1枚の画像では明るい白です。これでは、たとえ完璧な位置合わせができたとしても、MSE のスコアはひどいでしょう。

　では、これを基に何ができるか見ていきましょう。まずは、図版を、成分のチャネルに分割します。

```
nrows = stained_glass.shape[0]
step = nrows // 3
channels = (stained_glass[:step],
            stained_glass[step:2*step],
            stained_glass[2*step:3*step])
channel_names = ['blue', 'green', 'red']
fig, axes = plt.subplots(1, 3)
for ax, image, name in zip(axes, channels, channel_names):
    ax.imshow(image)
    ax.axis('off')
    ax.set_title(name)
```

最初に、3枚の画像を重ね合わせて、3つのチャネルの間で位置合わせの微調整が必要なことを確認します。

```
blue, green, red = channels
original = np.dstack((red, green, blue))
fig, ax = plt.subplots(figsize=(4.8, 4.8), tight_layout=True)
ax.imshow(original)
ax.axis('off');
```

7.4 「何が最適か？」：適切な目的関数の選び方 | 183

図7-10 プロクジン＝ゴルスキー撮影の図版：同じステンドグラス窓を、3つの異なるフィルタを用いて撮影した3枚の写真

図7-11 3枚の画像を重ね合わせただけの画像

図7-12 3枚の画像を重ね合わせただけの画像

画像中の人や物の周りにある「光ぼけ」の様子から、色の位置合わせはほぼできているものの、完璧ではないことがわかります。本章で宇宙飛行士の画像に施したのと同じ手法を用いて、位置合わせをしてみましょう。出発点の画像として、緑色チャネルのデータを使って、青色と赤色のチャネルの画像位置をそれに合わせます。

```
print('*** Aligning blue to green ***')
tf = align(green, blue)
cblue = transform.warp(blue, tf, order=3)
```

```
print('** Aligning red to green ***')
tf = align(green, red)
cred = transform.warp(red, tf, order=3)

corrected = np.dstack((cred, green, cblue))
f, (ax0, ax1) = plt.subplots(1, 2)
ax0.imshow(original)
ax0.set_title('Original')
ax1.imshow(corrected)
ax1.set_title('Corrected')
for ax in (ax0, ax1):
    ax.axis('off')

*** Aligning blue to green ***
Level: 1, Angle: -0.0474, Offset: (-0.867, 15.4), Cost: 0.0499
** Aligning red to green ***
Level: 1, Angle: 0.0339, Offset: (-0.269, -8.88), Cost: 0.0311
```

位置合わせは、生の画像（**図7-13**）を使った場合よりは若干ましです。というのは、おそらく空の巨大な黄色い部分があるおかげで、赤色と緑色のチャネルが正しく位置合わせできているからです。しかし、青色のチャネルは、青の明るい部分が緑色のチャネルと一致していないので、ずれたままです。これは、チャネルの位置が合っていない場合にMSEが小さくなるためで、青色の部分が一部の明るい緑色部分と重なっているということです。

図7-13 MSEに基づいた位置合わせでは、光ぼけは減っても完全にはなくならない

代わりに、**正規化相互情報量**（normalized mutual information：NMI）というものさしを使ってみましょう。NMIは、異なる画像の異なる明度帯の相関を測るものです。画像の位置合わせが完璧にできている場合には、色が一様な任意の対象物は、異なる成分のチャネルの色合いの間で高い相関を得て、これに対応するNMIの値も大きくなります。ある意味、NMIの値は、別の画像の対応するピクセルの値が与えられた場合に、ある画像のピクセル値を予測する難易度を測るもの

さしです。NMI は「An Overlap Invariant Entropy Measure of 3D Medical Image Alignment」(http://bit.ly/2trbaFu) という論文で定義されました[†]。

$$I(X, Y) = \frac{H(X)+H(Y)}{H(X,Y)}$$

ここで、$H(X)$ は X のエントロピーで、$H(X,Y)$ は X と Y の共同エントロピーです。分子は、2枚の画像を別々に見た場合のエントロピーを表し、分母は、2枚の画像が同時に観測された場合の全エントロピーを表します。値は、1（最大限の位置合わせ）と2（最小限の位置合わせ）の範囲の値を取ります[‡]。「5章　疎行列を用いた分割表」を参照してください。

Python のコードでは、上記の内容は以下のようになります。

```
from scipy.stats import entropy

def normalized_mutual_information(A, B):
    """Compute the normalized mutual information.    正規化相互情報量を計算する。

    The normalized mutual information is given by:   正規化相互情報量の定義は次の通り。

              H(A) + H(B)
    Y(A, B) = -----------
                H(A, B)

    where H(X) is the entropy ``- sum(x log x) for x in X``.
                                             ここで H(X) はエントロピー ``- sum(x log x) for x in X``。
    Parameters    パラメータ
    ----------
    A, B : ndarray   n 次元配列
        Images to be registered.    レジストレーションする画像

    Returns    戻り値
    -------
    nmi : float    浮動小数点数
        The normalized mutual information between the two arrays, computed at a
        granularity of 100 bins per axis (10,000 bins total).
    """       2 つの配列間の正規化相互情報量。各軸につき 100 個のビンの粒度で計算（計 10,000 ビン）。
    hist, bin_edges = np.histogramdd([np.ravel(A), np.ravel(B)], bins=100)
    hist /= np.sum(hist)

    H_A = entropy(np.sum(hist, axis=0))
    H_B = entropy(np.sum(hist, axis=1))
    H_AB = entropy(np.ravel(hist))

    return (H_A + H_B) / H_AB
```

[†] C. Studholme, D. L. G. Hill, and D. J. Hawkes, "An Overlap Invariant Entropy Measure of 3D Medical Image Alignment," Pattern Recognition 32, no. 1 (1999): 71–86.

[‡] ざっくり説明すると、エントロピーは、目下検討中の量のヒストグラムから求められます。もし $X = Y$ なら、結合ヒストグラム (X, Y) は対角成分で、X もしくは Y の対角成分と同じものになります。したがって、$H(X) = H(Y) = H(X, Y)$ で、$I(X, Y) = 2$ となります。

続いて、前に cost_mse を定義したように、最適化する**費用関数**を定義します。

```
def cost_nmi(param, reference_image, target_image):
    transformation = make_rigid_transform(param)
    transformed = transform.warp(target_image, transformation, order=3)
    return -normalized_mutual_information(reference_image, transformed)
```

最後に、これを我々のベイスン - ホッピング最適化手法を利用した位置合わせ関数（図 7-14）とともに使います。

```
print('*** Aligning blue to green ***')
tf = align(green, blue, cost=cost_nmi)
cblue = transform.warp(blue, tf, order=3)

print('** Aligning red to green ***')
tf = align(green, red, cost=cost_nmi)
cred = transform.warp(red, tf, order=3)

corrected = np.dstack((cred, green, cblue))
fig, ax = plt.subplots(figsize=(4.8, 4.8), tight_layout=True)
ax.imshow(corrected)
ax.axis('off')

*** Aligning blue to green ***
Level: 1, Angle: 0.444, Offset: (6.07, 0.354), Cost: -1.08
** Aligning red to green ***
Level: 1, Angle: 0.000657, Offset: (-0.635, -7.67), Cost: -1.11

(-0.5, 393.5, 340.5, -0.5)
```

なんと美しい画像でしょう。この工芸品が、カラー写真が存在する前に生み出されたというのですから驚きです。真珠のように白い神の衣、ヨハネの白い髭、彼の筆記者であるプロコロが持つ本の白いページ。いずれも、MSE を使った位置合わせでは欠けていましたが、NMI を使うと鮮明に浮かび上がります。前景にある燭台の金色のリアルさにも注目してください。

本章では、関数の最適化に関する 2 つの主要概念を紹介しました。「極小値とは何かとその避け方」と、「特定の目的を達成するための正しい最適化関数の選び方」です。この 2 つを解決すれば、科学の幅広い問題に最適化を適用できるようになるでしょう。

図7-14　プロクジン＝ゴルスキーの色チャネルを正規化相互情報量で位置合わせしたもの

8章
Toolzを使って小さなノートパソコンでビッグデータを処理する方法

> グレイシー：ナイフですって？ ヤツは身長が12フィートもあるのよ！
> ジャック：7フィートだよ。大丈夫だって、なんとかできると思うよ。
> ——ジャック・バートン『ゴーストハンターズ』

　ストリーミングは、SciPy自体の機能ではありませんが、科学の世界でよく見られるような大規模なデータセットを効率よく処理できるようにする手法です。Pythonには、ストリーミングでデータ処理を行うのに役立つ基本構造がいくつか用意されており、これらをMatt RocklinのToolzライブラリと組み合わせると、極めてメモリ効率がよく、エレガントで簡潔なコードを書くことができます。本章では、ストリーミング処理の概念を適用して、お使いのコンピュータのRAMに載るよりもはるかに大きなデータセットを取り扱えるようにする方法を解説します。

　ストリーミング処理という概念を知らずに、すでにストリーミングを実行していた人もいるでしょう。おそらく最も単純なストリーミングは、ファイル全体をメモリに読み込むことなく、ファイル中の行を反復して、1行ずつ処理することでしょう。例えば、以下のような、各行の平均値を計算して総和を取るループなどがそうです。

```python
import numpy as np
with open('data/expr.tsv') as f:
    sum_of_means = 0
    for line in f:
        sum_of_means += np.mean(np.fromstring(line, dtype=int, sep='\t'))
print(sum_of_means)
```

```
1463.0
```

　この手法は、行単位の処理で問題がきれいに解決する場合に実に効果的な手段です。しかし、コードが洗練されるにつれて、急速に手に負えない事態になることもあります。

　ストリーミングのプログラムでは、ある関数が入力データの**一部**を処理して処理済みの塊を返したら、下流の関数がその塊に対処している間、先ほどの関数は入力データをもう少し受け取る、ということを繰り返していきます。これらのことがすべて同時に行われるのです！ さて、どうやって交通整理をすればよいのでしょうか。

　我々もこの点が難しいと感じていましたが、Toolzライブラリに出会って見事に解消されまし

た。Toolz の構成要素により、ストリーミング用のプログラムを非常にエレガントに書けるようになるので、本書の準備段階で Toolz に関する章を抜きにすることは考えられませんでした。

　ここで、本章で言う「ストリーミング」の定義と、ストリーミングをする価値がある理由を明らかにしたいと思います。仮に、テキストファイルのデータがあり、値の $\log(x + 1)$ の列ごとの平均値を求めたいとします。一般的な方法は、NumPy を使って値を読み込み、行列のすべての値の対数関数を計算し、それから第 1 軸の平均値を取る以下のようなものでしょう。

```
import numpy as np
expr = np.loadtxt('data/expr.tsv')
logexpr = np.log(expr + 1)
np.mean(logexpr, axis=0)

array([ 3.11797294,  2.48682887,  2.19580049,  2.36001866,  2.70124539,
        2.64721531,  2.43704834,  3.28539133,  2.05363724,  2.37151577,
        3.85450782,  3.9488385 ,  2.46680157,  2.36334423,  3.18381635,
        2.64438124,  2.62966516,  2.84790568,  2.61691451,  4.12513405])
```

　これは正しく動作しますし、数値計算でお馴染みの安心できる入出力モデルに則っています。しかし、この手順は、この演算の手段としてはとても非効率的なのです。(1) メモリに行列を丸ごと読み込み、(2) 各値に 1 を加えたもののコピーを作り、(3) 対数を計算するために別のコピーを作り、それからやっとそのコピーを np.mean に渡すのですから。このデータ配列 3 つ分のメモリインスタンスを使っていますが、本来この演算ではコピーを**一切**メモリに保持する必要はないのです。どんな種類の「ビッグデータ」の演算も、この手順ではうまくいきません。

　Python の作成者たちはこのことを理解していたので、yield というキーワードを作りました。これは、ある関数が一連のデータを「ひと口」だけ処理し、結果を次のプロセスに渡し、その一切れのデータについて**一連の処理を完了させて**から、次のデータに移ることを可能にします。「yield（明け渡す）」というのはなかなかよい名前です。この関数は、次の関数に制御を**明け渡し**、下流の全段階がそのデータ点を処理し終えるまで、処理の続行を待つのです。

8.1　yieldを使ったストリーミング

　上で解説した制御の流れは、追うのが結構難しいことがあります。Python には、この複雑さを取り除き、分析の機能に集中させてくれるという見事な特質があります。つまり、こう考えることもできます。通常はリスト（データの集まり）を受け取って変換するどんな処理関数についても、その関数を書き直して、**ストリーム**を受け取ってその全要素の結果を**明け渡す**ようにできるのです。

　以下に、リストの各要素の対数を取るという処理を、データのコピーを用いた標準的な手法と、ストリーミングの手法の両方で表してみます。

```
def log_all_standard(input):
    output = []
    for elem in input:
        output.append(np.log(elem))
```

```
        return output

    def log_all_streaming(input_stream):
        for elem in input_stream:
            yield np.log(elem)
```

両方の結果が同じであることを確かめましょう。

```
# We set the random seed so we will get consistent results
np.random.seed(seed=7)                              乱数のシードを設定して常に一定の結果が得られるようにする。
# Set print options to show only 3 significant digits   プリントのオプションを設定して
np.set_printoptions(precision=3, suppress=True)         有効数字 3 桁だけを表示する。

arr = np.random.rand(1000) + 0.5
result_batch = sum(log_all_standard(arr))
print('Batch result: ', result_batch)
result_stream = sum(log_all_streaming(arr))
print('Stream result: ', result_stream)

Batch result:   -48.2409194561
Stream result:  -48.2409194561
```

ストリーミングを使う方法の利点は、例えば移動和を計算したり、ディスクに書き出すなど、ストリームの要素が必要になる時までは、処理されないという点です。これにより、多数の入力要素があったり、1 つ 1 つの要素が巨大だったりする（もしくはその両方の）場合に、メモリを大幅に節約できます。Matt のブログの投稿（http://bit.ly/2trkKZ6）の以下の引用は、ストリーミングを使ったデータ解析の効用を非常に簡潔に要約しています。

> 私の短い経験によると、人々はまずストリーミングという手段を使いません。皆 Python を単一スレッドでインメモリで壊れるまで使って、それから Hadoop や Spark などといった比較的生産性オーバーヘッドの高いビッグデータ用インフラストラクチャを試します。

　上の言葉は、まさに我々の数値計算の経歴を完璧に言い表しています。ところが、中庸を得た方法を取ると、思ったよりずっと先まで進めるのです。場合によっては、マルチコア通信とデータベースの任意抽出のオーバーヘッドがない分、スーパーコンピュータを使う方法よりも高速になることすらあります（例えば、Frank McSherry のブロク投稿「Bigger data; same laptop」（http://bit.ly/2trD0BL）で、彼が自分のノートパソコンで、1,280 億個のエッジを持つグラフを、スーパーコンピュータ上のグラフデータベースを使うよりも**高速**に処理する様子をご覧ください）。
　ストリーミング式の関数を使う際に制御の流れをはっきりさせるためには、その関数の**冗長**版、つまり各操作ごとにメッセージを出力するものを作っておくと便利です。

```
import numpy as np

def tsv_line_to_array(line):
    lst = [float(elem) for elem in line.rstrip().split('\t')]
```

```python
        return np.array(lst)

def readtsv(filename):
    print('starting readtsv')
    with open(filename) as fin:
        for i, line in enumerate(fin):
            print(f'reading line {i}')
            yield tsv_line_to_array(line)
    print('finished readtsv')

def add1(arrays_iter):
    print('starting adding 1')
    for i, arr in enumerate(arrays_iter):
        print(f'adding 1 to line {i}')
        yield arr + 1
    print('finished adding 1')

def log(arrays_iter):
    print('starting log')
    for i, arr in enumerate(arrays_iter):
        print(f'taking log of array {i}')
        yield np.log(arr)
    print('finished log')

def running_mean(arrays_iter):
    print('starting running mean')
    for i, arr in enumerate(arrays_iter):
        if i == 0:
            mean = arr
        mean += (arr - mean) / (i + 1)
        print(f'adding line {i} to the running mean')
    print('returning mean')
    return mean
```

では、見本の小さなファイルに対して実行してみましょう。

```
fin = 'data/expr.tsv'
print('Creating lines iterator')
lines = readtsv(fin)
print('Creating loglines iterator')
loglines = log(add1(lines))
print('Computing mean')
mean = running_mean(loglines)
print(f'the mean log-row is: {mean}')

Creating lines iterator
Creating loglines iterator
Computing mean
starting running mean
starting log
starting adding 1
```

```
starting readtsv
reading line 0
adding 1 to line 0
taking log of array 0
adding line 0 to the running mean
reading line 1
adding 1 to line 1
taking log of array 1
adding line 1 to the running mean
reading line 2
adding 1 to line 2
taking log of array 2
adding line 2 to the running mean
reading line 3
adding 1 to line 3
taking log of array 3
adding line 3 to the running mean
reading line 4
adding 1 to line 4
taking log of array 4
adding line 4 to the running mean
finished readtsv
finished adding 1
finished log
returning mean
the mean log-row is: [ 3.118  2.487  2.196  2.36   2.701  2.647  2.437  3.285
                      2.054  2.372
    3.855  3.949  2.467  2.363  3.184  2.644  2.63   2.848  2.617  4.125]
```

ここで、以下の点に注目してください。

- lines イテレータと loglines イテレータを生成する際には、数値計算は行われていない。理由は、イテレータは**遅延評価を行う**ため、つまり、結果が必要とされるまで、式展開や**実行**がされないように設計されているため。

- running_mean への呼び出しによってようやく数値計算が起動されると、1つの行に対して、すべての関数を飛び回って様々な計算が行われ、それが済むと次のデータ行に移る。

8.2　ストリーミングライブラリToolzの紹介

　Matt Rocklin が提供してくれた本章のコード例は、たった数行のコードをノートパソコンの上で実行すると、5分もかからずにハエの全ゲノム情報からマルコフモデルを作成するものです（下流の処理が楽になるように、著者らが少々編集しています）。Matt の例ではヒトのゲノムを用いているのですが、我々のノートパソコンではそこまで速くなかったので、代わりにハエのゲノムを使うことにしました（大きさはヒトゲノムの約 1/20 です）。本章の後の方では、少し拡張して、代わりに圧縮データから始めるようにします（自分のハードドライブに非圧縮データを置いておきたい人がいるでしょうか？）この変更は極めて**些細**なもので、彼の例のエレガントさの証明に他なりません。

```python
import toolz as tz
from toolz import curried as c
from glob import glob
import itertools as it

LDICT = dict(zip('ACGTacgt', range(8)))
PDICT = {(a, b): (LDICT[a], LDICT[b])
         for a, b in it.product(LDICT, LDICT)}

def is_sequence(line):
    return not line.startswith('>')

def is_nucleotide(letter):
    return letter in LDICT  # ignore 'N'     'N' を無視する。

@tz.curry
def increment_model(model, index):
    model[index] += 1


def genome(file_pattern):
    """Stream a genome, letter by letter, from a list of FASTA filenames."""
                                  # FASTA ファイル名のリストから 1 つのゲノムを 1 文字ずつストリーミングする。
    return tz.pipe(file_pattern, glob, sorted,  # Filenames   ファイル名
                   c.map(open),  # lines        行
                   # concatenate lines from all files:        すべてのファイルの行を連結する。
                   tz.concat,
                   # drop header from each sequence           各シーケンスからヘッダを削除する。
                     c.filter(is_sequence),
                   # concatenate characters from all lines    全行の文字を連結する。
                   tz.concat,
                   # discard newlines and 'N'                 改行コードと 'N' を取り除く。
                   c.filter(is_nucleotide))

def markov(seq):
    """Get a 1st-order Markov model from a sequence of nucleotides."""
    model = np.zeros((8, 8))                    # ヌクレオチド配列から 1 次マルコフモデルを作る。
    tz.last(tz.pipe(seq,
                    c.sliding_window(2),        # each successive tuple         各連続タプル
                    c.map(PDICT.__getitem__),   # location in matrix of tuple   タプル行列中の位置
                    c.map(increment_model(model))))  # increment matrix         行列の値を 1 増やす。
    # convert counts to transition probability matrix      カウント数を遷移確率行列に変換する。
      model /= np.sum(model, axis=1)[:, np.newaxis]
    return model
```

続いて、以下を実行すると、ショウジョウバエの反復配列のマルコフモデルが得られます。

```
%%timeit -r 1 -n 1
dm = 'data/dm6.fa'
model = tz.pipe(dm, genome, c.take(10**7), markov)
```

```
# we use `take` to just run on the first 10 million bases, to speed things up.
# the take step can just be removed if you have ~5-10 mins to wait.
```
> 高速化を図るために、`take` を使って最初の 1 千万個の塩基対に対して実行する。
> take のステップは、5 分から 10 分程度待てるなら、省くことができる。

```
1 loop, average of 1: 24.3 s +- 0 ns per loop (using standard deviation)
```

上の例では、**多数の**ことが行われているので、少しずつ分解していきましょう。本章の最終部分で、上の例を実際に実行してみます。

最初に注目すべき点は、関数の多くが Toolz ライブラリ(http://toolz.readthedocs.org/en/latest/)のものであることです。例えば、Toolz から利用したのは、`pipe`、`sliding_window`、`frequencies`、カリー化された `map`(これについては後述します)です。理由は、Toolz は Python のイテレータを活用するために書かれており、ストリームを簡単に扱えるからです。

では、まず `pipe` から始めましょう。この関数は、ネストされた関数を読みやすくするための、糖衣構文みたいなものです。イテレータを使っていると、ネストされた関数は増える一方なので、この関数が威力を発揮します。

単純な例として、先ほどの移動平均のコードを `pipe` を使って書き直してみましょう。

```
import toolz as tz
filename = 'data/expr.tsv'
mean = tz.pipe(filename, readtsv, add1, log, running_mean)

# This is equivalent to nesting the functions like this:
# running_mean(log(add1(readtsv(filename))))
```
> 上記は、関数をこのようにネストすることと同値。

```
starting running mean
starting log
starting adding 1
starting readtsv
reading line 0
adding 1 to line 0
taking log of array 0
adding line 0 to the running mean
reading line 1
adding 1 to line 1
taking log of array 1
adding line 1 to the running mean
reading line 2
adding 1 to line 2
taking log of array 2
adding line 2 to the running mean
reading line 3
adding 1 to line 3
taking log of array 3
adding line 3 to the running mean
reading line 4
adding 1 to line 4
```

```
taking log of array 4
adding line 4 to the running mean
finished readtsv
finished adding 1
finished log
returning mean
```

元々は複数行にわたったり、手に負えないほど括弧が多用されていたものが、入力データが逐次変換される様子がすっきりと記述されるようになりました。この方がずっとわかりやすいですね。

この方法は、NumPy を使った元の実装に比べて有利です。なぜなら、入力データを数百万行や数十億行まで拡張すると、我々のコンピュータでは全部のデータをメモリに保持するのが難しくなるかもしれませんが、上の方法では、ディスクからデータを 1 行ずつ読み込むだけで、1 行分のデータしか維持していないからです。

8.3　k-merのカウントとエラー補正

ここで、DNA とゲノム科学について振り返るために、「1 章　エレガントな NumPy：科学 Python の基礎」と「2 章　NumPy と SciPy を用いた分位数正規化」を読み返すとよいかもしれません。かいつまんで言うと、あなたの遺伝情報、つまり**あなた**の設計図は、あなたの**ゲノム**の化学的な**塩基**配列によって記述されています。塩基配列は非常に小さいので、顕微鏡で見て読み取るわけにはいきません。また、長い塩基配列データを読むこともできません。なぜなら、エラーが集積して、読み出された情報が使用不能になるからです（最新技術によって長い配列データも読めるようになってきていますが、ここでは今日最もよく用いられている短い塩基配列データに焦点を当てます）。幸いにも、あなたのどの細胞にもあなたのゲノムと同一の複製があるので、この複製を微小な（100 塩基対程度の）断片に寸断して 3 千万ピースの巨大なパズルのように並べることができます。

並べる作業の前に、必ずリード†の補正を行う必要があります。DNA シーケンシングの際には、いくつかの塩基対が間違って読み出されるため、これを直さないと、正しく並べられません（間違った形のパズルのピースが混ざっている状況を想像してください）。

修正方法の 1 つは、データセットの中の類似したリードを見つけて、それらのリードから正しい情報を拝借して、情報の補正を行うことです。あるいは、エラーを含んだリードを完全に捨てるという方法もあります。

しかし、これは非常に非効率的なやり方です。なぜなら、類似するリードを探すということは、各リードをそれ以外のすべてのリードと比較するということです。これには N^2 回の操作が必要になり、つまり 3 千万個のリードのデータセットなら 9×10^{14} 回になってしまいます！（しかもこの操作は手間がかかります。）

実は、別の手があるのです。Pavel Pevzner ら（http://www.pnas.org/content/98/17/9748.full）は、リードは、より小さな重複する **k-mer**、つまり長さ k の部分列に分解して、ハッシュテーブル（Python では辞書）に格納できることに気が付きました。この方法には山ほど利点がありますが、最大の利点は、任意の大きさになり得るリードの総数回の計算を行う代わりに、k-mer

---

† 訳注：読み込まれた塩基配列

の総数回の計算で済むことです。k-merの総数は、最大でも、リードの数より通常1-2桁小さいゲノム自体の大きさにしかなりません。

kの値として、どのk-merもゲノムの中に必ず一度しか出現しないような十分大きい値を選べば、1つのk-merの出現回数は、ゲノムのその部分に由来するリード数に正確に一致します。このことを、その領域の**カバレッジ**と呼びます。

リードにエラーがある場合には、そのエラーと重複するk-merが、そのゲノム中で唯一か、ほぼ唯一である確率が高くなります。英語の匹敵する例を考えてみましょう。シェイクスピアのリードを取る場合、1つのリードが「to be or nob to be,」だったら、6-merである「nob to」は滅多にもしくはまったく出現しませんが、「not to」は極めて頻繁に出現するでしょう。

k-merによるエラー補正の基本は、リードをk-merに分割し、各k-merの出現数を数え、何らかのロジックを基に、稀なk-merを類似するよくあるk-merで置換する、ということです（もしくは、誤りのあるk-merを除去することです。これが可能なのは、リードが非常にたっぷりあるため、間違ったデータを捨てる余地があるからです）。

これはまた、ストリーミングが**必須**となる例でもあります。前述の通り、リードの数は莫大である可能性があるので、それをメモリに格納したくはありません。

DNAの塩基配列データは、通常FASTA形式で表されます。FASTAはプレーンテキスト形式で、1つのファイルにつき1つもしくは多数のDNA塩基配列で構成され、各ファイルには塩基配列名と塩基配列そのものが記述されています。

以下にFASTAファイルの例を示します。

```
> sequence_name1
TCAATCTCTTTTATATTAGATCTCGTTAAAGTAAAATTTTGGTTTGTGTTAAAGTACAAG
GGGTACCTATGACCACGGAACCAACAAAGTGCCTAAATAGGACATCAAGTAACTAGCGGT
ACGT

> sequence_name2
ATGTCCCAGGCGTTCCTTTTGCATTTGCTTCGCATTAACAGAATATCCAGCGTACTTAGG
ATTGTCGACCTGTCTTGTCGTACGTGGCCGCAACACCAGGTATAGTGCCAATACAAGTCA
GACTAAAACTGGTTC
```

これで、FASTAファイルの行のストリームをk-merの出現回数に変換するために必要な情報が手に入りました。

- 行をフィルタして、シーケンス行だけが使われるようにする
- 各シーケンス行について、k-merのストリームを生成する
- 各k-merを辞書のカウンタに加える

以上を、純粋なPythonだけ、つまり組み込み関数だけを使って行うなら、以下のようにします。

```python
def is_sequence(line):
    line = line.rstrip()  # remove '\n' at end of line    行末の '\n' を削除する。
    return len(line) > 0 and not line.startswith('>')
```

```python
def reads_to_kmers(reads_iter, k=7):
    for read in reads_iter:
        for start in range(0, len(read) - k):
            yield read[start : start + k]  # note yield, so this is a generator
                                           # yield があるので、これはジェネレータ。
def kmer_counter(kmer_iter):
    counts = {}
    for kmer in kmer_iter:
        if kmer not in counts:
            counts[kmer] = 0
        counts[kmer] += 1
    return counts

with open('data/sample.fasta') as fin:
    reads = filter(is_sequence, fin)
    kmers = reads_to_kmers(reads)
    counts = kmer_counter(kmers)
```

　上のコードは問題なく動作しますし、ストリーミングも行うので、リードはディスクから1つずつ読み込まれ、k-mer 変換器、続いて k-mer カウンタへとパイプされます。すると、カウント数のヒストグラムをプロットして、本当に正しい k-mer と誤りの k-mer との2つの集団が、広い間隔を開けて存在することを確認できます。

```python
# Make plots appear inline, set custom plotting style
%matplotlib inline      プロットをインライン表示させ、本書独自のプロットスタイルを設定する。
import matplotlib.pyplot as plt
plt.style.use('style/elegant.mplstyle')

def integer_histogram(counts, normed=True, xlim=[], ylim=[],
                      *args, **kwargs):
    hist = np.bincount(counts)
    if normed:
        hist = hist / np.sum(hist)
    fig, ax = plt.subplots()
    ax.plot(np.arange(hist.size), hist, *args, **kwargs)
    ax.set_xlabel('counts')
    ax.set_ylabel('frequency')
    ax.set_xlim(*xlim)
    ax.set_ylim(*ylim)

counts_arr = np.fromiter(counts.values(), dtype=int, count=len(counts))
integer_histogram(counts_arr, xlim=(-1, 250))
```

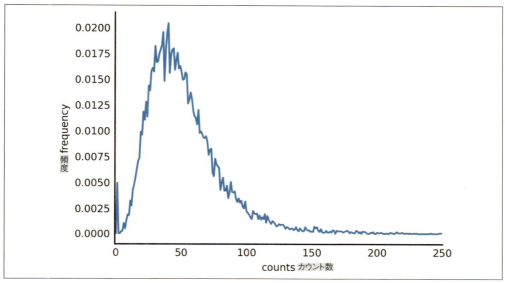

図8-1　k-merの頻度分布

　k-mer の頻度のきれいな分布と、k-mer の1度しか出現しない（プロットの左側にある）大きな山に注目してください。このような頻度の少ない k-mer は、エラーである可能性が高いのです。

　しかし、上のコードでは、作業量が少々多すぎます。for ループと yield に用いた機能の多くは、実は**ストリーム操作**と呼ばれるもので、データストリームを別な種類のデータに変換し、最終点でためておくことです。Toolz には多数のストリーム操作用の機能が用意されており、それらを使えば、上のコードはたった1つの関数呼び出しで記述でき、簡単になります。また、変換用の関数名がわかってしまえば、各ポイントでデータストリームに何が起きているかを、視覚的に理解するのが容易になります。

　例えば、sliding_window 関数は、k-mer を生成するのにぴったりです。

```
print(tz.sliding_window.__doc__)

A sequence of overlapping subsequences

    >>> list(sliding_window(2, [1, 2, 3, 4]))
    [(1, 2), (2, 3), (3, 4)]

    This function creates a sliding window suitable for transformations like
    sliding means / smoothing

    >>> mean = lambda seq: float(sum(seq)) / len(seq)
    >>> list(map(mean, sliding_window(2, [1, 2, 3, 4])))
    [1.5, 2.5, 3.5]
```

　さらに、frequencies 関数は、データストリーム中にある個々の要素の出現回数をカウントしま

す。パイプと組み合わせれば、1つの関数呼び出しで k-mer をカウントできます。

```
from toolz import curried as c

k = 7
counts = tz.pipe('data/sample.fasta', open,
                 c.filter(is_sequence),
                 c.map(str.rstrip),
                 c.map(c.sliding_window(k)),
                 tz.concat, c.map(''.join),
                 tz.frequencies)
```

でも、ちょっと待ってください。`toolz.curried` からのたくさんの `c.function` 呼び出しは、いったい何でしょうか。

8.4　カリー化：ストリーミングのスパイス

　本章の前方で、**カリー化された** map 関数を少しだけ使っています。これは、与えられた関数を、シーケンスの各要素に適用するものです。すぐ前のコードには、カリー化された関数呼び出しを以前の例より多用しているので、ここでその意味を解説しておきましょう。カリー化という名称は、例のブレンドされたスパイスに因むわけではありません（コードを刺激的にしてくれるのは確かですが）。その概念を発明した数学者の Haskell Curry に因んでいます。Haskell Curry は、Haskell というプログラミング言語の名前の元になった人でもあり、この言語ではなんと**すべての**関数がカリー化されています。

　「カリー化」というのは、ある関数を**部分的**に実行し、別の「より小さい」関数を返すことを指します。通常、ある関数に必要な引数を全部与えないと、Python はエラーを吐きます。これに対して、カリー化された関数は、**一部**の引数だけを受け取ることができます。十分な引数を渡されなかった場合には、残りの引数を受け取る新たな関数を返します。2つ目の関数が残りの引数とともに呼び出されれば、元の操作を遂行できるのです。カリー化は、**部分評価**とも呼ばれます。関数型プログラミングでは、カリー化は、「残りの引数が遅れて登場するのを待てる関数」を生成する方法なのです。

　したがって、`map(np.log, numbers_list)` という関数呼び出しが、`np.log` 関数を `numbers_list` 中のすべての数に適用する（つまり、対数をとった数列を返す）のに対し、`toolz.curried.map(np.log)` という関数呼び出しは、数列を受け取り、対数をとった数列を返す**関数**を返します。

　実は、引数の一部を把握済みの関数があることは、ストリーミングにとって理想的な状況なのです。上のコード片では、カリー化とパイプを組み合わせると、いかに強力になるかということが示唆されています。

　しかし、カリー化というのは、初めて使う際には多少戸惑うものなので、どう機能するのかを紹介するために、簡単な例を試してみましょう。まずは、単純な、カリー化されていない関数を書いてみましょう。

```
def add(a, b):
    return a + b

add(2, 5)

7
```

次に、上の例に似ているものの、手作業でカリー化した関数を書いてみましょう。

```
def add_curried(a, b=None):
    if b is None:
        # second argument not given, so make a function and return it
        def add_partial(b):        2つ目の引数は与えられていないので、関数を作ってそれを返す。
            return add(a, b)
        return add_partial
    else:
        # Both values were given, so we can just return a value
        return add(a, b)           値が2つとも与えられたので、値を返せる。
```

では、カリー化された関数が、予想通りに動作することを確かめてみましょう。

```
add_curried(2, 5)

7
```

変数を2つとも与えると、普通の関数のように動作することが確かめられました。では、2つ目の変数を与えないでみましょう。

```
add_curried(2)

<function __main__.add_curried.<locals>.add_partial>
```

予想通り、関数を返しました。では、その返された関数を使ってみましょう。

```
add2 = add_curried(2)
add2(5)

7
```

うまくいきましたが、add_curried はとても読みづらい関数でした。未来の自分は、どうやってこのコードを書いたのか思い出すのに苦労することでしょう。幸い、Toolz には、その名の通り助けてくれるツールがあるのです。

```
import toolz as tz

@tz.curry  # Use curry as a decorator    curry をデコレータとして使う。
def add(x, y):
    return x + y

add_partial = add(2)
```

```
add_partial(5)

7
```

上のコードで行ったことをまとめると、`add` はカリー化された関数になったので、引数のうちの1つを受け取って、その引数を「覚えている」別の関数 `add_partial` を返すことができます。

実は、Toolz のすべての関数は、カリー化されたバージョンが `toolz.curried` ネームスペース中に用意されているのです。さらに、Toolz には、Python の便利な高階関数である `map`、`filter`、`reduce` などのカリー化版もあります。ここでは、`curried` ネームスペースを `c` としてインポートして、コードが雑然とするのを防ぎます。したがって、例えば、カリー化された `map` 関数は、`c.map` と表されます。ただし、カリー化された関数（例えば`c.map`）は、カリー化された関数を**作成する**ために使われる `@curry` デコレータとは異なることに注意してください。

```
from toolz import curried as c
c.map
```

```
<class 'map'>
```

念のため言っておくと、`map` は組み込み関数です。ドキュメント（https://docs.python.jp/3.4/library/functions.html#map）から以下を抜粋しておきます。

> map(*function, iterable, ...*)
> *function* を、結果を返しながら *iterable* の全ての要素に適用するイテレータを返します。

カリー化された `map` 関数は、Toolz のパイプを使う際に特に役立ちます。関数だけを `c.map` に渡しておいて、`tz.pipe` を使って後からイテレータをストリームすることができます。本章で作った、ゲノムを読み取る関数に戻って、実際にどのように動作するか見てみましょう。

```
def genome(file_pattern):        FASTA ファイル名のリストから1つのゲノムを1文字ずつストリーミングする。
    """Stream a genome, letter by letter, from a list of FASTA filenames."""
    return tz.pipe(file_pattern, glob, sorted,  # Filenames     ファイル名
                   c.map(open),  # lines        行
                   # concatenate lines from all files:          全ファイルの行を連結する。
                   tz.concat,
                   # drop header from each sequence             各シーケンスからヘッダを削除する。
                   c.filter(is_sequence),
                   # concatenate characters from all lines      全行の文字を連結する。
                   tz.concat,
                   # discard newlines and 'N'                   改行コードと 'N' を取り除く。
                   c.filter(is_nucleotide))
```

8.5　k-merのカウント再び

カリー化を理解したところで、本章ですでに取り上げた、k-mer をカウントするコードに戻りましょう。まずは、カリー化された関数を使った前出のコードを再掲載します。

```
from toolz import curried as c

k = 7
counts = tz.pipe('data/sample.fasta', open,
                 c.filter(is_sequence),
                 c.map(str.rstrip),
                 c.map(c.sliding_window(k)),
                 tz.concat, c.map(''.join),
                 tz.frequencies)
```

これで、k-merの頻度分布を見ることができます。

```
counts = np.fromiter(counts.values(), dtype=int, count=len(counts))
integer_histogram(counts, xlim=(-1, 250), lw=2)
```

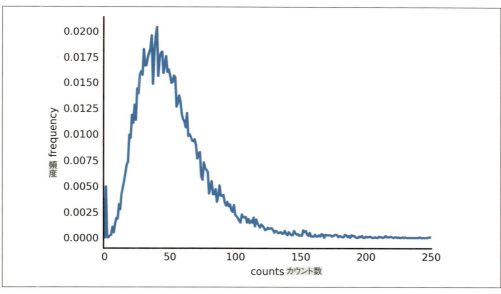

図8-2　k-merの頻度分布

8.5.1　演習：ストリーミングデータの主成分分析（PCA）

　scikit-learnライブラリにはIncrementalPCAクラスという仕組みが用意されており、メモリ上にデータセットを丸ごと読み込むことなく主成分分析（PCA）を実行できます。しかし、データは自分で切り出す必要があるため、コードが少し使いづらくなります。サンプルデータをストリームとして受け取ってPCAを実行できる関数を作ってみましょう。続いて、その関数を使い、機械学習でよく使われるirisデータセット（data/iris.csv）のPCAを計算してみます（または、scikit-learnのdatasetsモジュールのdatasets.load_iris()を使って、データにアクセスすることも可能です）。オプションを指定すれば、data/iris-target.csvにある種の番号で、点を色分けすることも可能です。

> **ストリームを使う際のヒント**
> - `tz.concat` を使って「リストのリスト」を「長いリスト」に変換します。
> - 以下の点にひっかからないように注意してください。
>   - イテレータというものは消費されるものです。このため、ジェネレータオブジェクトを作成してその上で何らかの処理を行った際に、その後のどこかの過程が失敗したら、ジェネレータを再度作成しなければなりません。元のジェネレータはすでに消えているからです。
>   - イテレータは遅延評価を行います。そのため、強制的に展開させなければならないことがあります。
> - パイプに多数の関数を置いた場合は、間違いが起きた箇所を特定するのが難しいことがあります。壊れた関数を見つけるまで、小さなストリームを使い、最初の、もしくは最左端の関数から順に、1つずつパイプに追加していってみましょう。もしくは、`map(do(print))` をストリームの任意の地点に挿入して(`map` と `do` は `toolz.curried` に用意されている)、ストリームの各要素をストリーミング中に表示させることもできます。

IncrementalPCA クラスは sklearn.decomposition に用意されており、モデルをトレーニングするにはバッチサイズが 1 より大きい必要があります。データ点のストリームからバッチのストリームを作成する方法は、toolz.curried.partition 関数をご覧ください。

8.6　全ゲノムを基にマルコフモデルを作成する

　では、元のコード例に戻りましょう。マルコフモデルとは、どのようなもので、なぜ役に立つのでしょうか。

　一般に、マルコフモデルと呼ばれるものは、システムがある状態に遷移する確率は「直前の状態」だけに依存する、と仮定します。例えば、今晴れているなら、高い確率で明日も晴れるでしょう。昨日が雨だったことは関係ありません。この理論では、未来予測に必要なすべての情報が、現在の状態に完全に組み込まれているのです。過去は無関係なのです。この仮定は、他の方法では解決困難な問題を簡単化するのに役立ち、概してよい結果を生み出しています。例えば、携帯電話や衛星通信の信号処理の多くは、マルコフモデルが担っています。

　これから説明していきますが、ゲノム科学の文脈で言うと、あるゲノムの異なる機能領域は、類似した状態間の異なる**遷移確率**を持っています。遷移確率を新たなゲノムで観測することで、これらの領域の機能について何らかの予測ができます。天気のたとえに戻ると、晴れの日から雨の日に遷移する確率は、ロサンゼルスとロンドンではまったく異なります。したがって、(晴、晴、晴、雨、晴、...) という並びを与えられたら、事前にトレーニングしたモデルが手元にあれば、それがロサンゼルスのものかロンドンのものかが予測できます。

　本章ではとりあえず、モデルの作成の部分についてのみ紹介します。

8.6 全ゲノムを基にマルコフモデルを作成する | 205

Drosophila melanogaster（ショウジョウバエ）のゲノムのファイル dm6.fa.gz (http://hgdownload.cse.ucsc.edu/goldenPath/dm6/bigZips/) がダウンロード可能です。ダウンロードしたデータは、gzip -d dm6.fa.gz で unzip する必要があります。

ゲノムのデータでは、A, C, G, T の文字からなる塩基配列は、**反復配列**という DNA のクラスに属するものとして、英小文字（反復）、英大文字（非反復）でエンコードされます。この情報を、マルコフモデルの作成に利用します。

我々は、マルコフモデルを NumPy 配列としてコード化したいので、辞書を作成して、文字を [0, 7] のインデックス（LDICT：letters dictionary）に、また、文字対を 2 次元のインデックス ([0, 7], [0, 7])（PDICT：pairs dictionary）にインデックス付けします。

```python
import itertools as it

LDICT = dict(zip('ACGTacgt', range(8)))
PDICT = {(a, b): (LDICT[a], LDICT[b])
         for a, b in it.product(LDICT, LDICT)}
```

続いて、シーケンス以外のデータを除きましょう。> で始まる行にあるシーケンス名と N でラベル付けされている不明のシーケンスを除くため、以下のようなフィルタ関数を作りましょう。

```python
def is_sequence(line):
    return not line.startswith('>')

def is_nucleotide(letter):
    return letter in LDICT  # ignore 'N'     'N' を無視する。
```

最後に、新たなヌクレオチド対、例えば (A, T) などを得たら、マルコフモデル（我々の NumPy 行列）の対応する位置の値を 1 つ増やしたいので、そのためのカリー化された関数を以下のように作成します。

```python
import toolz as tz

@tz.curry
def increment_model(model, index):
    model[index] += 1
```

これまでに作成した要素を組み合わせれば、ゲノム情報を我々の NumPy 行列にストリームできるようになりました。ここで注目していただきたいのは、以下のコードの seq がストリームであれば、ゲノムのデータ全体はもちろん、一部の大きな塊さえも、メモリに格納しなくてよくなるということです。

```python
from toolz import curried as c

def markov(seq):
    """Get a 1st-order Markov model from a sequence of nucleotides."""
    model = np.zeros((8, 8))     # ヌクレオチド配列から 1 次マルコフモデルを作る。
```

```
        tz.last(tz.pipe(seq,
                  c.sliding_window(2),           # each successive tuple
                  c.map(PDICT.__getitem__),      # location in matrix of tuple
                  c.map(increment_model(model))))  # increment matrix
    # convert counts to transition probability matrix
    model /= np.sum(model, axis=1)[:, np.newaxis]
    return model
```

個々の連続タプル
タプル行列中の位置
行列の値を1つ増やす。
カウント数を遷移確率行列に変換する。

後は、必要なゲノムのストリームを生成し、マルコフモデルを作成するだけです。

```
from glob import glob

def genome(file_pattern):
    """Stream a genome, letter by letter, from a list of FASTA filenames."""
    return tz.pipe(file_pattern, glob, sorted,  # Filenames
                   c.map(open),  # lines
                   # concatenate lines from all files:
                   tz.concat,
                   # drop header from each sequence
                   c.filter(is_sequence),
                   # concatenate characters from all lines
                   tz.concat,
                   # discard newlines and 'N'
                   c.filter(is_nucleotide))
```

FASTAファイル名のリストから1つのゲノムを1文字ずつストリーミングする。
ファイル名
行
全ファイルの行を連結する。
各シーケンスからヘッダを削除する。
全行の文字を連結する。
改行コードと 'N' を取り除く。

では、Drosophila（ショウジョウバエ）のゲノムで試してみましょう。

```
# Download dm6.fa.gz from ftp://hgdownload.cse.ucsc.edu/goldenPath/dm6/bigZips/
# Unzip before using: gzip -d dm6.fa.gz
dm = 'data/dm6.fa'
model = tz.pipe(dm, genome, c.take(10**7), markov)
# we use `take` to just run on the first 10 million bases, to speed things up.
# the take step can just be removed if you have ~5-10 mins to wait.
```

dm6.fa.gz を ftp://hgdownload.cse.ucsc.edu/goldenPath/dm6/bigZips/ からダウンロードする。
使用前に gzip -d dm6.fa.gz で unzip する。

高速化するため、`take` を使って最初の1千万個の塩基対に対してのみ実行する。
5-10分程度待てるなら、take のステップを省いてもよい。

結果として、以下のような行列が得られます。

```
print('  ', '   '.join('ACGTacgt'), '\n')
print(model)

        A      C      G      T      a      c      g      t
[[ 0.348  0.182  0.194  0.275  0.     0.     0.     0.    ]
 [ 0.322  0.224  0.198  0.254  0.     0.     0.     0.    ]
 [ 0.262  0.272  0.226  0.239  0.     0.     0.     0.    ]
```

```
 [ 0.209  0.199  0.245  0.347  0.     0.     0.     0.   ]
 [ 0.003  0.003  0.003  0.003  0.349  0.178  0.166  0.296]
 [ 0.002  0.002  0.003  0.003  0.376  0.195  0.152  0.267]
 [ 0.002  0.003  0.003  0.002  0.281  0.231  0.194  0.282]
 [ 0.002  0.002  0.003  0.003  0.242  0.169  0.227  0.351]]
```

この結果は、画像で見るとわかりやすいでしょう (図 8-3)。

```
def plot_model(model, labels, figure=None):
    fig = figure or plt.figure()
    ax = fig.add_axes([0.1, 0.1, 0.8, 0.8])
    im = ax.imshow(model, cmap='magma');
    axcolor = fig.add_axes([0.91, 0.1, 0.02, 0.8])
    plt.colorbar(im, cax=axcolor)
    for axis in [ax.xaxis, ax.yaxis]:
        axis.set_ticks(range(8))
        axis.set_ticks_position('none')
        axis.set_ticklabels(labels)
    return ax

plot_model(model, labels='ACGTacgt');
```

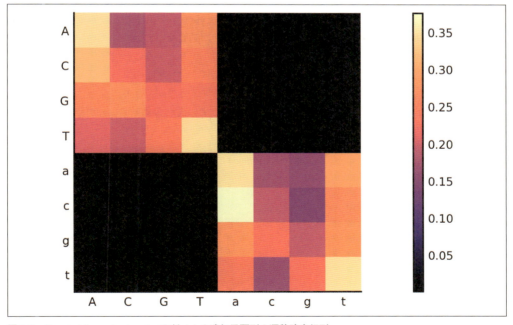

図8-3　*Drosophila melanogaster*のゲノムの遺伝子配列の遷移確率行列

C–AとG–Cの遷移が、ゲノムの中の反復と非反復部分で異なることに注目してください。この情報は、これまでに見たことのないDNAシーケンスの分類に使えます。

8.6.1　演習：オンラインで実行するunzip

パイプの最初の部分に1段階追加して、圧縮を解凍したデータをハードドライブに置かずに済むようにしましょう。例えばDrosophilaのゲノムの場合、gzipで圧縮してあれば、ディスクに占める容量は3分の1以下になります。さらに、unzipもストリーミングで実行できるのです。

gzipパッケージは、Pythonの標準ライブラリの一部で、これを使うと.gz形式のファイルを通常のファイルのように開けます。

本章では、Pythonを使ったストリーミングは、Toolzに用意されているような抽象化技法を組み合わせれば、簡単にできることを示唆しました。

ストリーミング処理をすると、生産性が上がります。なぜなら、ビッグデータはその大きさに比例して小さなデータより処理に時間がかかるからです。ビッグデータをバッチで処理すれば、OSがRAMとハードディスクの間でデータを往復させ続けるため、実行に膨大な時間がかかります。場合によっては、Pythonが処理をはなから拒否して`MemoryError`を出すかもしれません。結論として、通常は、大きなデータセットの解析に大きなマシンは必要ないということです。さらに、解析が小さなデータでうまくいけば、ビッグデータでもうまくいくということです。

本章でお伝えしたいことは、以下に尽きます。アルゴリズムや解析用のコードを書く際には、ストリーミングできないかと考えてみましょう。ストリーミング処理ができるのなら、最初からそうしましょう。そうすれば、未来の自分に感謝されるはずです。後から変更する方が難しく、**図 8-4** のような結果になりがちだからです。

図8-4　歴史上のTODOリスト（http://bit.ly/2sXPg9u、Manu Cornet作の漫画、許可を得て掲載）

付録
演習の解答

A.1　解答：グリッドオーバーレイを追加する

以下は「3.1.1　演習：グリッドオーバーレイを追加する」の解答です。

まずは、NumPy のスライス機能を使ってグリッド線の行を選択し、青色に設定します。続いて列も同様に選択して青色にします（**図 A-1**）。

```
def overlay_grid(image, spacing=128):
    """Return an image with a grid overlay, using the provided spacing.
                                                        指定した間隔のグリッド線を重ねた画像を返す。
    Parameters                          パラメータ
    ----------
    image : array, shape (M, N, 3)      配列、形状は (M, N, 3)
        The input image.                入力画像
    spacing : int                       整数
        The spacing between the grid lines.  グリッド間隔

    Returns     戻り値
    -------
    image_gridded : array, shape (M, N, 3)   配列、形状は (M, N, 3)
        The original image with a blue grid superimposed.   元の画像に青いグリッド線を重ねたもの。
    """
    image_gridded = image.copy()
    image_gridded[spacing:-1:spacing, :] = [0, 0, 255]
    image_gridded[:, spacing:-1:spacing] = [0, 0, 255]
    return image_gridded

plt.imshow(overlay_grid(astro, 128));
```

上のコードでは、軸の最後の値を -1 で表していることに注意してください。これは Python でのインデックス付けの標準的な方法です。この値を省くこともできますが、そうすると意味が少し異なります。これがないと（つまり spacing::spacing）、最終行と最終列を含む配列の最後まで行ってしまいます。-1 を停止インデックスに用いると、最終行が選択されるのを防いでくれます。グリッド線を重ねるような場合には、線が最終行に重ならないこの方法が望ましいでしょう。

図A-1　グリッド線を重ねた宇宙飛行士の画像

A.2　解答：Conwayのライフゲーム

以下は「3.4.1　演習：Conwayのライフゲーム」の解答です。

Nicolas Rougier（@NPRougier、https://github.com/rougier）は、自身のNumPyの演習100題のウェブページ（http://www.labri.fr/perso/nrougier/teaching/numpy.100/）のExercise 79にNumPyだけを使った解答を載せています。

```
def next_generation(Z):
    N = (Z[0:-2,0:-2] + Z[0:-2,1:-1] + Z[0:-2,2:] +
         Z[1:-1,0:-2]                + Z[1:-1,2:] +
         Z[2:  ,0:-2] + Z[2:  ,1:-1] + Z[2:  ,2:])

    # Apply rules  規則を適用。
    birth = (N==3) & (Z[1:-1,1:-1]==0)
    survive = ((N==2) | (N==3)) & (Z[1:-1,1:-1]==1)
    Z[...] = 0
    Z[1:-1,1:-1][birth | survive] = 1
    return Z
```

これだけでボードゲームを開始できます。

```
random_board = np.random.randint(0, 2, size=(50, 50))
n_generations = 100
for generation in range(n_generations):
    random_board = next_generation(random_board)
```

汎用フィルタを使うと、さらに簡単になります。

```
def nextgen_filter(values):
    center = values[len(values) // 2]
    neighbors_count = np.sum(values) - center
    if neighbors_count == 3 or (center and neighbors_count == 2):
        return 1.
    else:
        return 0.

def next_generation(board):
    return ndi.generic_filter(board, nextgen_filter, size=3, mode='constant')
```

一部のライフゲームでは、おもしろいことに、いわゆる**トーラス状のゲームボード**が使えます。つまり、ボードの左右の辺が「巻きついて」連結していて、同様に上下の辺もつながっています。`generic_filter` を使えば、我々の解答にトーラス版を組み込むように容易に変更できます。

```
def next_generation_toroidal(board):
    return ndi.generic_filter(board, nextgen_filter, size=3, mode='wrap')
```

以上で、トーラス状のゲーム版で数世代のシミュレーションができます。

```
random_board = np.random.randint(0, 2, size=(50, 50))
n_generations = 100
for generation in range(n_generations):
    random_board = next_generation_toroidal(random_board)
```

A.3　解答：ソーベル勾配の大きさ

以下は「3.4.2　演習：ソーベル勾配の大きさ」の解答です。

```
hsobel = np.array([[ 1,  2,  1],
                   [ 0,  0,  0],
                   [-1, -2, -1]])

vsobel = hsobel.T

hsobel_r = np.ravel(hsobel)
vsobel_r = np.ravel(vsobel)

def sobel_magnitude_filter(values):
    h_edge = values @ hsobel_r
```

```
        v_edge = values @ vsobel_r
        return np.hypot(h_edge, v_edge)
```

これを硬貨の画像に適用してみましょう。

```
sobel_mag = ndi.generic_filter(coins, sobel_magnitude_filter, size=3)
plt.imshow(sobel_mag, cmap='viridis');
```

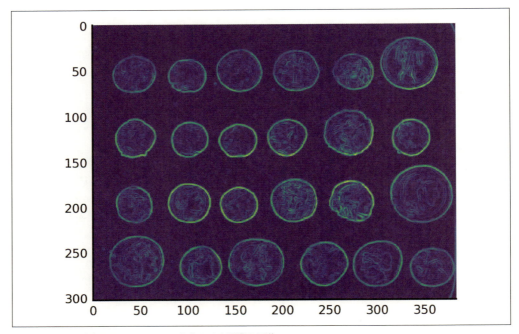

図A-2　水平と垂直のソーベルフィルタをかけた硬貨の画像

A.4　解答：SciPyを使った曲線回帰

以下は「3.5.1　演習：SciPyを使った曲線回帰」の解答です。
`curve_fit`関数のドキュメントの先頭部分を見てみましょう。

```
Use nonlinear least squares to fit a function, f, to data.
            非線形最小二乗法を使って関数fをデータに回帰する。

Assumes ``ydata = f(xdata, *params) + eps``
        ``ydata = f(xdata, *params) + eps`` を仮定。

Parameters     パラメータ
----------
f : callable    呼び出し可能
    The model function, f(x, ...).  It must take the independent
    variable as the first argument and the parameters to fit as
```

```
        separate remaining arguments.    モデルの関数 f(x, ...)。第 1 引数として独立変数を受け取り、
                                         回帰するパラメータは残りの引数として別に受け取る。
    xdata : An M-length sequence or an (k,M)-shaped array
        for functions with k predictors.    長さ M の数列、もしくは k 個の予測器を持つ関数ならば
                                            形状が (k,M) の配列。データの計測点を表す独立変数。
        The independent variable where the data is measured.
    ydata : M-length sequence    長さ M の数列
        The dependent data --- nominally f(xdata, ...)    依存データ。名目上は f(xdata, ...)
```

我々は、1 つのデータ点といくつかのパラメータを受け取って予測値を返す関数を提供するだけでよいようです。本例では、累積分布関数 $f(d)$ が $d^{-\gamma}$ に比例するようにしたいので、$f(d) = \alpha d^{-\text{gamma}}$ とおきます。

```
def fraction_higher(degree, alpha, gamma):
    return alpha * degree ** (-gamma)
```

続いて、$d > 10$ を満たす回帰するデータである X と Y が必要です。

```
x = 1 + np.arange(len(survival))
valid = x > 10
x = x[valid]
y = survival[valid]
```

これで、**curve_fit** を使って回帰パラメータが得られます。

```
from scipy.optimize import curve_fit

alpha_fit, gamma_fit = curve_fit(fraction_higher, x, y)[0]
```

結果をプロットして、成果を見てみましょう。

```
y_fit = fraction_higher(x, alpha_fit, gamma_fit)

fig, ax = plt.subplots()
ax.loglog(np.arange(1, len(survival) + 1), survival)
ax.set_xlabel('in-degree distribution')
ax.set_ylabel('fraction of neurons with higher in-degree distribution')
ax.scatter(avg_in_degree, 0.0022, marker='v')
ax.text(avg_in_degree - 0.5, 0.003, 'mean=%.2f' % avg_in_degree)
ax.set_ylim(0.002, 1.0)
ax.loglog(x, y_fit, c='red');
```

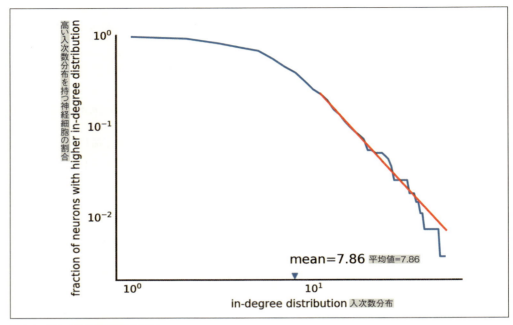

図A-3 図3-18に回帰直線を追加

できました。回帰曲線も含む、完全な図6Bです。

A.5 解答：画像の畳み込み

以下は「4.7.6　演習：画像の畳み込み」の解答です。

```
from scipy import signal

x = np.random.random((50, 50))
y = np.ones((5, 5))

L = x.shape[0] + y.shape[0] - 1
Px = L - x.shape[0]
Py = L - y.shape[0]

xx = np.pad(x, ((0, Px), (0, Px)), mode='constant')
yy = np.pad(y, ((0, Py), (0, Py)), mode='constant')

zz = np.fft.ifft2(np.fft.fft2(xx) * np.fft.fft2(yy)).real
print('Resulting shape:', zz.shape, ' <-- Why?')

z = signal.convolve2d(x, y)

print('Results are equal?', np.allclose(zz, z))
```

```
Resulting shape: (54, 54)  <-- Why?
Results are equal? True
```

A.6　解答：対応行列の計算複雑性

以下は「5.1.1　演習：対応行列の計算複雑性」の解答です。

「1章　エレガントな NumPy：科学 Python の基礎」では、arr == k で、arr と同じ大きさのブール型（True または False）値の配列ができることを学びました。この方法は、予想されるように、arr の全要素をパスする必要があります。したがって、演習問題の直前のコード例では、pred と gt の値のすべての組み合わせについて、pred と gt のそれぞれの全要素をパスすることになります。原理上は、cont は両方の配列を 1 回パスするだけで計算できるので、複数回パスする必要があるコードは非効率的なのです。

A.7　解答：対応行列を計算する別のアルゴリズム

以下は「5.1.2　演習：対応行列を計算する別のアルゴリズム」の回答です。

解答はいくつも考えられますが、ここでは 2 つの解答を提示します。

1 つ目の解答は、Python の組み込み関数 zip を使って、pred と gt のラベルを組にします。

```
def confusion_matrix1(pred, gt):
    cont = np.zeros((2, 2))
    for i, j in zip(pred, gt):
        cont[i, j] += 1
    return cont
```

2 つ目の解答は、pred と gt の取り得るすべてのインデックスを反復し、対応する値を各配列から手作業で取り出します。

```
def confusion_matrix1(pred, gt):
    cont = np.zeros((2, 2))
    for idx in range(len(pred)):
        i = pred[idx]
        j = gt[idx]
        cont[i, j] += 1
    return cont
```

1 つ目の解答の方がより「Python らしい」とみなされますが、2 つ目の解答の方が、C、Cython、Numba などの言語やツールに変換してコンパイルすることで高速化を図りやすいのです（この話だけで別の本のテーマになります）。

A.8　解答：多クラス対応行列

以下は「5.1.3　演習：多クラス対応行列」の解答です。

両方の入力配列を 1 回通すだけで、最大のラベルを決定できます。次に、ゼロのラベルと Python のゼロから始まるインデックス付けに合わせるために、それに 1 を加えます。続いて、行

列を作成して上記のように埋めていきます。

```python
def general_confusion_matrix(pred, gt):
    n_classes = max(np.max(pred), np.max(gt)) + 1
    cont = np.zeros((n_classes, n_classes))
    for i, j in zip(pred, gt):
        cont[i, j] += 1
    return cont
```

A.9　解答：COOを使った表現

以下は「5.2.2　演習：COO を使った表現」の解答です。

まずは、配列の非ゼロ要素を、本を読むように左から右、上から下の順番に列挙します。

```python
s2_data = np.array([6, 1, 2, 4, 5, 1, 9, 6, 7])
```

続いて、それらの値の行のインデックスを同じ順番に列挙します。

```python
s2_row = np.array([0, 1, 1, 1, 1, 2, 3, 4, 4])
```

最後に、列のインデックスです。

```python
s2_col = np.array([2, 0, 1, 3, 4, 1, 0, 3, 4])
```

正しい行列が得られたかどうかは、逆に COO 表現から行列を求めれば確認できます。

```python
s2_coo0 = sparse.coo_matrix(s2)
print(s2_coo0.data)
print(s2_coo0.row)
print(s2_coo0.col)

[6 1 2 4 5 1 9 6 7]
[0 1 1 1 1 2 3 4 4]
[2 0 1 3 4 1 0 3 4]
```

および

```python
s2_coo1 = sparse.coo_matrix((s2_data, (s2_row, s2_col)))
print(s2_coo1.toarray())

[[0 0 6 0 0]
 [1 2 0 4 5]
 [0 1 0 0 0]
 [9 0 0 0 0]
 [0 0 0 6 7]]
```

A.10　解答：画像の回転

以下は「5.3.1　演習：画像の回転」の解答です。

変換は、行列を掛けることで**達成**できます。画像を原点を中心に回転したり、スライドさせる方

法はすでに学びました。それを利用して、中心が原点にくるように画像をスライドして、回転して、再びスライドして元に戻します。

```python
def transform_rotate_about_center(shape, degrees):
    """Return the homography matrix for a rotation about an image center."""
    c = np.cos(np.deg2rad(angle))          # 画像の中心点を中心とする回転のホモグラフィ行列を返す。
    s = np.sin(np.deg2rad(angle))

    H_rot = np.array([[c, -s,  0],
                      [s,  c,  0],
                      [0,  0,  1]])
    # compute image center coordinates    画像の中心点の座標を計算する。
    center = np.array(image.shape) / 2
    # matrix to center image on origin    画像の中心を原点に置く行列
    H_tr0 = np.array([[1, 0, -center[0]],
                      [0, 1, -center[1]],
                      [0, 0,          1]])
    # matrix to move center back          画像の中心点を元に戻す行列
    H_tr1 = np.array([[1, 0, center[0]],
                      [0, 1, center[1]],
                      [0, 0,         1]])
    # complete transformation matrix      変換行列の完成
    H_rot_cent = H_tr1 @ H_rot @ H_tr0

    sparse_op = homography(H_rot_cent, image.shape)

    return sparse_op
```

うまくいくか試してみましょう。

```python
tf = transform_rotate_about_center(image.shape, 30)
plt.imshow(apply_transform(image, tf));
```

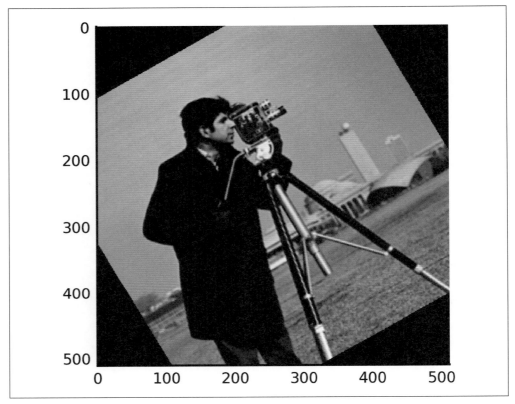

図A-4　図5-1を原点を中心に回転

A.11　解答：必要なメモリ容量を減らす

以下は「5.4.1　演習：必要なメモリ容量を減らす」の解答です。

作成する np.ones 配列は読み出し専用です。coo_matrix が和を取る値としてのみ使われます。broadcast_to を使えば、要素が1つだけの類似した配列を「仮想的に」n回反復したものを作成できます。

```
def confusion_matrix(pred, gt):
    n = pred.size
    ones = np.broadcast_to(1., n)  # virtual array of 1s of size n   値が1でサイズがnの仮想配列
    cont = sparse.coo_matrix((ones, (pred, gt)))
    return cont
```

予想通りに動作するか、確認してみましょう。

```
cont = confusion_matrix(pred, gt)
print(cont.toarray())
```

```
[[ 3.  1.]
 [ 2.  4.]]
```

できました。元データと同じ大きさの配列の代わりに、サイズが1の配列ができました。処理するデータセットがどんどん大きくなるにつれ、このような最適化がますます重要になります。

A.12　解答：条件付きエントロピーの計算

結合確率表を求めるには、表をその値の総和（この場合は12）で割るだけです。

以下は「5.6.1　演習：条件付きエントロピーの計算」の解答です。

```
print('table total:', np.sum(p_rain_g_month))
p_rain_month = p_rain_g_month / np.sum(p_rain_g_month)

table total: 12.0
```

これで、rain が与えられた場合の month の条件付きエントロピーを計算できます（これは、雨が降っていることがわかっている場合に、何月かを当てるには、平均としてどれだけ情報が必要か、と尋ねているようなものです）。

```
p_rain = np.sum(p_rain_month, axis=0)
p_month_g_rain = p_rain_month / p_rain
Hmr = np.sum(p_rain * p_month_g_rain * np.log2(1 / p_month_g_rain))
print(Hmr)

3.5613602411
```

これを月のエントロピーと比べてみましょう。

```
p_month = np.sum(p_rain_month, axis=1)   # 1/12, but this method is more general
                                         # 1/12 だがこの手法はより一般的
Hm = np.sum(p_month * np.log2(1 / p_month))
print(Hm)

3.58496250072
```

したがって、今日雨が降ったことがわかっていることだけで、何月かを当てるのに1/200ビットだけ近づいたことがわかります。おそらく大金は賭けない方がよいでしょうね。

A.13　解答：回転行列

以下は「6.2.1　演習：回転行列」の解答です。

問題1

```
import numpy as np

theta = np.deg2rad(45)
```

```
R = np.array([[np.cos(theta), -np.sin(theta), 0],
              [np.sin(theta),  np.cos(theta), 0],
              [            0,              0, 1]])

print("R times the x-axis:", R @ [1, 0, 0])
print("R times the y-axis:", R @ [0, 1, 0])
print("R times a 45 degree vector:", R @ [1, 1, 0])

R times the x-axis: [ 0.70710678  0.70710678  0.        ]
R times the y-axis: [-0.70710678  0.70710678  0.        ]
R times a 45 degree vector: [ 1.11022302e-16  1.41421356e+00  0.00000000e+00]
```

問題 2

ベクトルに R を掛けると、そのベクトルは 45 度回転するので、結果に再び R を掛ければ、元のベクトルが 90 度回転するはずです。行列の乗算は結合的、つまり $R(Rv) = (RR)v$ なので、$S = RR$ はベクトルを z 軸の周りに 90 度回転させるはずです。

```
S = R @ R
S @ [1, 0, 0]

array([  2.22044605e-16,   1.00000000e+00,   0.00000000e+00])
```

問題 3

```
print("R @ z-axis:", R @ [0, 0, 1])

R @ z-axis: [ 0.  0.  1.]
```

R は x 軸と y 軸の両方の周りで回転しますが、z 軸の周りでは回転しません。

問題 4

eig のドキュメントから、2 つの値を返すことがわかります。固有値の 1 次元配列と、各固有値に対応する固有ベクトルを各列に含む 2 次元配列です。

```
np.linalg.eig(R)

(array([ 0.70710678+0.70710678j,  0.70710678-0.70710678j,  1.00000000+0.j        ]),
 array([[ 0.70710678+0.j        ,  0.70710678-0.j        ,  0.00000000+0.j        ],
        [ 0.00000000-0.70710678j,  0.00000000+0.70710678j,  0.00000000+0.j        ],
        [ 0.00000000-0.j        ,  0.00000000+0.j        ,  1.00000000+0.j        ]]))
```

複素数値を取る固有値と固有ベクトルに加えて、ベクトル $[0\ 0\ 1]^T$ に対応する値が 1 の固有値があることがわかります。

A.14　解答：神経細胞の接続の近さを表す図を描く

以下は「6.3.1　演習：神経細胞の接続の近さを表す図を描く」の解答です。

神経細胞の接続の近さを表す図では、y軸に処理の深さを使う代わりに、Qを正規化した3番目の固有値を、x軸でしたのと同様に用います（また、x軸でしたように、必要に応じて符号を反転させます）。

```
y = Dinv2 @ Vec[:, 2]
asjl_index = np.argwhere(neuron_ids == 'ASJL')
if y[asjl_index] < 0:
    y = -y

plot_connectome(x, y, C, labels=neuron_ids, types=neuron_types,
                type_names=['sensory neurons', 'interneurons',
                            'motor neurons'],
                xlabel='Affinity eigenvector 1',
                ylabel='Affinity eigenvector 2')
```

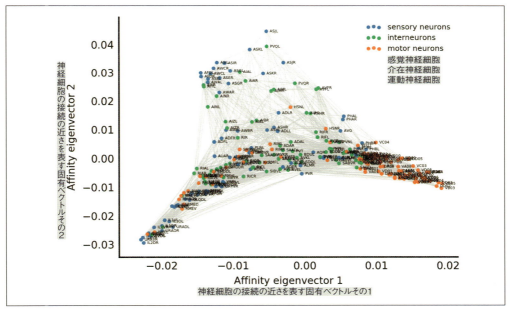

図A-5　接続の近さによって神経細胞を配置した図

A.14.1　チャレンジを受けて立つ：疎行列を扱う線形代数

以下は「6.3.2　チャレンジ問題：疎行列を扱う線形代数」の解答です。

このチャレンジ問題のために、小さな神経回路図（コネクトーム）を使います。理由は、起きていることを視覚化しやすいからです。このチャレンジの後の方では、この手法を、より大きなネットワークの解析に利用します。

まずは、疎行列形式、この場合は、線形代数で最もよく使われる CSR 形式の、隣接行列 A から始めます。すべての行列の名前に s の添字を付けて、疎行列であることを明示します。

```
from scipy import sparse
import scipy.sparse.linalg

As = sparse.csr_matrix(A)
```

連結行列も同じように作成できます。

```
Cs = (As + As.T) / 2
```

次数行列は、「diags」という疎行列形式を使って得られます。この行列は、対角行列と非対角行列を格納しています。

```
degrees = np.ravel(Cs.sum(axis=0))
Ds = sparse.diags(degrees)
```

ラプラシアンを求めるのは簡単です。

```
Ls = Ds - Cs
```

次は、処理の深さを求めます。ラプラシアン行列の擬似逆行列を求めるのは、擬似逆行列が密行列となり（疎行列の逆行列は、一般的に疎行列ではない）、問題外であることを思い出してください。ところが、我々は実際には擬似逆行列を使って、$Lz = b$ を満たすベクトル z をすでに計算していました（ここで、$[b = C \odot \text{sign}(A - A^T)\mathbf{1}]$、Varshney らの論文の補足資料に記されています）。密行列では、単純に $zL + b$ を使うことができます。しかし、疎行列では、sparse.linalg.isolve にあるソルバ（6 章の囲み「ソルバ」を参照）の 1 つを使って、L と b を与えれば、z ベクトルを求めることができます。逆変換は必要ないのです。

```
b = Cs.multiply((As - As.T).sign()).sum(axis=1)
z, error = sparse.linalg.isolve.cg(Ls, b, maxiter=10000)
```

最後に、Q の固有ベクトル、すなわち次数によって正規化したラプラシアンで、Q の 2 番目と 3 番目に小さい固有値に対応するものを求める必要があります。

「5 章 疎行列を用いた分割表」で、疎行列の数値データは、.data 属性に入っていることを学びましたね。これを使って、次数行列を逆変換します。

```
Dsinv2 = Ds.copy()
Dsinv2.data = 1 / np.sqrt(Ds.data)
```

最後に、SciPy の疎線形代数関数を使って、求める固有ベクトルを見つけましょう。Q は対称行列なので、対称行列に特化された eigsh 関数を使って計算できます。which キーワード引数で最小固有値に対応する固有ベクトルを求めたいことを指定し、k で最も小さい 3 つの固有ベクトルを指定します。

```
Qs = Dsinv2 @ Ls @ Dsinv2
vals, Vecs = sparse.linalg.eigsh(Qs, k=3, which='SM')
sorted_indices = np.argsort(vals)
Vecs = Vecs[:, sorted_indices]
```

最後に、固有ベクトルを正規化して、x 座標と y 座標（必要に応じて正負を逆にする）を得ます。

```
_dsinv, x, y = (Dsinv2 @ Vecs).T
if x[vc2_index] < 0:
    x = -x
if y[asjl_index] < 0:
    y = -y
```

（最小固有値に対応する固有ベクトルは、常に全要素が1のベクトルです。これには興味がないことに注意してください。）これで以下の図を復元できます。

```
plot_connectome(x, z, C, labels=neuron_ids, types=neuron_types,
                type_names=['sensory neurons', 'interneurons',
                            'motor neurons'],
                xlabel='Affinity eigenvector 1', ylabel='Processing depth')

plot_connectome(x, y, C, labels=neuron_ids, types=neuron_types,
                type_names=['sensory neurons', 'interneurons',
                            'motor neurons'],
                xlabel='Affinity eigenvector 1',
                ylabel='Affinity eigenvector 2')
```

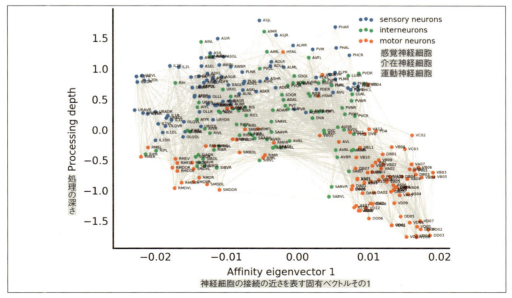

図A-6　図6-6を、疎行列を用いた線形代数計算で求めたもの

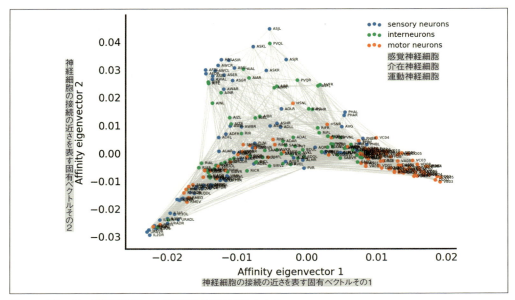

図A-7　図A-5を、疎行列を用いた線形代数計算で求めたもの

A.15　解答：ぶら下がりノードの処理法

以下は「6.4.1　演習：ぶら下がりノードの処理法」の解答です。

確率行列を持つには、遷移行列のすべての列の総和が1である必要があります。この条件は、ある生物種が他のどの種にも食べられない場合には、満たされません。この場合、その生物種に対応する列の要素は、すべてゼロになります。しかし、そのような列のすべてを $1/n$ で置き換える操作は、高コストとなります。

肝心なのは、変換行列と現在の確率ベクトルの乗算に、どの列も同じ量だけ寄与することに気付くことです。つまり、これらの列を足すと、反復の乗算の結果に1つの値が加えられるのです。どんな値かというと、$1/n$ に、ぶら下がりノードに対応する r の要素を掛けたものです。このことは、ぶら下がりノードに対応する位置の要素の値が $1/n$ で、それ以外の要素はゼロであるベクトルと、現在の反復のベクトル r の内積として表されます。

```python
def power2(Trans, damping=0.85, max_iter=10**5):
    n = Trans.shape[0]
    dangling = (1/n) * np.ravel(Trans.sum(axis=0) == 0)
    r0 = np.full(n, 1/n)
    r = r0
    for _ in range(max_iter):
        rnext = (damping * (Trans @ r + dangling @ r) +
                 (1 - damping) / n)
        if np.allclose(rnext, r):
            return rnext
        else:
```

```
        r = rnext
    return r
```

これを手作業で何回か反復してみましょう。確率ベクトル（総和が1のベクトル）から始めると、次のベクトルもやはり確率ベクトルであることに注目してください。したがって、この関数が出力するページランクは、真の確率ベクトルになり、値は、食物連鎖のリンクをたどると特定の生物種に行き着く確率を表します。

A.16　解答：手法の検証

以下は「6.4.2　演習：異なる固有ベクトルの手法の等価性」の解答です。

np.corrcoef 関数は、リストにあるベクトルのすべての組の間のピアソンの相関係数を与えます。この係数が1になるのは、ベクトルの組がお互いの係数倍である場合に限られます。したがって、相関係数が1であれば、上記の3つの手法によって同じランキングが生成されることを示すのに十分です。

```
pagerank_power = power(Trans)
pagerank_power2 = power2(Trans)
np.corrcoef([pagerank, pagerank_power, pagerank_power2])

array([[ 1.,  1.,  1.],
       [ 1.,  1.,  1.],
       [ 1.,  1.,  1.]])
```

A.17　解答：align関数を修正する

以下は「7.3.1　演習：align 関数を修正する」の解答です。

ベイスン-ホッピング法を最大解像度で実行すると数値計算的に非常に高コストとなるため、ここではピラミッドの上位レベルでベイスン-ホッピング法を、下位レベルではパウエル法を用います。

```
def align(reference, target, cost=cost_mse, nlevels=7, method='Powell'):
    pyramid_ref = gaussian_pyramid(reference, levels=nlevels)
    pyramid_tgt = gaussian_pyramid(target, levels=nlevels)

    levels = range(nlevels, 0, -1)
    image_pairs = zip(pyramid_ref, pyramid_tgt)

    p = np.zeros(3)

    for n, (ref, tgt) in zip(levels, image_pairs):
        p[1:] *= 2
        if method.upper() == 'BH':
            res = optimize.basinhopping(cost, p,
                                        minimizer_kwargs={'args': (ref, tgt)})
            if n <= 4:  # avoid basin hopping in lower levels
                method = 'Powell'        下位レベルではベースン-ホッピングを適用しない。
        else:
```

```
            res = optimize.minimize(cost, p, args=(ref, tgt), method='Powell')
        p = res.x                          現在のレベルを表示する。毎回上書きする（進捗バーのように）。
        # print current level, overwriting each time (like a progress bar)
        print(f'Level: {n}, Angle: {np.rad2deg(res.x[0]) :.3}, '
              f'Offset: ({res.x[1] * 2**n :.3}, {res.x[2] * 2**n :.3}), '
              f'Cost: {res.fun :.3}', end='\r')

    print('')  # newline when alignment complete    位置合わせが完了したら改行を表示
    return make_rigid_transform(p)
```

では例の位置合わせをやってみましょう。

```
from skimage import util

theta = 50
rotated = transform.rotate(astronaut, theta)
rotated = util.random_noise(rotated, mode='gaussian',
                            seed=0, mean=0, var=1e-3)

tf = align(astronaut, rotated, nlevels=8, method='BH')
corrected = transform.warp(rotated, tf, order=3)

f, (ax0, ax1, ax2) = plt.subplots(1, 3)
ax0.imshow(astronaut)
ax0.set_title('Original')
ax1.imshow(rotated)
ax1.set_title('Rotated')
ax2.imshow(corrected)
ax2.set_title('Registered')
for ax in (ax0, ax1, ax2):
    ax.axis('off')

Level: 1, Angle: -50.0, Offset: (-2.09e+02, 5.74e+02), Cost: 0.0385
```

図A-8　ベイスン-ホッピング法を用いた最適化で復元した画像の位置合わせ

成功です。ベイスン-ホッピング法は、`minimize` 関数が行き詰まってしまう難しいケースでも、正しい位置合わせを復元できました。

A.18　解答：scikit-learnライブラリ

以下は「8.5.1　演習：ストリーミングデータの主成分分析（PCA）」の解答です。

まずは、モデルをトレーニングするための関数を書きます。この関数は、サンプルのストリームを受け取り、PCAモデルを出力するものです。PCAモデルは、新しいサンプルを、元のn次元空間から主成分空間に射影することで**変換**することができます。

```
import toolz as tz
from toolz import curried as c
from sklearn import decomposition
from sklearn import datasets
import numpy as np

def streaming_pca(samples, n_components=2, batch_size=100):
    ipca = decomposition.IncrementalPCA(n_components=n_components,
                                        batch_size=batch_size)
    tz.pipe(samples,  # iterator of 1D arrays          1次元配列のイテレータ
            c.partition(batch_size),  # iterator of tuples   タプルのイテレータ
            c.map(np.array),  # iterator of 2D arrays   2次元配列のイテレータ
            c.map(ipca.partial_fit),  # partial_fit on each  それぞれに partial_fit を適用
            tz.last)  # Suck the stream of data through the pipeline
    return ipca              データのストリームをパイプラインを通して読み込む。
```

これで、上の関数を使ってPCAモデルの**トレーニング**（もしくは**回帰**）ができます。

```
reshape = tz.curry(np.reshape)

def array_from_txt(line, sep=',', dtype=np.float):
    return np.array(line.rstrip().split(sep), dtype=dtype)

with open('data/iris.csv') as fin:
    pca_obj = tz.pipe(fin, c.map(array_from_txt), streaming_pca)
```

最後に、元のサンプルを、我々のモデルの `transform` 関数を通してストリーミングできます。サンプルはスタックして、`n_samples` × `n_components` のデータ行列を得ます。

```
with open('data/iris.csv') as fin:
    components = tz.pipe(fin,
                         c.map(array_from_txt),
                         c.map(reshape(newshape=(1, -1))),
                         c.map(pca_obj.transform),
                         np.vstack)

print(components.shape)
```

```
(150, 2)
```

これで、成分をプロットできます。

```
iris_types = np.loadtxt('data/iris-target.csv')
plt.scatter(*components.T, c=iris_types, cmap='viridis');
```

このコードが、標準的なPCAと（ほぼ）同じ結果を与えることが確認できます（図A-9と図A-10を比較）。

```
iris = np.loadtxt('data/iris.csv', delimiter=',')
components2 = decomposition.PCA(n_components=2).fit_transform(iris)
plt.scatter(*components2.T, c=iris_types, cmap='viridis');
```

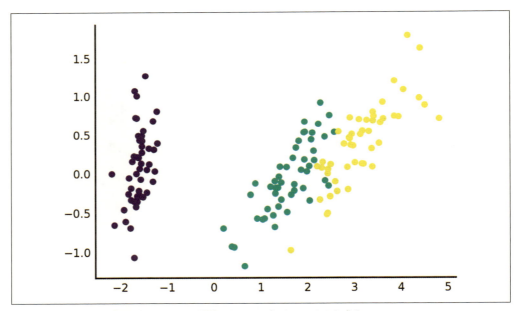

図A-9　ストリーミングするPCAを用いて計算したirisのデータセットの主成分

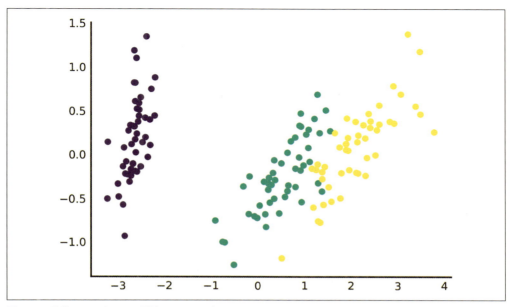

図A-10　通常のPCAを用いて計算したirisのデータセットの主成分

　両者の差は、当然ですが、ストリーミングを用いればPCAは莫大なデータセットにもスケールアップできることです。

A.19　解答：パイプの最初の部分に1段階追加する

　以下は「8.6.1　演習：オンラインで実行するunzip」の解答です。

　元のgenomeコード中のopenを、カリー化されたgzip.openに置き換えることができます。gzipのopen関数のデフォルトのモードはrb（read bytes）であり、Pythonの組み込み関数open（read text）のrtではないので、こちらで指定する必要があります。

```
import gzip

gzopen = tz.curry(gzip.open)

def genome_gz(file_pattern):
    """Stream a genome, letter by letter, from a list of FASTA filenames."""
                                              ゲノムを1文字ずつFASTAファイル名のリストからストリーミングする。
    return tz.pipe(file_pattern, glob, sorted,  # Filenames    ファイル名
                   c.map(gzopen(mode='rt')),    # lines        行
                   # concatenate lines from all files:         全ファイルの行を連結する。
                   tz.concat,
                   # drop header from each sequence            各シーケンスからヘッダを取り除く。
                   c.filter(is_sequence),
                   # concatenate characters from all lines     全行の文字を連結する。
                   tz.concat,
```

```
                        # discard newlines and 'N'    改行コードと 'N' を取り除く。
                        c.filter(is_nucleotide))
```

上のコードを、ショウジョウバエのゲノムデータの圧縮ファイルで試してみましょう。

```
dm = 'data/dm6.fa.gz'
model = tz.pipe(dm, genome_gz, c.take(10**7), markov)
plot_model(model, labels='ACGTacgt')
```

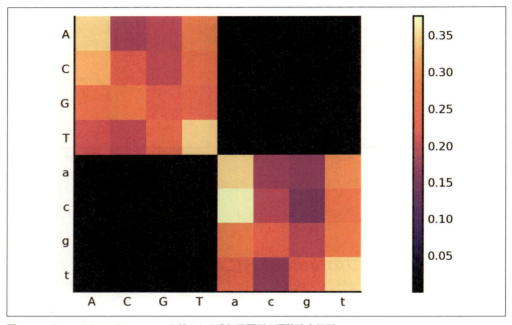

図A-11　*Drosophila melanogaster* のゲノムの遺伝子配列の遷移確率行列

　genome 関数を 1 つに統一したければ、入力ファイルが gzip ファイルかどうかをファイル名からもしくはトライアンドエラーで判断する、カスタムメイドの open 関数を書くこともできます。

　同様に、FASTA ファイルがたくさん詰まった .tar.gz がある場合には、Python の tarfile モジュールを glob の代わりに使って各ファイルを個別に読み出すことができます。この方法の唯一の注意点は、tarfile が行をテキストではなくバイトで返すため、bytes.decode 関数を使って各行をデコードしなければならないことです。

エピローグ

> 良質とは、誰も見ていないところでもきちんとするということだ。
> ——ヘンリー・フォード

　本書の最大の目的は、NumPyとSciPyのライブラリのエレガントな使い方を促進することでした。読者のみなさんにSciPyを使った効果的な科学的解析の手法の手ほどきをすると同時に、良質なコードを生み出すためには努力する価値があるのだということを実感していただけたならうれしく思います。

E.1　次の目標

　どんなデータが飛んできても解析できる十分なSciPyの知識を得た今、この先はどう進めばよいでしょうか。本書の冒頭部分で、Pythonのライブラリとそこから派生したものすべてに関する知識は、本書では網羅しきれないと述べました。お別れの前に、読者のみなさんの助けとなってくれるであろう、公開されている多くのリソースを紹介したいと思います。

E.1.1　メーリングリスト

　まえがきで、SciPyはコミュニティであると述べました。学習を続けるのにとてもよい方法として、NumPy、SciPy、pandas、Matplotlib、scikit-imageなど、自分の興味があるライブラリの主要なメーリングリストに登録し、定期的に目を通すことが挙げられます。

　そして、自分の仕事で行き詰まってしまったら、怖がらずにメーリングリストで助けを求めてみてください。我々は優しくて親切な仲間です！ 助けを求める際の**主要な**必要条件として、自分で問題解決を試みてみたことを示し、最低限のコードと十分な見本データを提供して、直面している問題をどうやって解決しようとしたのかを説明することが大事です。

- ✕「ガウス分布に従う大きな乱数の配列を生成する必要があります。誰かやり方を教えてくれませんか？」
- ✕「https://github.com/ron_obvious に巨大なライブラリを置いています。統計処理のライブラリを見てもらうとわかりますが、ガウス分布に従う乱数が絶対に必要な部分があります。誰かちょっと見てくれませんか？？」

- ○「以下の方法でガウス分布に従う乱数の大きなリストを生成しようとしました。gauss = [np.random.randn()] * 10**5。でも np.mean(gauss) を計算すると、思ったほどゼロに近くなりません。どこがいけないのでしょうか？ 全体のスクリプトは以下に添付してあります。」

E.1.2 GitHub

まえがきでは、GitHub の紹介もしました。

本書で解説したコードはすべて GitHub から入手できます。

- NumPy（https://github.com/numpy/numpy）
- SciPy（https://github.com/scipy/scipy）

それ以外にも多くのコードが置かれています。いずれかのコードが期待通りに動かない場合は、バグの可能性があります。しばらく調査した後で、やはりバグを見つけたという確信が持てた場合には、GitHub 中にある関連のあるリポジトリの「issues」タブをクリックして、新しいイシューを作りましょう。これで、確実にそのバグがライブラリ開発者の視野に入り、（願わくば）次のバージョンでは直されるでしょう。ところで、この助言は、ドキュメントの「バグ」にも該当します。もしライブラリのドキュメントにわかりにくいところがあれば、イシューを立てましょう！

イシューを立てるよりもさらによいのは、**プルリクエストを送る**ことです。ライブラリのドキュメントを改善する目的のプルリクエストは、オープンソースの世界を初めて体験するのにとてもよい方法です。ここではやり方は書きませんが、助けとなる書籍やリソースがたくさん執筆されています。

- Anthony Scopatz と Katy Huff の『*Effective Computation in Physics*』（http://shop.oreilly.com/product/0636920033424.do、O'Reilly、2015）では、Git や GitHub をはじめとする、科学計算がらみのテーマを多数取り扱っています。
- 『*Introducing GitHub*』（http://shop.oreilly.com/product/0636920033059.do、O'Reilly、2015）は、Peter Bell と BrentBeer による書籍で、GitHub を詳しく解説しています。
- 「SoftwareCarpentry」（https://software-carpentry.org）には Git のレッスンがあり、世界中で 1 年を通して無料のワークショップを開催しています。
- 上記のレッスンに一部基づいて、本書の著者の一人が Git と GitHub のプルリクエストを網羅したチュートリアルである「Open Source Science with Git and GitHub」（http://jni.github.io/git-tutorial/）を作成しています。
- おしまいに、GitHub 上のオープンソースで開発されているプロジェクトの多くには「CONTRIBUTING」（http://bit.ly/2uFYZo5）ファイルがあり、各プロジェクトにコードを寄与する際のガイドライン一式が書かれています。

ですから、このテーマに関しては、助けに困ることはないでしょう。

著者らは、読者のみなさんが SciPy エコシステムにできるだけ頻繁に関わっていくことを奨励します。理由は、コミュニティのためにライブラリを進化させる手助けになるからだけでなく、自分自身のコーディングの能力を磨くための近道でもあるからです。あなたが送るどのプルリクエス

トにも、あなたのコードに建設的なコメントが返ってきて、あなた自身の進歩も支えてくれるのです。さらに、GitHub へ寄与する方法やエチケットにも慣れてくるので、その経験が今日の求人市場において非常に価値あるスキルとなります。

E.1.3　カンファレンス

　同じ理由で、この分野でのコーディングのカンファレンスに参加することを強くお勧めします。毎年米国のオースティンで開かれる SciPy のカンファレンスはすばらしく、本書を楽しめたみなさんにはおそらく最適でしょう。また、そのヨーロッパ版である EuroSciPy というカンファレンスもあり、ホストする街は 2 年ごとに変わります。最後に、より一般向けの PyCon は米国で開催されますが、それから派生したカンファレンスが世界中で開かれます[†]。例えば、オーストラリアで開催される PyCon-AU では、メインのカンファレンスの前日に「科学とデータ」がテーマのミニカンファレンスが開かれます。

　どのカンファレンスを選んでも、カンファレンスの最後にある「スプリント」と呼ばれるセッションまで残りましょう。コーディングスプリントは、チームコーディングの真剣なセッションで、技能のレベルに関係なく、オープンソースに寄与する過程が学べるすばらしい機会です。本書の著者の 1 人（Juan）がオープンソースの旅に出たのは、これに参加したことがきっかけでした。

E.2　SciPyの向こう

　SciPy ライブラリは、Python だけでなく、Python コードと併用される高度に最適化された C や Fortran のコードでも書かれています。NumPy をはじめとする他の関連ライブラリとともに、SciPy は科学データ解析に登場するほとんどの使用事例を網羅しようとしていて、そのために非常に高速な関数を提供しています。しかし、時には、SciPy の既存の関数がまったく適合しないような科学の問題もあり、Python だけによる解法では遅すぎて役立たないことがあります。そんな場合はどうすればよいでしょうか。

　『*High Performance Python*』（http://shop.oreilly.com/product/0636920028963.do、O'Reilly、2014、邦題『ハイパフォーマンス Python』オライリー・ジャパン）は、Micha Gorelick と Ian Ozsvald による本で、そういった状況で必要な知識、つまりどの部分に**本当**に処理能力がいるかを見極める方法や、その処理能力を出すために用意されている選択肢が網羅されています。この本は非常にお勧めです。

　ここでは、その選択肢のうち SciPy の世界に関係のある 2 つを、簡単に説明したいと思います。

　まず、Python の変種である Cython は、C にコンパイルできる上に、それを Python にインポートすることもできます。Python の変数にいくつかの型アノテーションを提供するということは、コンパイルされた C のコードが、匹敵する Python のコードに比べて結果的に 100 倍から 1,000 倍も高速になり得るということです。Cython は現在では業界標準で、NumPy や SciPy および多くの関連ライブラリ（scikit-image など）に使用され、配列ベースのコードに高速なアルゴリズムを提供しています。Kurt Smith は、単純明快な書名の本『*Cython*』（http://shop.oreilly.com/

[†] 日本でも PyCon JP があります。

product/0636920033431.do、O'Reilly、2015、邦題『Cython : C との融合による Python の高速化』オライリー・ジャパン）で、この言語の基本を教えてくれます。

　Cython よりも簡単に使える代替言語は、Numba という配列ベースの Python 用の実行時（just-in-time、JIT）コンパイラです。JIT は、ある関数が一度実行されるのを待ち、その時点ですべての関数の引数と出力の型を類推し、その特定の型にとって非常に効率的な形にコードをコンパイルします。Numba のコードでは、型を宣言する必要がありません。関数が初めて呼び出されたときに、Numba が自分で類推するからです。その代わり、より複雑な Python のオブジェクトは使わず、基本の型（整数や浮動小数点数など）や配列だけを使うように注意する必要があるだけです。そうすれば、Numba は Python のコードを非常に効率的なコードにコンパイルして、計算速度を何桁も高速にします。

　Numba はまだとても若い言語ですが、すでにとても便利な言語なのです。重要なことに、Numba は、これからもっと一般的になることが決まっている Python の JIT で可能なことを示してくれています。「もっと一般的になることが決まっている」と述べたのは、Python 3.6 では、新しい JIT（Pyjion の JIT はこれらに基づいています）を使いやすくする機能が追加されたからです。Numba を SciPy に組み合わせる方法など、Numba の使用例のいくつかを、Juan のブログ（https://ilovesymposia.com/tag/numba/）で見ることができます。さらに Numba にはもちろん、専用のとても活発で優しく親切なメーリングリストがあります。

E.3　本書に寄与する方法

　本書のソースコード自体も、GitHub（https://github.com/elegant-scipy/elegant-scipy）に置いてあります（本書のウェブサイト http://elegantscipy.org にもあります）。他のどんなオープンソースのプロジェクトに寄与するのと同じく、バグや誤字などを見つけたらイシューを立てたりプルリクエストを送ったりできます。このような寄与はとてもありがたいです。

　本書では、著者らが見つけることができた最良のコードを使って、SciPy と NumPy のライブラリの様々な側面を解説しています。もっとよい例があれば、リポジトリでイシューを立ててください。ぜひ未来の版に含めたいと思います。

　Twitter のアカウント @elegantscipy（https://twitter.com/elegantscipy）もあります。本書についてしゃべりたいことがあれば、ぜひツイートしてください。個々の著者のアカウントは @jnuneziglesias（https://twitter.com/jnuneziglesias）、@stefanvdwalt（https://twitter.com/stefanvdwalt）、および @hdashnow（https://twitter.com/hdashnow）です。

　特に、本書の発想やコードが活用されて、あなたの科学研究が前進したなら、ぜひ知らせてください。そのための SciPy ですから！

E.4　また会う日まで...

　それまで、本書を楽しみつつ役立てていただけたのなら幸いです。そうであれば、ご友人に広めたり、メーリングリストやカンファレンスや GitHub や Twitter で気軽に声をかけてください。読んでくださってありがとう。そして、さらに『エレガントな SciPy』に乾杯！

索 引

記号

%matplotlib inline ………………………… 14
@（行列の乗算演算子）………………………… 118

B

Berkeley Segmentation Dataset and Benchmark
　……………………………………………… 140
Bluesteinのアルゴリズム ……………………… 88

C

colorbrewerパレット …………………………… 158
conda ……………………………………………… xvi
Cython …………………………………………… 235

D

DNA（デオキシリボ核酸）……………………… 2

F

FASTA形式 ……………………………………… 197
fcluster関数 ……………………………………… 45
FFTPACKライブラリ …………………………… 85
frequencies関数 ………………………………… 199

G

generic_filter関数 ………………………… 64, 74

GitHub ……………………………………… xiii, 234
　メーリングリスト ……………………… xv, 233
GNU一般公衆ライセンス（GNU Public License）
　……………………………………………… xii

I

imshow関数 ……………………………………… 51
IncrementalPCAクラス ………………………… 203
IPython …………………………………………… viii

J

JIT（実行時コンパイラ）……………………… 236
Jupyter
　%matplotlib inline ………………………… 14
　科学Pythonエコシステムにおける役割 …… viii
　マジックコマンド ………………………… 14

K

KDE（カーネル密度推定）……………………… 14
k-merのカウント
　エラー補正 …………………………… 196-200
　カリー化された関数 ………………… 202-204

M

Matplotlib
　%matplotlib inline ………………………… 14

matplotlib.pyplot ··············· 14
trisurf関数 ················· 114
科学Pythonエコシステムにおける役割 ······ viii
画像を表示 ················ 50
スタイルシートの生成 ············ 14
スタイルファイルを使う ··········· 14
MSE（平均二乗誤差） ················ 171

N

N次元配列（N-dimensional arrays：ndarray）
　Pythonリストとの違い ··············· 7
　.ravel()メソッド ················ 131
　画像表現 ··················· 50-55
　疎行列を使うように変換 ············ 138
　特徴 ···················· 6, 33
　ブロードキャスティング ········ 9, 25, 131
　ベクトル化 ··················· 33
ndimage ···················· 49, 57, 73-75
NetworkXライブラリ ··············· 66-69
NMI（正規化相互情報量） ············· 185
Numba ······················ 235
NumPy
　DFTの機能 ··················· 87
　N次元配列 ·················· 6-11
　.ravel()メソッド ················ 131
　科学Pythonエコシステムにおける役割 ···· viii, 1
　画像の作成 ··················· 50
　疎行列を使うように変換 ············ 138
　データの正規化 ················ 13-30
　分位数正規化 ················· 31-47
　ベクトル化とブロードキャスティングのルール
　　　　　　　　　　　　·········· 1, 6-11, 25, 33, 131

O

optimizeモジュール ············· 1711-188

P

pandas
　科学Pythonエコシステムにおける役割 ······ ix
　データの読み込み ············· 11, 33
Python 3
　3.6のインストール ·············· xvi
　ndarrayとの違い ················· 7
　Python 2との違い ··············· ix
　yieldキーワード ·············· 190-193
　遺伝子発現分析 ················· 5
　キーワード専用引数 ·············· 23
　行列の乗算演算子（@） ············ 118

R

Raderのアルゴリズム ··············· 88
RAG（領域隣接グラフ） ☞ 画像領域
　グラフのラプラシアン行列 ········· 150-156
　作成 ···················· 49
　次数で正規化したラプラシアン ······· 156-161
　ノードとリンク ················ 49
　領域分割 ·················· 70-73
RPKM正規化 ················· 1, 23-29

S

scikit-image
　SLICアルゴリズム ··············· 72
　科学Pythonエコシステムにおける役割 ······ ix
scikit-learn
　IncrementalPCAクラス ············· 203
　科学Pythonエコシステムにおける役割 ······ ix
SciPy
　scipy.fftpackモジュール ············· 85
　scipy.signal.fftconvolve ············· 88
　sparseモジュール ··········· 117, 121-124
　エレガントなコードの意味 ············ vi
　階層的クラスタリングモジュール ········ 38
　科学Pythonエコシステムにおける役割 ····· vii

索　引 | **239**

　　関数の最適化 …………………………… 169-188
　　線形代数 ………………………………… 149-167
　　前提となる知識 ………………………………… vi
　　疎行列用の反復ソルバ ……………………… 162
　　代替 ……………………………………………… 235
　　ドキュメントとチュートリアル ……………… vii
　　分位数正規化 …………………………………31-47
　　リソース
　　　　GitHub ………………………………… xiii, 234
　　　　カンファレンス ……………………… xi, 235
　　　　メーリングリスト …………………… xv, 233
　　利点 ……………………………………………… vii
SLIC（単純線形反復クラスタリング） ……………… 72
sliding_window関数 …………………………………… 199
SN比（信号対雑音比） ………………………………… 60

T
TCGA（がんゲノムアトラス） ……………………… 1, 11
Toolzライブラリ ……………………… 193-196, 199, 202

Y
yieldキーワード ………………………………… 190-193

あ行
一方的使用を許すライセンス …………………………… xii
遺伝子発現分析（gene expression analysis）
　　k-merのカウントとエラー補正 ………… 196-200
　　pandasを使ってデータを読み込む ……… 11, 33
　　クラスタの可視化 ………………………… 40-42
　　正規化 ………………………………………13-30
　　生存率予測 ………………………………… 42-47
　　全ゲノムを基にマルコフモデルを作成する
　　　　……………………………………… 204-208
　　分位数正規化 ……………………………… 31-47
　　分布の標本差 ……………………………… 34-37
　　リード数データのバイクラスタリング …37-39
　　例 ………………………………………………… 2

エレガントなコード（elegant code） ………………… vi
演習（exercise）
　　align関数を修正する ………………… 181, 227
　　Conwayのライフゲーム ……………… 65, 212
　　COOを使った表現 …………………… 122, 218
　　SciPyを使った曲線回帰 ……………… 69, 214
　　オンラインで実行するunzip ………… 208, 231
　　回転行列 ……………………………… 151, 221
　　解答 …………………………………… 211-232
　　画像の回転 …………………………… 129, 218
　　画像の畳み込み ……………………… 116, 216
　　グリッドオーバーレイを追加 ………… 55, 211
　　異なる固有ベクトルの手法の等価性 … 167, 227
　　条件付きエントロピーの計算 ………… 135, 221
　　神経細胞の接続の近さを表す ………… 161, 223
　　ストリーミングデータの主成分分析 … 203, 229
　　生存率予測 ……………………………… 46-47
　　セグメンテーションの実践 ………………… 146
　　ソーベル勾配の大きさ ………………… 66, 213
　　疎行列を扱う線形代数 ………………… 161, 223
　　対応行列の計算複雑性 ………………… 120, 217
　　対応行列を計算する別のアルゴリズム
　　　　…………………………………… 120, 217
　　多クラス対応行列 ……………………… 120, 217
　　必要なメモリ容量を減らす …………… 131, 220
　　ぶら下がりノードの処理法 …………… 167, 226
演習問題の解答（solutions to exercises） …… 211-232
オープンソースソフトウェア開発
　　（open source software development） ………… xi

か行
カーネル密度推定（kernel density estimation：KDE）
　　……………………………………………………… 14
カイザー窓（Kaiser window） ……………… 99, 109-111
階層的クラスタリング（hierarchical clustering） …… 38
ガウシアンカーネル（Gaussian kernel） ………… 34, 58
ガウシアンピラミッド（Gaussian pyramid） … 176-181

ガウシアン平滑化（Gaussian smoothing） ……… 59
科学Pythonエコシステム
　（Scientific Python ecosystem）
　　コミュニティサポート ………………… xi, xv
　　FOSS ……………………………………… xi
　　NumPyの役割 …………………………… 1
　　寄与 ……………………………………… xiv
　　主要メンバー ………………………… vii-viii
　　モンティ・パイソンの引用 …………… xv
画像の畳み込み（image convolution） …… 116, 216
画像領域（image regions）
　　2次元フィルタ ……………………… 61-64
　　NumPy配列としての画像 …………… 50-55
　　グラフの構築 ………………………… 73-75
　　グラフ表現 …………………………… 66-69
　　信号処理で使うフィルタ …………… 56-61
　　疎行列を使った画像変換 ………… 124-130
　　汎用フィルタ ………………………… 64-66
　　平均の色を用いた領域分割 ………… 76
カリー化（currying） ………………… 200-202
がんゲノムアトラス
　（The Cancer Genome Atlas：TCGA） ……… 1, 11
関数の最適化（function optimization）
　　アルゴリズムの選択 ………………… 170
　　画像の最適な移動距離を計算する … 171-177
　　画像のレジストレーション ……… 177-180
　　定義 …………………………………… 169
　　費用関数 ……………………………… 169
　　ベイスン-ホッピング法で極小値を避ける … 181
　　目的関数の選び方 ………………… 181-188
キーワード専用引数（keyword-only argument） … 23
偽陰性（false negative） ………………… 119
偽陽性（false positive） ………………… 119
協力を得る（getting help） ……………… xv
行列の乗算演算子（matrix multiplication operator：@）
　…………………………………………… 118

極小値（local minima） ………………… 180
　　アルゴリズム ………………………… 169
　　ベイスン-ホッピング法で極小値を避ける … 181
　　例 ……………………………………… 174
曲線回帰（curve fitting） ………………… 69
空間周波数（spatial frequency） ………… 80
空間データ（spatial data） ……………… 79
クーリー-テューキー型アルゴリズム
　（Cooley-Tukey algorithm） …………… 88, 90
グラフ（graph）
　　NetworkX …………………………… 66-69
　　画像領域から構築 …………………… 73-75
　　次数で正規化したラプラシアン …… 156-161
　　ネットワークとの違い ……………… 66
　　ラプラシアン行列 ………………… 150-156
　　連結成分 ……………………………… 68
高速フーリエ変換（Fast Fourier Transform：FFT）
　　DFT ………………………………… 83-87
　　参考資料 ……………………………… 116
　　実装 …………………………………… 87
　　周波数とその並び順 ………………… 90-96
　　長さを決定する ……………………… 88-90
　　他の応用例 …………………………… 115
　　窓を掛ける ………………………… 96-100
　　利点 …………………………………… 81
　　レーダデータの解析 ……………… 101-115
　　歴史 …………………………………… 87
コード例（code example） ……… xiii, xvii, 234
コピーレフトライセンス（copy-left licenses） … xii
コメントと質問（comments and questions）
　………………………………………… xvii, 236
固有ベクトル（eigenvector） …………… 151, 158
混同行列（confusion matrix） …………… 119
　　☞ 対応行列、分割表

さ行

最適化（optimization） ……… 169　☞ 関数の最適化

三条項BSDライセンス（3-Clause BSD license） … xii
視覚情報理論（visual information theory） …… 133
　　　　　　　　　　　　☞ 情報理論を参照
時間データ（temporal data） ……………………… 79
実行時コンパイラ（just-in-time compiler：JIT） … 236
質問とコメント（questions and comments）
　　　　　　　　　　　　　　　　　… xvii, 236
謝辞（acknowledgments） …………………… xviii
周波数（frequency）
　　FMCWレーダ分析 …………………… 101-115
　　概念 ………………………………………… 79-81
　　空間周波数 ………………………………… 80
　　ナイキスト周波数 ………………………… 92
　　並び順 ……………………………………… 90-96
　　窓を掛ける ………………………………… 96-100
　　領域のデータ ……………………………… 79
条件付きエントロピー（conditional entropy） … 134
情報変化量（variation of information）
　　計算 ………………………………… 117, 133
　　使い方 …………………………………… 140-147
情報理論（information theory）
　　概要 ……………………………………… 133-136
　　視覚情報理論 …………………………… 133
　　セグメンテーション …………………… 136-138
信号処理（signal processing）
　　2次元フィルタ ………………………… 61-64
　　ガウシアン平滑化 ……………………… 59
　　参考資料 ………………………………… 116
　　畳み込み ………………………………… 57
　　ノイズを含んだ信号 …………………… 58
　　汎用フィルタ …………………………… 64-66
　　フィルタ ………………………………… 56-61
信号対雑音比（signal-to-noise ratio：SN比） …… 60
信頼領域（trust region） ………………………… 170
ステムプロット（stem plot） …………………… 81
ストリーミングデータの分析（streaming data analysis）
　　k-merのカウントとエラー補正 ……… 196-200

Toolzライブラリの利点 …………… 190, 193-196
yieldキーワード ……………………………… 190-193
概念 …………………………………………… 189
カリー化された関数のk-merのカウント … 202-204
ストリーム操作 ……………………………… 199
生産性を上げる ……………………………… 208
使う際のヒント ……………………………… 204
データのカリー化 ………………………… 200-202
適用 …………………………………………… 189
ストリーム操作（stream manipulation） ……… 199
スペクトログラム（spectrogram） ……………… 81-87
正解データ（ground truth） …………………… 119
正規化（normalization）
　　遺伝子間 ………………………………… 21-23
　　必要性 …………………………………… 13
　　標本間 …………………………………… 14-20
　　標本間と遺伝子間の正規化（RPKM） … 23-29
　　分位数正規化 …………………………… 31-47
正規化相互情報量
　　（normalized mutual information：NMI） …… 185
生存率曲線（survival curve） …………………… 43
制約付き最適化（constrained optimization） …… 170
遷移確率（transition probability） ……………… 204
遷移行列（transition matrices） ………………… 163
線形代数（linear algebra）
　　基本 ……………………………………… 149
　　グラフのラプラシアン行列 …………… 150-156
　　次数で正規化したラプラシアン ……… 156-161
　　ページランク …………………………… 162-167
ソーベル勾配（Sobel gradient） ………………… 66
ソーベルフィルタ（Sobel filter） …………… 61, 66
疎行列（sparse matrices）
　　COO（coordinate）形式 ……………… 121, 130
　　CSR形式 ………………………………… 122-124
　　NumPy配列コードを疎行列を使うように変換
　　　　　　　　　　　　　　　　　　 138
　　sparseモジュールの利点 ……………… 117

画像変換 ································ 124-130
　　　形式の比較 ····························· 124
疎行列用の反復ソルバ(sparse iterative solver)
　　　·· 162
ソフトウェアライセンス(software license) ······· xii

た行

対応行列(contingency matrix) ····················· 119
畳み込み(convolution) ························ 57, 116
短時間フーリエ変換(short time Fourier transform)
　　　·· 84
単純線形反復クラスタリング
　　(simple linear iterative clustering：SLIC) ······· 72
直線探索アルゴリズム(line search algorithm)
　　　··· 169
データの位置関係(data locality) ················· 122
　　　次数行列 ································ 150
　　　デジタル画像 ·························· 49
デオキシリボ核酸(deoxyribonucleic acid：DNA)
　　　·· 2
転写ネットワーク(transcription network) ········ 66
転置行列(transpose) ································· 39
デンドログラム(dendrogram) ······················ 40
同次座標系(homogeneous coordinate) ········· 125

な行

ナイキスト周波数(Nyquist frequency) ············ 92
ノイズフロア(noise floor) ·························· 109

は行

バージョン管理ソフト(version control software)
　　　·· xiii
バイクラスタリング(biclustering) ·················· 37
パワー法(power method) ·························· 166
反復ソルバ(iterative solver) ······················· 162
反復配列(repetitive elements) ···················· 205
汎用フィルタ(generic filter) ···················· 64-66
ピクセル(pixel) ····················· 49　☞ 画像領域

ビッグオー記法(Big O notation) ··················· 88
ビッグデータ(big data) ···························· 208
　　　　　　☞ ストリーミングデータの分析
費用関数(cost function) ····· 169　☞ 関数の最適化
ファンシーインデックス参照(fancy indexing) ··· 33
フィードラーベクトル(Fiedler vector) ············ 151
フィルタ(filter)
　　2次元フィルタ ································ 61-64
　　generic_filter関数 ······························· 74
　　信号処理 ······································· 56-61
　　ソーベルフィルタ ···························· 61, 66
　　汎用フィルタ ································· 64-66
フィルタリング(filtering) ··························· 61
フリーでオープンソースなソフトウェア
　　(Free and Open Source Software：FOSS) ····· xi
ブロードキャスティング(broadcasting) ··· 9, 25, 131
分位数正規化(quantile normalization)
　　pandasを使ってデータを読み込む ············· 33
　　クラスタの可視化 ··························· 40-42
　　対数変換 ·· 32
　　段階 ··· 31
　　分布の標本差 ································ 34-37
　　リード数データのバイクラスタリング ····· 37-39
　　利点 ··· 31
分割表(contingency table)
　　COO形式 ······································ 130
　　成果を測る ···································· 119
　　セグメンテーション ······· 119-120, 131-133
　　疎行列の例 ···································· 117
　　年表の例 ······································ 135
分子生物学(molecular biology) ······················ 2
　　セントラルドグマ ······························· 2
ベイスン-ホッピング法(basin-hopping) ········· 181
ページランク(PageRank) ···················· 162-167
ベクトル化(vectorization) ······················· 9, 33
ペロン＝フロベニウスの定理
　　(Perron-Frobenius theorem) ················· 166

ま行

マージツリー (merge tree) ……………… 38
真陰性 (true negative) ……………… 119
真陽性 (true positive) ……………… 119
マジックコマンド (magic command) ……… 14
窓を掛ける (windowing) ……… 96-100, 109-111
マルコフモデル (Markov model) ……… 204-208
右打ち切りデータ (right-censored data) ……… 43

や行

予測 (prediction) ……………… 119

ら行

ライセンス (license) ……………… xii
ラプラシアン行列 (Laplacian matrix)
 グラフ分析 ……………… 150-156
 次数で正規化したラプラシアン ……… 156-161
離散フーリエ変換 (discrete Fourier transform：DFT)
 実装 ……………… 87
 周波数とその並び順 ……………… 90-96
 スペクトログラム ……………… 81-87
 データ変換 ……………… 79-81
 長さを決定する ……………… 88-90
 変換 ……………… 91
 窓を掛ける ……………… 96-100
 レーダデータの解析 ……………… 101-115
 歴史 ……………… 87
リソース (resource)
 GitHub ……………… xiii, 234
 カンファレンス ……………… xi, 235
 メーリングリスト ……………… xv, 233
領域隣接グラフ (region adjacency graph) ☞ RAG
隣接行列 (adjacency matrix) ……………… 150
レーダデータ (radar data) ……………… 101-115
連結成分 (connected component) ……………… 68
レンジトレース (range trace) ……………… 106
レンジビン (range bin) ……………… 107
連絡先 (contact information) ……………… xvii, 236
ローパスフィルタ (low-pass filter) ……………… 61

● 著者紹介

Juan Nunez-Iglesias（ファン・ヌニエス=イグレシアス）
フリーランスのコンサルタントであり、オーストラリア、メルボルン大学リサーチサイエンティスト。前職は HHMI の Janelia Farm の研究員で、同僚に Mitya Chklovskii（高名な神経生物学者）がいた。その前は、南カリフォルニア大学の研究助手兼 PhD の学生だった（南カリフォルニア大学では Xianghong Jasmine Zhou の指導のもと、計算生物学を学ぶ）。主な研究分野は、神経科学と画像解析。バイオインフォマティックスと生物統計学におけるグラフ法にも興味がある。

Stéfan van der Walt（ステファン・ファン・デル・ウォルト）
カリフォルニア大学バークレー校データサイエンス学部の研究助手であり南アフリカのステレンボッシュ大学の応用数学のシニア講師。
10 年以上にわたり科学用オープンソースソフトウェアの開発を続け、ワークショップやカンファレンスで Python を教えることを楽しんでいる。scikit-image の開発者、NumPy、SciPy、cesium-ml のコントリビュータ。

Harriet Dashnow（ハリエット・ダッシュノー）
生物情報学者であり、メルボルン大学生物化学部マードック子供研究所、VLSCI（ビクトリア生命科学計算研究所）勤務。メルボルン大学で心理学、遺伝子と生物化学の学士号、生物情報学の修士号を取得。現在 PhD 取得に向けて取り組んでいる。ゲノム、Software-Carpentry（研究用計算を教育する NPO）、Python、R、Unix、Git などを教えるワークショップの運営を行っている。

● 訳者紹介

山崎 康宏（やまざき やすひろ）
早稲田大学理工学部出身の康宏がカナダに渡ったのは、東京大学大学院在学中のことだった。Unix 普及活動に時間を取られ、本業が何かわからなくなりかけたので、専門を海洋物理学から気象力学に変え、博士課程をやり直すことにした。しかし、トロント大学の計算機環境にも満足せず、自分専用の Linux 環境を築いてしまった。便利な Linux 環境に感激し、日本で Linux 普及活動を始めたのが 1993 年（著作の多くはレーザー 5 出版局発行の書籍『Linux 活用メモ』に収録）。学位取得後英国に渡り、現在も気候変動関連の研究を細々と続けている。最近トロント大学に滞在する機会があったが、スタッフや学生の熱心さが印象的で自分のルーツを見た思いがした。

山崎 邦子（やまざき くにこ）
数値シミュレーションに基づく地球温暖化予測を行うイギリス気象庁の研究者。シミュレーション結果の解析や描画に日々楽しく Python を駆使している。Python に出会ったのは数値気候モデルの最適化問題を研究していた時。それ以前は同様のことを IDL で行っていたが、Python を使い始めてその威力と柔軟性とコミュニティのパワーに圧倒される。愛用する Python の描画用パッケージは seaborn。福岡県立修猷館高校卒、東京大学理学士、東京大学理学修士、オックスフォード大学博士（物理学）。英語はアメリカウィスコンシン州の小・中学校で学ぶ。20 年近くイギリスに住んでいるがいまだにアメリカ中西部なまりがある。これまでに手がけたオライリーの翻訳書は『Linux デバイスドライバ』など。

● **査読協力**（50音順）

朝倉 卓人（あさくら たくと）

1995年生まれ。東京大学理学部生物情報科学科卒。現在は総合研究大学院大学複合科学研究科情報学専攻（国立情報学研究所）の5年一貫博士課程に在籍し、自然言語処理の研究に取り組む。TeX好きで、LaTeXパッケージやTexdocの開発が趣味。TeX Liveチームメンバー、TeX Users Group会員。

大橋 真也（おおはし しんや）

千葉県公立高等学校教諭。Apple Distinguished Educator、Wolfram Education Group、日本数式処理学会、CIEC（コンピュータ利用教育学会）

鈴木 駿（すずき はやお）

Pythonプログラマ。
2008年、神奈川県立横須賀高等学校卒業。
2012年、電気通信大学電気通信学部情報通信工学科卒業。
2014年、同大学大学院情報理工学研究科総合情報学専攻博士前期課程修了、修士（工学）。
Pythonとはオープンソースの数学ソフトウェアであるSageMathを通じて出会った。
PythonでプログラミングするうちにイギリスのコメディアンのMonty Pythonも好きになった。
Twitter：@CardinalXaro　　Blog：http://xaro.hatenablog.jp/

藤村 行俊（ふじむら ゆきとし）

● **カバー説明**

表紙の動物は、ホウオウジャク（paradise whydah、学名 Vidua paradisaea）です。スズメほどの大きさの小さな鳥で、南スーダンから南アンゴラにかけての東アフリカに生息しています。
オスとメスは繁殖期を除いては、ほとんど区別ができませんが、繁殖期にはオスだけ換羽し、頭部は黒、胸部は茶、首の周りは明るい黄色、腹部は白い羽に変わります。また、尾羽が幅広くなり、長さも体の3倍ほどにまでなります。
ホウオウジャクは、ニシキスズメ（green-winged pytilia）に托卵することでも知られています。ホウオウジャクのオスは、ニシキスズメのオスの鳴き声をまねます。大きな声で鳴くと、ニシキスズメの注意を巣からそらすことができ、卵を産み付けることができるからです。この托卵性から、飼育下でのホウオウジャクの繁殖は困難ですが、アメリカなどではペットとしてオスが取引されることがあります。レッドリストでは低危険種（LC）に分類されています。

エレガントなSciPy
―Pythonによる科学技術計算

2018年11月9日　初版第1刷発行

著　　　者	Juan Nunez-Iglesias（ファン・ヌニエス＝イグレシアス）
	Stéfan van der Walt（ステファン・ファン・デル・ウォルト）
	Harriet Dashnow（ハリエット・ダッシュノー）
訳　　　者	山崎　邦子（やまざき　くにこ）
	山崎　康宏（やまざき　やすひろ）
発　行　人	ティム・オライリー
制　　　作	有限会社はるにれ
印刷・製本	日経印刷株式会社
発　行　所	株式会社オライリー・ジャパン
	〒160-0002　東京都新宿区四谷坂町12番22号
	TEL　（03）3356-5227
	FAX　（03）3356-5263
	電子メール　japan@oreilly.co.jp
発　売　元	株式会社オーム社
	〒101-8460　東京都千代田区神田錦町3-1
	TEL　（03）3233-0641（代表）
	FAX　（03）3233-3440

Printed in Japan（ISBN978-4-87311-860-4）
落丁、乱丁の際はお取り替えいたします。

本書は著作権上の保護を受けています。本書の一部あるいは全部について、株式会社オライリー・ジャパンから文書による許諾を得ずに、いかなる方法においても無断で複写、複製することは禁じられています。